U0144807

凝煉知識品味閱讀

五南出版

楊仲笵 編著

輪機概論

Marine Engineering

輪機、航海、造船、海洋工程等領域學員之輪機入門教材

岸上船舶經理人及船舶修造工程師參考用書

第二版 *2nd*

海洋特色

教科書系列叢書

五南圖書出版公司 印行

方序

對現代船舶輪機設備的組成、節能及減碳和安全管理，《輪機概論》作了系統化及更完整的介紹，作者楊仲筂學長畢業於國立台灣海洋大學，完整的學經歷，包括管輪、大管輪、輪機長、新船監造、工程師、協會秘書長等職，並從事教學及研究工作，亦經歷史上1973（石油禁運）、1979（伊朗革命爆發）、1990（波斯灣戰爭）的三次能源危機及近期油價高漲的年代，完全體認到國際船舶輪機市場迫於時勢之需要，竭其所能、盡其所力朝著省油、高效能及減少熱損失目標研究開發的過程，所以本書亦融入了現代船舶自動化、資訊化之邏輯及管理概念，加以深入淺出的整合撰述，不但可作為航輪學生理論和實務兼具的教材，同時，亦是一本極為有用、可供從事航運、物流及相關業界的參考書籍，是為之序。

中華民國船舶機械工程學會
秘書長　方福樑
中華民國98年8月

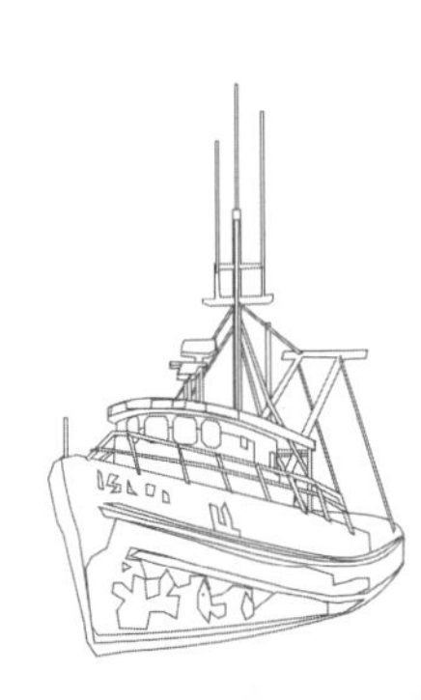

鄧序

台灣地區四面環海，海上運輸關係國家整體經濟之發展。船舶為海上運輸之工具，為加強船上人員之專業知識，以保障船舶在海上航行之安全並促進海洋環境之維護。作者楊仲筂學長特撰寫本書，以奉獻航業界。

楊學長早期擔任商船輪機長，實際從事輪機工作，嗣任教於國立海洋大學及擔任中華海運研究協會秘書長，一生熱愛輪機工作，奉獻航業界長達四十餘年。

本書《輪機概論》包含主／輔機裝置、甲板機械、船舶監造與檢驗、燃油、潤滑油以及船舶安全管理等課題，對輪機工程做深入淺出之概述，可作學校輪機工程之教材，並可提供從事航業工作人員最佳之參考，希望航業界的人士多予採用並予鼓勵。

中國驗船中心執行長

鄧運連

中華民國98年8月

自序

船舶輪機工程包含船舶推進系統之主／輔機裝備、甲板機械、船舶監造與檢驗、燃料油與潤滑油以及船舶安全管理等課題。本書內容係將上述輪機所涉及之技術與管理問題，做深入淺出之概述，除可作為輪機科系之教材外，亦可提供航海、造船及海洋工程等領域學員，作為輪機入門教材。

為因應產業界對於石油需求之危機意識，本書特就船用燃料油、潤滑油之性能特性詳予介紹。同時，目前船舶運送人與造船產業所企盼的船舶節能措施，書內亦有專章論述。

現代船舶為配合國際船舶安全管理，均有備置自動化與資訊化之監控系統，以精減船、岸人力配置，並節省營運成本提升競爭力。書內另闢篇幅詳述船舶安全管理、應急措施以及營運管理等，俾供航海人員與岸上船舶經理人之參考。

本書所用之專門名詞係參照教育部公布之海事名詞典，惟倉卒付印，疏漏難免，尚祈海運界先進不吝指正。

中華海運研究協會

楊仲筂　謹識

中華民國96年9月1日

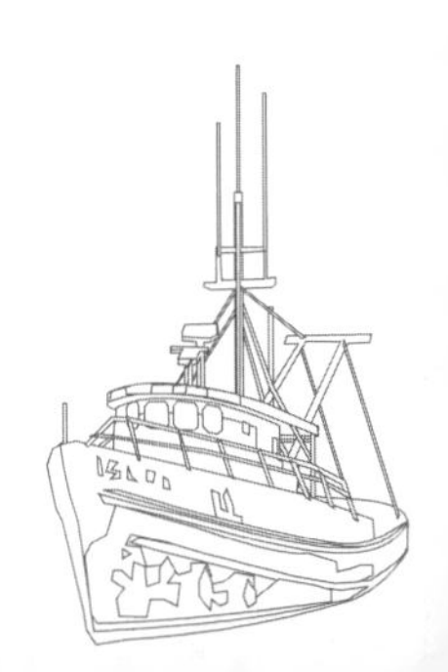

目錄

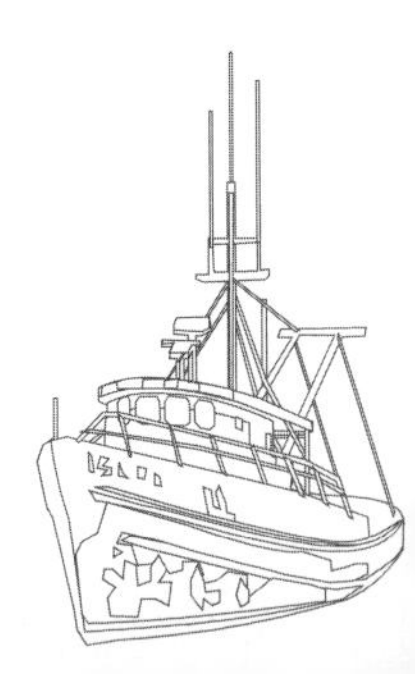

第八章　船用燃料油與潤滑油　95

第九章　輪機檢驗與試俥　123

第十章　船舶檢驗與監造　131

第十一章　船舶安全管理及應急措施　149

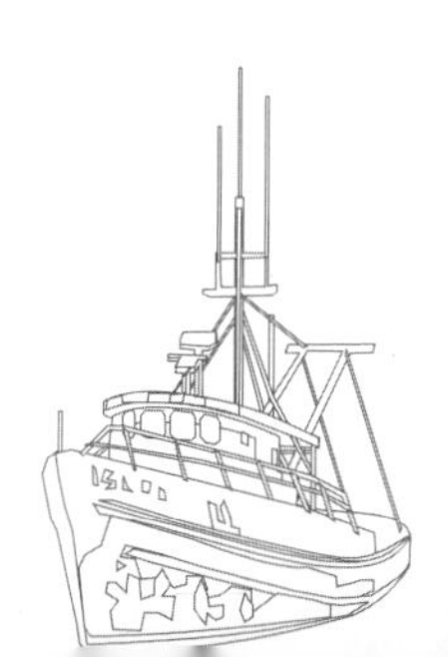

第一章　緒論

第一節　船用機械之構成

商船如同汽車、火車、飛機，為交通工具之一，係以配合時效及經濟效益，從事大量貨物之運輸為目標。

而船舶之推進，係賴於船舶機械之動力與組成，其構成可分類如下：

（一）主機：柴油機、蒸汽渦輪機或燃氣渦輪機。

（二）軸系：中間軸、推進軸、螺槳。

（三）鍋爐：主鍋爐、輔鍋爐。

（四）發電裝置：發電機、配電盤。

（五）機艙輔機：主機附屬機器及一般輔機。

（六）甲板機械：靠泊碼頭用機械、舵機、起貨機。

（七）管路及配電裝置。

第二節　船用機械之特色

本書所述船用機械係多指航行遠洋之船舶轉動螺槳將船推進之主機（Main Engine），和維持主機運轉必要的輔機（Auxiliary Engine），及其它為船舶航行上不可或缺的機械。這些機械及裝載該等機械之船舶長時間在海上航行，船體因受貨載及海浪之影響而彎曲變形，加之海上氣溫之多變影響，一旦機器在海上發生故障，則全賴船員之雙手作緊急處理，使船舶能夠維持機動運轉，否則將招致人命及財產的莫大損失，其與陸上機械不同之處綜合如下：

（一）船舶航行時前後俯仰、左右搖擺，船體足能承受彎曲應力，船舶機械均能發揮性能。

（二）船舶機械熱效率、機械效率及推進效率高，所需單位馬力之耗油量低。

（三）由機器之不平衡力及不平衡轉距產生振動而導致船員房間及機器損傷之成因，應減至最小之程度。

（四）操縱性良好、增減速率容易、正倒俥變換要快。
（五）海上發生機械故障之際，能夠緊急處理到自力航行的程度。
（六）船舶遭遇各種環境變化時，能夠應急處理。
（七）推進效率、軸轉速（螺槳轉速）要適當。
（八）影響船舶經濟性的機械重量及所佔空間宜盡量減小。

第三節　船用機械及船舶之經濟性

船用主機之最主要功能在於將燃料中所含的熱能轉變為推進船舶之機械能，船舶經濟性良好與否將取決於如何有效地利用燃料中之熱能推動船舶，但非僅將熱效率提高、節省燃料便可湊其功的。減少機械重量與體積，騰出較多空間以供貨物裝載亦為經濟性考量之一，同時船舶因機器故障等以致船期耽擱所造成的損失已隨船舶噸位增大而增加，因此增加部分船舶建造費以提高機械使用之可靠性及安全性，是值得的。

快捷的運輸在運費成本上如果划算，選擇適當高馬力的機器亦應列入考慮範圍內。

一、燃料消耗與船速之關係

當船舶並非在最快速時，其阻力大部分為摩擦阻力（Friction Resistance），則船舶推進所需之馬力與船速及排水量之間的關係，如下式所列：

$$IHP = \frac{V^3 \times D^{2/3}}{C}$$

式中IHP：指示馬力（主機產生之馬力）

D：船之排水量（ton）

V：船速（kts）

C：Admiralty係數（隨船型而異）

在這種情況下，船舶推動必要的馬力與V^3及$D^{2/3}$成比例，由於馬力與燃油消耗量成正比，故耗油量亦與V^3及$D^{2/3}$成比例。

1. **固定時間內之燃料消耗**

設主機之燃料消耗量C_F（kg）、船速V（kt）、排水量D（ton）時，

$C_F \propto V^3 \times D^{2/3}$

上式中，當D一定時，則

$C_F \propto V^3$

即：排水量一定時，燃料消耗與船速之立方成正比。假設某船以12 kts航行一晝夜，燃料消耗120 ton時，該船在同樣吃水狀況以15 kts航行，則需234.4 ton/Day之燃料。

2. **固定航程之燃料消耗**

一定距離航行所需要的時間與船速成反比，假設一定距離航行所需之燃料消耗為C_T，排水量一定時，$C_T \propto V^2$也就是燃料消耗與船速之平方成正比，假設某船以15 kts由A港開往B港需要500噸燃料，如果同船以同樣裝載在同區域間以18 kts航行，需耗720 ton燃料。

二、燃料消耗與排水量間之關係

$C_F \propto V^3 \times D^{2/3}$式中，假設V一定時，$C_F \propto D^{2/3}$，即：速度一定時，燃料消耗與排水量之2/3次方成正比。

一般燃油消耗係以一晝夜消耗噸數或單位時間單位馬力消耗公克燃油（gram/HP.Hr）表示之。

船舶於相同吃水及速率航行，依海面狀況、潮流、風向、風力、船底髒污的狀況而大大改變燃油消耗。

第四節　輪機部工作

航行中輪機部之工作如下：

（一）當值工作。

（二）保養工作。

（三）緊急處理工作。

（四）進出港工作。

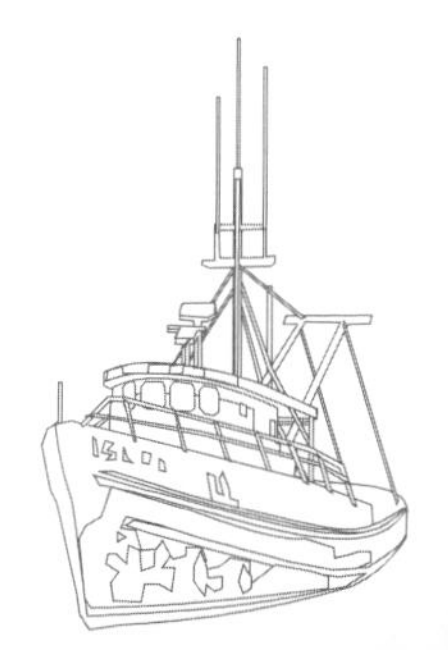

1. **當值工作**

為求機器之安全及經濟運轉，必須進行下列工作：

(1) 航行中主機及表計之檢視。

(2) 各類有關輔機之運轉（開或關工作）。

(3) 燃油之駁移及清淨。

(4) 潤滑油之駁移及清淨。

(5) 舭水排放。

(6) 機器外表之清潔工作。

(7) 有關表計之數據記入輪機日誌。

當值輪機員應注視主機及關聯輔機之表計，確實注意引擎系統之正常運轉，同時核對主機轉數，燃油消耗與出力，隨時與駕駛台保持密切連繫，備便並注意緊急措施之處理。

近年由於技術之革新，機艙當值無人化（MO船）日漸增多，機艙人員工作內容也大大改變，有關自動船之工作項目將另行討論。

2. **保養工作**

(1) 航行中之保養工作

・整理主機備品。

・發電機整備。

・空氣壓縮機整備。

・鍋爐工作。

・淨油機工作。

・潤滑油、燃油清淨。

・泵整備。

・冰機整備。

・管路漏洩修理。

・電氣工作。

・甲板機械整備。

・清潔機艙。

・整理各項記錄。

(2) 停泊中之保養工作

・機器運轉中無法檢查或修理之工作。

・有關裝卸貨之起貨機、貨油泵、發電機、鍋爐等之運轉整理。

・燃油、潤滑油、備品、司多及其他航行必備物件之點收。

・上航次燃油、潤滑油、鍋爐水消耗量、機艙摘要日誌及各種表報陳報總公司。

3. **緊急措施**

船上機器之結構與材料均須經精密檢驗，機艙工作人員亦須經嚴格訓練，對機器性能亦相當熟悉。可是機械無法保證絕不發生故障，萬一發生事故，仍要切記下列要領：

(1) 即使船速減低，亦應盡量保持運航能力。

(2) 確保電源，即盡力保持發電機連續運轉。

(3) 蒸汽機為主機之情況，鍋爐汽壓雖致少許下降，亦應確保最低限度所需之蒸汽壓力。

(4) 舵機保持靈活。

(5) 在能力範圍內盡速恢復正常，如果做不到時，立即做應急修理，期能盡速維持航行。

在機械發生重大事故時，輪機長要將故障情形報告船長以保持運航上之安全措施。

4. **進出港工作**

船在進出港之際，主機需要進俥、倒俥，同時要快慢俥（Full, Half, Slow, Dead Slow）等轉速之調整，機械使用之變化甚大，在這種情況下萬一機械發生故障，船身將遭致嚴重之影響，輪機部輪機長以下全體人員須到機艙備便以策安全運轉，在靠碼頭或拋錨，使用甲板機械而開蒸汽閥或送電之際，機匠長必須到現場巡視一番，並確認甲板機械得以操作自如。

出港前三十分鐘，主機須試俥以確認無故障，輪機長將結果報告船長，試俥之際，須與甲板駕駛員保持連絡，螺槳約轉十轉，應注意船艉有無障礙物，繫船纜有無脫離等安全措施。

第五節　輪機部編制

一、五千噸以上航行遠洋船舶輪機部之編制如下：

（一）甲級船員

輪機長

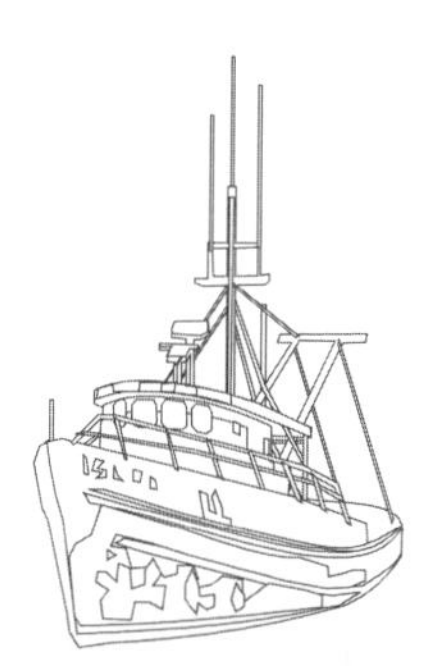

大管輪
管　輪

（二）乙級船員
機匠長
機　匠
副機匠

二、輪機部職責

（一）輪機長：航行不當值，指揮、監督輪機部工作，採取適當緊急措施。
（二）輪機員：航行當值，並分擔機械保養工作。
（三）機匠長：航行不當值，領導屬員從事輪機保養工作。
（四）機　匠：航行當班，輪值。
（五）副機匠：依照機匠長指示，從事保養工作。

第六節　MO船輪機部運船體制

MO船指經驗船協會（CR、NK、AB、LR等）取得MO資格之船而言，依照船級協會鋼船規則「自動遙控裝置」，於機艙無人當值情況下，能確保機艙設備之安全性，並在正常航行狀況可連續24小時以上機艙無人當值之船舶。

機艙無人當值，必須具備下列功能與裝置：

1. 主機可由駕駛台遙控。
2. 於船舶航行狀況，至少可24小時機艙無人當值。
3. 輪機控制室具有重要機械之監視裝置。
4. 機器發生異狀之保護及警報裝置。
5. 確保主機連續運轉所需輔機之備用設備。
6. 駕駛台、輪機控制室，及住艙之間的相互連絡設備。
7. 機艙特殊防火設備。

關於機艙無人當值之時間，原則上係指航行中正常狀態及停泊期間，除了進出港Stand By及特殊船舶緊急作業外，依設備之狀況判斷，若無人當值亦無妨時，則機艙就可實施無人當值。

一、MO運轉之條件

最初當班輪機員照Check List核對主機、鍋爐、輔機、警報裝置、安全裝置、自動控制等裝置正確無誤後，送呈輪機長，技術判斷機艙更換無人當值無礙，再送呈船長認為沒問題後，開始MO運轉。MO運轉中，主機之控制必須在駕駛台，由駕駛員負責。

萬一機械發生異狀，繼續MO運轉困難，或是倒俥之運用頻繁之際，則應取消MO運轉，由當值輪機員在輪機控制室操俥。

二、MO運轉中輪機部工作配置

MO運轉時輪機部之工作分配，各船公司之規定略同，大要如下述：

隨著輪機當值無人化，輪機保養工作應在白天完成，為使MO運轉順利起見，輪機部亦有輪流當值制度。

（一）當值工作

1. 航行停泊一起算，輪機員每天一人當值，白天的工作照MO運轉必要的檢查與確認，機器之操作，警報器作動時之必要處理及輪機部保養工作。
2. MO運轉開始或終了，照MO Check List檢查各部。
3. 當值輪機員原則上以每天正午交班，當值及交接時所發生事項作必要之記錄。
4. 停泊時，除當值輪機員一名之外，並派對機器較熟練之一名人員協助。

（二）航行中之工作

1. **駕駛台當值**

   MO運轉中，由駕駛台控制，由駕駛員遙控主機。
2. **輪機當值**

   正常情況下，原則上機艙無人當班，僅在主機控制室要操縱時，需輪機員及屬員各一名。
3. **輪機部保養工作**

   MO運轉中，原則上輪機部全體船員作白天8小時保養工作。

（三）停泊工作

1. **機艙當值（停泊當值）**

   通常情況下，輪機部無需當值，必要時輪機部職、屬員各一人採三班制。

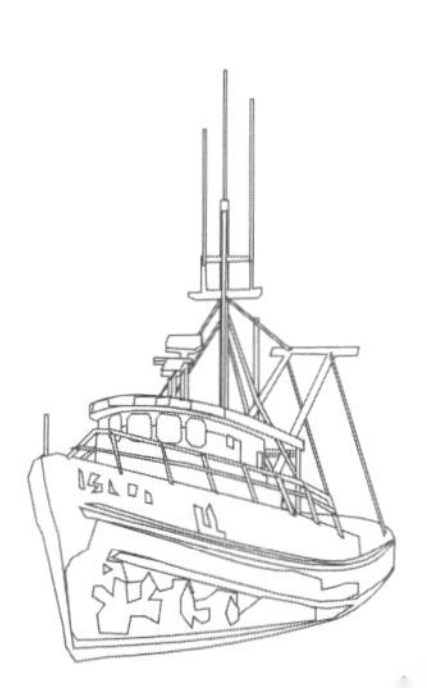

2. **輪機部保養工作**

MO運轉中，原則上輪機部全體作8小時保養及其他必要之工作。

習　題

一、船舶動力機械與裝置有哪些？請列舉之。

二、船舶機械與陸上機械有所不同，試就船舶機械列述其特色？

三、輪機員在停泊中之保養工作有哪些項目？

四、機艙發生重大事故時，輪機員應採行那些緊急措施加以應變處理？

五、輪機部於MO運轉中，白天之保養工作如何安排？

六、某船以船速15kts（節）由A港駛往B港需要500噸燃料，今該船以相同之裝載在該兩港間以18kts（節）航行，試求所需之燃料消耗量？

第二章　船舶動力裝置

第一節　概說

早在1807年世界上第一艘以蒸汽機產生推動力的「克萊蒙特」號輪，開創了船舶以動力機械推進的新紀元。在當時，蒸汽機帶動一個槳輪推進器，這種推進器的大部分露在水面，人們稱之為「明輪」。把裝有明輪的船稱為「輪船」，而把產生蒸汽的鍋爐和帶動明輪轉動的蒸汽機等成套設備稱為「輪機」。所以當時稱「輪機」僅是指推進設備。隨著科學技術的發展和進步，船舶推進設備更加複雜和完善。為了適應船舶營運、人員生活和安全方面的需要，還增加了諸如船舶供電、起貨機械、飲水、供汽、壓載和防火救生設備等一系列機器設備和系統，不僅增加了「輪機」的內容，並且還在不斷擴大中。因此「輪機」是個相當廣泛的範疇。

船舶主推進裝置之原動機均屬熱機之一種，所謂熱機是指熱能轉換成機械能的動力機械。船用的柴油機，燃氣渦輪機、蒸汽渦輪機及蒸汽往復機均是熱機中較典型的機型。其中，柴油及燃氣渦輪機同屬內燃機，蒸汽渦輪機及蒸汽往復機同屬外燃機。

本章所述之「船舶動力裝置」係指船舶主推進裝置，亦即船舶航行之主要動力裝置。茲將該動力裝置之類型分述於第三節至第五節。

第二節　船舶動力裝置的基本要求

一、可靠性

船舶動力裝置首先應取決於它在各種營運條件下能否可靠地和不間斷地運轉。由於航行條件的特殊性和動力裝置的複雜性，因此要求船舶動力裝置具有很高的可靠性。

影響動力裝置可靠性的因素包括設計、工藝及使用等方面。在使用方面主要有船員維護管理水準的高低、氣候條件的優劣、振動的強弱以及時間的長短等。

為了提高動力裝置的可靠性，輪機管理人員在從事監造船舶時，應嚴格按建造和驗船規範維持良好之品管，這是取得可靠性的先決條件。備件的數量、連接方式、安放部位都要符合要求，便於更換，這是提高可靠性的重要措施。輪機管理人員在平時努力提高管理水準，航行中認真值班做好工作，這是取得可靠性的有力保證。

二、經濟性

各型船舶在滿足可靠性的前提下，要盡量提高其經濟性。對於船舶動力裝置的經濟性除從主機耗油率一項指標去衡量外，還要考慮造船投資成本、使用油料價格、管理維修費、折舊費、船員工資、保險和港口的各項費用。所以對動力裝置的經濟性須全面考慮，綜合衡量。

1. **船舶動力裝置的造價**

   造價和船舶的型式、用途、尺度以及船速有關，對於一般貨櫃船、油船以及散裝貨船，動力裝置造價約占船舶總造價的20～25%。船速提高將使動力裝置造價大幅度提高。例如，當貨櫃船的船速由21節增至25節，則動力裝置的造價要提高20%。

2. **折舊費**

   船舶動力裝置在使用過程中會產生機件的磨損，為了須更新磨損之部件，這種磨損必須得到補償。用來補償這種磨損的費用叫做折舊費。它包括基本折舊和大修折舊兩部分。基本折舊是補償船舶原始造價或購買船舶時所用費用。大修折舊是補償船舶在使用期限內用於大修的費用。

3. **油料費**

   主機、發電機和鍋爐所需燃油品種不同，燃油價格相差很大，在計算時應分開處理。各種燃油所消耗的數量與發動機的功率、航行和停泊時間、是否使用船舶裝卸機械以及氣候條件等因素有關。主機在機動航行換用輕油的話，也應把這一因素考慮在內。若求得一個航次中主機、輔機及鍋爐各自的燃油消耗量，再乘以燃油價格，就可算出這一航次的燃油費用。潤滑油耗量隨機型的不同有一定差別，一般可在下列數值範圍內選取：

   曲柄箱油　　0.4～1.1g/(kW・h)

   氣缸油　　0.4～1.6g/(kW・h)

   燃油與潤滑油費用在總營運費中所占比重最大，一般約占40～50%。因此，要提高動力裝置的經濟性、降低營運成本，必須努力降低該等費用。在這方面的主要課題是：提高主、輔機及鍋爐的熱效率，採用低質廉價燃料，實行廢熱利用，提高船員的管理技術水準。

4. **船員工資費**

船員工資費除基本工資外尚有津貼、獎金、伙食費用等。另外，福利、醫療和保險等費用也包括在內。

除以上各項，還有修理費用，它包括廠修費用及船員自修所用材料、工具、備件等費用。在進行經濟性評估時也應把港口費、代理費、淡水費、機械設備的檢驗費等併入考慮。

三、機動性

船舶的機動性是安全航行的重要依據。船舶回轉、啟航、倒俥、變速等性能是船舶機動性的主要項目。而船舶的機動性取決於動力裝置的機動性，後者含括下列各項指標。

1. **主機由起動至達到全功率所需的時間**

這段時間的長短將直接影響船舶的啟航加速性能，它主要取決於主機的型式。影響主機加速時間長短的因素，主要是主機運動部件的質量慣性和受熱部件的熱慣性，而後者更為重要。在這方面中速柴油機優於低速柴油機。

2. **主機換向所需的時間和可能的換向次數**

主機換向時間通常指由發出換向指令的時刻起到開始反方向回轉的時間。柴油機的起動換向性能較好，在船速比較慢時（機動航行），一般十幾秒內就可完成換向過程，但在船速較快且不進行剎車時，換向時間則較長。電力傳動及可控距螺槳（CPP）裝置的換向性能最佳。柴油機連續換向的次數取決於空氣瓶的容量和發動機的起動性能。

3. **船舶由前進變爲後退所需的時間（或滑行的距離）**

由於船舶的慣性，船舶由前進變為後退所需的時間總是大於主機或螺槳換向所持續的時間。船舶開始倒航前滑行的距離除了和船舶的排水量、船速有關外，還和動力裝置的換向時間及倒俥功率有關。滑行距離不能太大，對於貨船一般要求不能大於船體長度的六倍，而客船不得超過四倍。

4. **主機的最低穩定轉速及轉速限制區域**

低速柴油機的最低穩定轉速一般為額定轉速的1/4～1/3。最低穩定轉速越低，在使用的轉速範圍內共振區越少，則動力裝置的機動性能就越好。

四、續航力

續航力是指船舶不需要補充任何物品（燃油、潤滑油、淡水等）所航行的最大距離或最長時間。船舶應具有一定的續航力，續航力的標準是由船舶的用途和航區所決定。續航力不但和動力裝置的經濟性、物資儲備量等因素有關，也和船舶航速有很大關係。

除了以上要求外，還有要求動力裝置便於維護和管理、有一定的自動化程度，滿足造船和驗船規範、重量要輕、尺寸要盡量小等。

第三節　柴油主機

一、柴油機工作原理

（一）**基本概念**：柴油機是利用壓縮空氣之溫度和壓力使所噴入之油霧發生自然點火的引擎，照原理稱為壓燃式引擎（Compression Ignition Engines），但市面上大都以柴油機的型式來產銷。

柴油機是一種往復式引擎，氣缸內之氣體壓力作用到活塞上面，再以連桿來推動曲軸（Crankshaft），動力也因而由曲軸傳出。活塞就在氣缸之上死點（Top Dead Center）和下死點（Bottom Dead Center）之間來回移動，上死點與下死點間的距離稱為引擎之衝程（Stroke），其大小相當於曲軸柄所畫圓弧的直徑長度。氣缸之內直徑稱為缸徑（Bore），缸徑和衝程的大小通常以毫米或吋來表示。空氣由進氣閥導進氣缸內，接著將其壓縮以提高溫度和壓力，氣缸在下死點之容積與上死點之容積比稱為引擎的壓縮比（Compression Ratio）。引擎的壓縮比必須大到讓空氣之溫度在壓縮終了時能夠使噴入缸內的油霧發生點火燃燒。通常在活塞未到達上死點稍前即已開始噴油，並且繼續保持一段時間；其長短與引擎之輸出馬力有關。缸內之燃燒現象比開始噴油時晚一小段時間，稱為延時點火（Ignition Delay）。燃燒會使缸內之混合氣提高溫度和壓力，進而推動活塞到達下死點的位置，做出每一個工作循環之有用的功。接著燃燒過的氣體由排氣閥排出缸外，在從事新的工作循環之前，新鮮的空氣又再次充入缸內，並利用其壓力徹底將其原來缸內之廢氣驅出。

（二）**按主要分類說明工作原理**：為了方便說明，柴油機分成許多不同的種類。

以工作循環來分，有二衝程或四衝程；以冷卻的方式分，有水冷式及氣冷式；以缸的排列方式分，有線列、V型、W型或X型；以空氣之供應方式分，有自然氣式、驅氣式及增壓充氣式；以起動的方式分，有高壓空氣、油壓及電動馬達起動；以轉動的方向分，有可倒轉與不能倒轉兩種；以轉速的快慢分，又有低速、中速及高速之別。

引擎是二衝程或四衝程，視一個完全的工作循環活塞的衝程數是二或四來決定；參見圖2-1。在二衝程循環，壓縮衝程時空氣是在缸內被壓縮，動力衝程期間油被噴入而開始發生燃燒。當活塞降到下死點之前，缸內氣體即開始由排氣閥逸出，活塞到達下死點時，廢氣開始被驅出，新鮮空氣同時被壓進來，開始另一個新的循環。整個工作循環只要一個壓縮衝程和一個動力衝程即告完成，所以此種引擎稱為二衝程機。

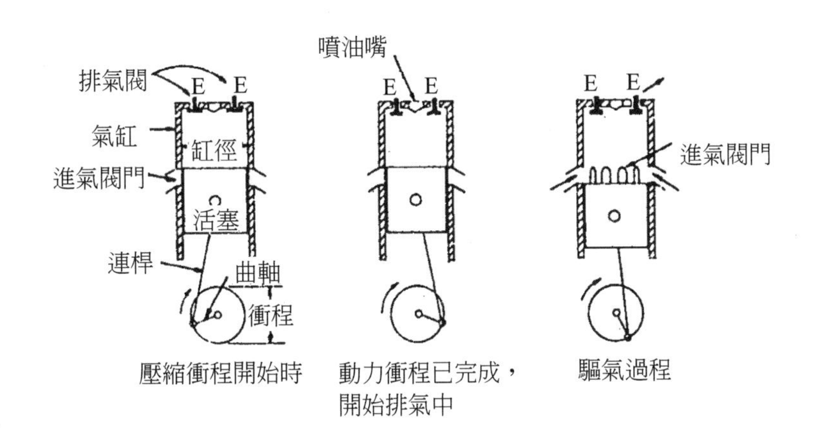

二衝程循環

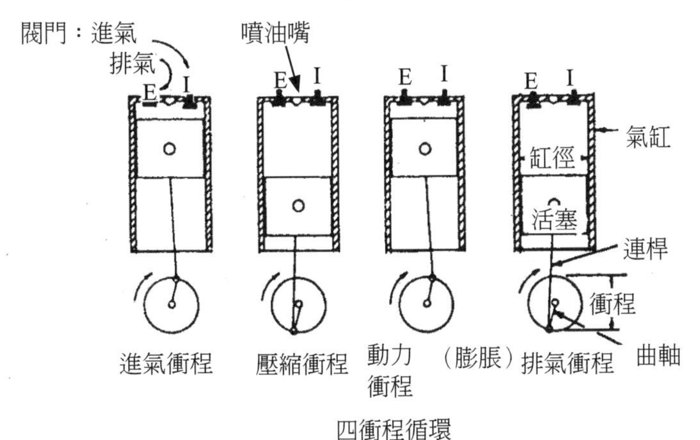

四衝程循環

圖2-1　二衝程及四衝程柴油機工作循環

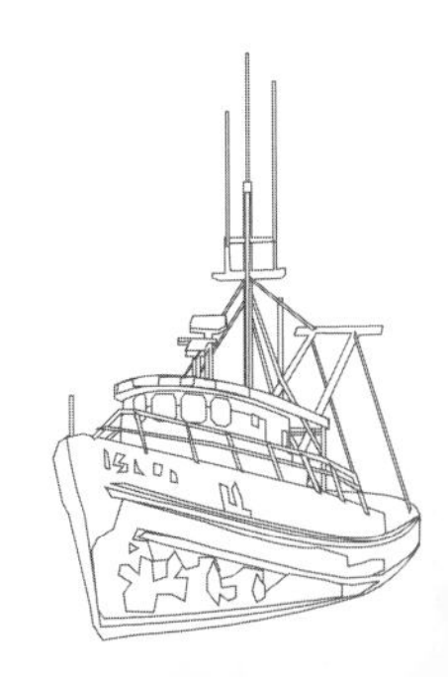

四衝程機器之工作循環也是由壓縮衝程開始，在活塞快接近上死點時噴油，接著是動力衝程。此處與二衝程機不同的是，它有一個明顯的排氣和進氣衝程，當活塞膨脹到快接近下死點時，排氣閥開啟，廢氣即由缸內往外排出，排氣過程一直繼續著直到另一衝程開始時。但是無論如何，在活塞又回復到上死點時，活塞與氣缸頭間之空隙仍殘留著廢氣，因此在活塞行至上死點稍前時候，進氣閥即行打開，利用新鮮空氣將這些廢氣驅除乾淨。等到活塞即將抵達上死點時，排氣閥關閉，活塞往下移動吸入新鮮的空氣。在接近上死點時，有一段時間進氣閥與排氣閥同時開啟，稱為重疊期（Overlap Period），其大小通常以曲軸的旋轉角度來表示。進氣衝程完了，接著又是新的一個壓縮衝程的開始。

二衝程循環主要用於低速大缸徑之柴油機，四衝程循環則以中高速柴油機居多。由於二衝程機之動力衝程數較多，故一般來說二衝程機之平均缸壓（Mean Cylinder Pressure）小於四衝程機，而且平均活塞移動速度也較慢。

（三）渦輪增壓機（Turbo-Charger）之發展：近年船用柴油機多屬增壓式引擎（Supercharged Engines），燃燒用空氣由一個正排量或離心式空氣壓縮機（Compressor）來供應。所需的動力可以利用齒輪自曲軸分出一部分動力，或是直接由一個廢氣燃氣渦輪機（Exhaust Gas Turbine）將動力傳送到壓縮機的轉動軸；後一種型式我們稱為渦輪增壓機，四衝程引擎所用之增壓機大都屬於這種。一九七五年，日本三菱公司正式成功地引用兩段式渦輪增壓機（Two Stage Turbocharger），氣缸之有效壓力已高達15.50kg/cm^2。由於出力的加大，因此在同樣馬力要求下，缸數得以減少，也因而降低了維護成本和勞力。

現在所用之兩段式渦輪增壓機是採用市面上現有之兩個渦輪增壓機和兩個空氣冷卻器所組成，新鮮空氣由低壓渦輪增壓機壓縮吹入，再經第一段空氣冷卻器。經過除濕後導入第二段空氣冷卻器，再到高壓渦輪增壓機壓縮。在低壓與高壓渦輪增壓機間所設置之壓後冷卻器，旨在增加氣缸內充氣之密度，讓引擎燃燒更多之能量，其次是降低壓縮衝程剛開始時氣缸內空氣之溫度，可以作到保護氣缸體內之作用。高壓與低壓渦輪增壓機呈串聯裝置，其所需之動力由廢氣餘熱來帶動。單段增壓機之空氣冷卻器是裝在壓縮機出口與引擎進氣歧管（Intake Manifold）之間；到目前為止，大部分採用的增壓機仍以此為主。

二、柴油主機之操作

（一）起動前之準備工作

1. 檢查潤滑油疏油櫃（Sump Tank）之油量。
2. 對各滑動部分注油，如進排氣閥、起動閥、動閥裝置及各軸承等。
3. 檢查起動裝置之動作狀況。
4. 檢查正倒俥裝置之動作，並將操縱桿置停俥位置。
5. 檢查燃油櫃及排放疏水。
6. 釋放燃油管系之空氣。
7. 起動有關之輔機並檢查運轉情況。
8. 關啟試驗旋塞（Test Cock），起動試俥並排放氣缸內油渣廢氣。

（二）運轉中之注意事項

1. 檢查活塞冷卻油（水）之進出口溫度。
2. 檢查軸承之潤滑油溫度。
3. 定時檢查潤滑油疏油櫃之油量。
4. 檢視氣缸冷卻水之溫度。
5. 注意各缸之排氣溫度是否均勻。
6. 注意各運動部分有否不正常之雜音及鬆弛之情形。
7. 詳細察看各種計測器。

（三）停俥後之一般工作

1. 開啟試驗旋塞，起動轉俥機。
2. 使用獨立之潤滑油泵及冷卻水泵，讓主機繼續冷卻之。
3. 開啟曲軸箱，以手撫觸各部位，檢查溫度，並檢查螺栓之鬆緊。
4. 檢查潤滑油中是否有海水混入。
5. 清洗燃油及潤滑油等濾器。
6. 拭淨機體並清掃機艙。
7. 締緊艉軸管壓蓋（Stern-Tube Packing Gland）。

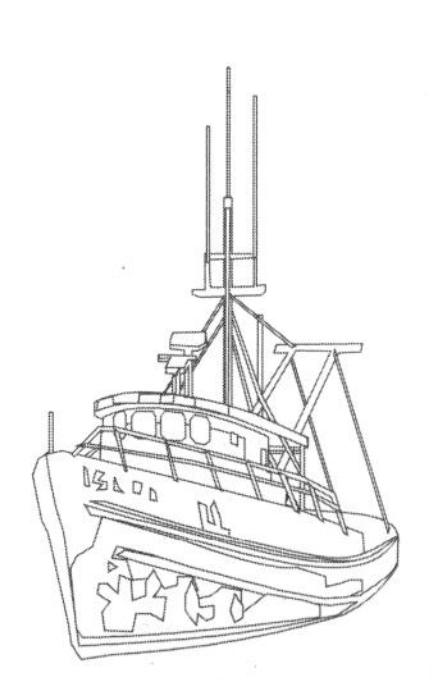

三、四衝程柴油機與二衝程柴油機之比較

（一）四衝程柴油機之優點

1. 不需裝備掃除泵及其關聯裝置。
2. 排氣可以完全排出，燃燒良好可適於高速柴油機。
3. 氣缸因周圍無掃除孔及排氣孔之設置，故構造簡單。
4. 燃料消耗量較二衝程柴油機少。
5. 在吸入衝程中因各運動部之壓力成反對方向，故對潤滑作用良好。
6. 動力衝程因在二迴轉中始有一次，故氣缸所受之熱應力少。

（二）二衝程柴油機之優點

1. 因迴轉速度遲緩且小，飛輪小，故重量比四衝程柴油機小。
2. 同一直徑之氣缸及同一迴轉數時，較四衝程柴油機可多得1.75倍之出力，而適於大馬力。
3. 因沒有吸入閥或排氣閥，故氣缸蓋之構造簡單。
4. 由於閥及動閥機構少，故機械重量輕，且操縱容易。

（三）四衝程柴油機之缺點

1. 構造複雜、體積大。
2. 需要大的飛輪（因二迴轉中僅一迴轉有爆發，故每迴轉之迴轉力不同）。
3. 同體積氣缸產生馬力較小。

（四）二衝程柴油機之缺點

1. 氣之排出不盡完善，排氣孔污濁時廢氣排出更加困難。
2. 需要設置高壓之掃除空氣泵。
3. 動力衝程之20%以上衝程用於排氣之驅除，致有效衝程減少。

（五）四衝程柴油機與二衝程柴油機之不同點

1. **作動上**

   四衝程柴油機：二迴轉中僅有一次燃料爆發即二迴轉始有一次動力衝程產生。

   二衝程柴油機：每一迴轉即有一次燃料爆發，亦即每一迴轉即有一次動力衝程產生。

2. 構造上

四衝程柴油機：設有吸、排氣閥，無掃除空氣泵之設置。

二衝程柴油機：無吸、排氣閥之設置，設有吸氣孔及掃氣、排氣孔及掃氣泵。

第四節　蒸汽動力裝置

蒸汽動力裝置的主機是以蒸汽為工質，這種發動機的特點是採用間接加熱方式，也就是燃料燃燒在發動機外的鍋爐中進行，故稱為外燃式發動機。依照主機運動方式的不同，它又分為往復式蒸汽機和蒸汽渦輪機兩種。往復式蒸汽機最早應用於海船。由於它具有結構簡單、運轉可靠、管理方便等優點，曾在很長的一段時期內蔚為船舶主推進機之主流。但由於其經濟性差、尺寸重量大、不能適應機組功率增長的需要，目前已經被其他船用發動機所代替。蒸汽渦輪機自從19世紀末問世並裝船使用以來，由於受到內燃機的挑戰，其發展一直比較緩慢。這種發動機運轉平穩，摩擦、磨損較少，振動、噪音較輕。但由於要配置重量、體積較大的鍋爐、冷凝器、減速齒輪裝置以及其它輔助機械，因此裝置的總重量和尺寸均較大，且熱效率低，這就限制了它在中小船舶中的應用。最近十幾年來，由於採用系列化和簡單化的裝置以降低造價和提高蒸汽初始參數（由4MPa、450℃提高到10MPa、538℃）從而提高鍋爐效率，還由於實行多級回熱式給水預熱系統、軸向排汽以及採用低轉速螺槳等措施，致使船舶蒸汽動力裝置的經濟性大為提高，燃油消耗率低到200g/（kW·h）以下。再加上這種裝置有對燃料適應性較好的優點，故應用範圍有所擴大。不少資料顯示，在功率超過22,000kW和船速超過20節的情況下，蒸汽動力裝置並不比船用柴油機動力裝置來得遜色。

一、蒸汽機工作原理

（一）基本概念：利用蒸汽作為工作流體來作功，這個構想雖然在早期是應用在往復式蒸汽機，但蒸汽渦輪機的先天優點很快地就被人們注意到而將之應用到大型原動力廠及船用主機上。蒸汽渦輪機沒有所謂大小的限制，任何馬力的船用蒸汽渦輪機均可製造出來。所需的高溫高壓蒸汽均能很安全地加以控制利用，唯一的限制是鍋爐能否產生如此條件的蒸汽。

自從蒸汽渦輪機正式使用以來，人們始終在想改進蒸汽的品質以增加蒸汽機的經濟效益。船用蒸汽渦輪機所用的蒸汽品質可說是每隔十年左右即有一長足的進步。

在蒸汽壓力未到2,500psig之前，提高蒸汽壓力可減少熱量及蒸汽的所需量，大略的準則可述之如下：「每提高一倍壓力可減少4～6%的熱量需求。」

商用主推進蒸汽渦輪機採用28.5吋真空作為排氣的設計標準，這個數值是根據世界各地海水溫度的變化情形，蒸汽渦輪機的大小、重量、造價及凝水設備（Condensate Equipment）等等因素所作的經濟妥協結果。

低海水溫度可採高真空，反之，高海水溫度則真空將受某一限制，不可過高。船舶在建造階段很難說該船在其一生中只航行某一條航線，因此，通常均以中等真空為設計標準。如果該船要在海水溫度低的海域航行則採高真空設計，但是蒸汽渦輪機的造價和重量均將增加。

（二）蒸汽渦輪機之分類：按蒸汽動能之利用方法，可分為衝動式與反動式兩種。茲分述如下：

1. **衝動式蒸汽渦輪機**：當一種流體，從高位能向低位能，或從高壓區域向低壓區域流動或噴射，即增高其速度。如其流動或噴射路線被固定之阻礙物所阻時，流體即發生一種「衝擊力」，衝擊於阻礙物上，損失動能，減低速度，而變更流動方向。有如水磨，當其水輪之葉片被水衝擊時，即行旋轉。

蒸汽渦輪機之旋轉原理，係利用蒸汽中之熱能變為動能，使其轉動迴轉部分，發生迴轉運動而工作。

蒸汽渦輪機所利用之熱能，係由於燃料（如油或煤等）在鍋爐中燃燒，產生含有熱能之熱氣體，此熱能再經輻射、對流、傳導等方法，傳至爐水，使爐水溫度升高，變為高溫高壓，而含有可以利用工作熱能之蒸汽，再由噴嘴（Nozzle）噴射，變為動能，使推動輪葉而產生工作。

如密閉之箱中，蓄有高壓蒸汽，自噴嘴中噴出，即體積膨脹，壓力降低，速度增高而獲得動能，然後噴射於裝有葉片之臺車上如圖2-2。因高速蒸汽受葉片之阻礙，而發生「衝擊力」衝擊於葉片，結果使臺車移動，拖動重物W而工作。高速蒸汽衝擊葉片後，損失動能，減低速度而變更方向。

設將此固定噴嘴，裝置於蒸汽渦輪機外殼上，葉片裝於轉子上，則蒸汽自噴嘴中噴出使體積膨脹，壓力降低，速度增高，獲得動能，而噴射至動輪葉上，發生「衝擊力」，推動轉子而工作，即所謂衝動式蒸汽渦輪機。

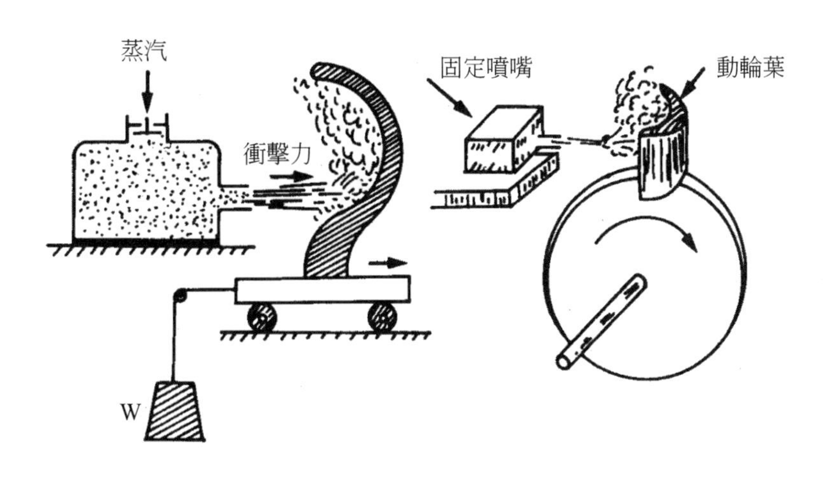

圖2-2　衝動式蒸汽渦輪機動作原理

2. **反動式蒸汽渦輪機**：按牛頓第三定律，當物體發生力之作用時，同時必發生大小相等、方向相反之力。

將蓄有高壓蒸汽之密閉箱，裝於臺車上如圖2-3，使蒸汽自噴嘴中噴出，則蒸汽之體積膨脹，壓力降低，速度增加，即發生反作用之反動力，施於臺車，結果使臺車移動，拖動重物W而發生工作。設將此種蒸汽膨脹速度變更，發生反動之作用，使其發生於渦輪機之動輪葉上，使蒸汽在動葉之通路間膨脹，速度變化，發生反動力，推動轉子而工作，即為反動式蒸汽渦輪機。

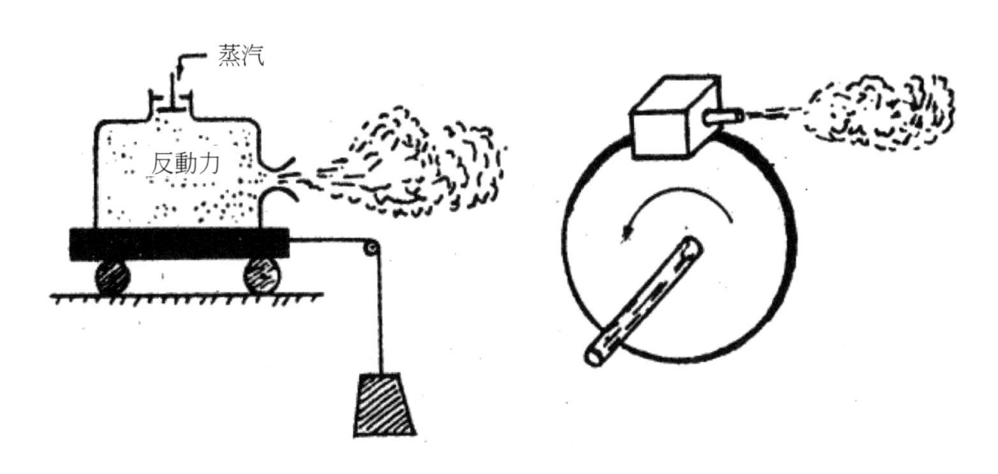

圖2-3　反動式渦輪機動作原理

以上所述之兩種渦輪機，均係各該機之構造原理。實際上實用之衝動式渦輪機中，蒸汽衝動第一列動葉後，尚須進入第二列噴嘴，以衝動第二列動葉，或僅衝過第一列動葉後，即排出而進入凝汽器中。但蒸汽離開動葉之方向不能絕對逆轉180°，其速度亦不能為零。即蒸汽離開動葉時，不能為無速度，亦即同時有反動力作於轉動葉上，唯以其所利用之力，以衝擊力為主，故稱為衝動式渦輪機。

在反動式渦輪機中，實際並非完全利用反動力。因蒸汽由外部進入渦輪機，或由固定之導葉進入動葉時，不能無相當之速度，亦即有相當之衝擊力作用於動葉上。故在反動式渦輪機中，蒸汽之壓力係在固定之導葉內，變一部分為速度，用以衝動動葉；蒸汽進入動葉後，變一部分壓力為速度，發生反動力以推動轉子。

二、蒸汽渦輪主機之操作

（一）起動前之準備工作

1. 確定系統中的潤滑油量是否足夠。
2. 潤滑油溫度是否低於90℉，如果低於90℉則不得起動。
3. 積存在潤滑油櫃、重力櫃及油池底部的水分應排除。
4. 檢查潤滑油冷卻器的循環水系統是否良好，如果潤滑油冷卻器的調定溫度是以人工控制的，非到需要可不用循環水系統。
5. 起動主潤滑油泵，檢查潤滑油是否很順暢地流到軸承、偶合器及噴霧嘴（Spray Nozzle）。
6. 用轉子定位指示器（Rotor Position Indicator）測試轉子是否在其正常位置上。
7. 檢查有無雜物纏住螺槳。
8. 起動轉俥機（Turning Gear），檢查渦輪機和減速齒輪是否運轉順當，傾聽有無雜音和其他故障之可能。
9. 確定主蒸汽到渦輪機的停止閥已關緊，確定蒸汽管路中沒有蒸汽壓力存在，然後開、關正倒俥節流閥及倒俥保護閥（Astern Guarding Valve），確定這些閥沒有膠著，然後將之關閉。

（二）暖機

雖然說只要轉子是直的，渦輪機即可從停機狀態不經暖機立刻起動，但是這種情況除非是在應急情形下，否則是不允許的。

作完上列準備工作之後，可進行以下的暖機工作：

1. 將主蒸汽管路、渦輪機機殼，及阻汽衛帶密封系統的疏水裝置全部打開，排除凝水。

2. 起動阻汽衛帶排汽風機，將阻汽密封系統進入工作狀態並保持密封壓力在0.5～1.5psig。
3. 起動凝水裝置，並將真空調到10in · Hg，真空度過高將延長暖機時間，而且可能造成溫度的不均勻以致變形。
4. 轉俥機至少繼續帶動轉子旋轉15分鐘。
5. 用橋卡來量取主機轉子間隙。
6. 脫離停止轉俥機。
7. 打開主蒸汽停止閥，讓蒸汽進入正、倒俥節流閥。
8. 交互打開正、倒俥節流閥，各自讓渦輪機慢慢地正轉、倒轉幾秒鐘，如此可避免船體的移動，每5分鐘重複一次，至少保持20到30分鐘，甚至到船開航前為止。
9. 在開航前將真空調到正常範圍。

（三）備便開航

各疏水仍保持開啟，並繼續上述8.之動作，蒸汽續供應阻汽衛帶密封系統，轉子停止不得超過5分鐘。起動第一段真空抽以提高真空度。

（四）開航後航行時應注意事項：

當船開航後即應關閉所有的疏水，並確定倒俥節流閥及保護閥已關緊，然後將渦輪機速率升至半速，如要再提升速率得慢慢加俥，從半速到全速至少得經過15分鐘才行。以下是航行時應注意事項：

1. 每天至少一次以轉子定位指示器來檢查渦輪機和轉子的軸向位置，並記錄之。
2. 定期檢查壓力、溫度、油位及流動指示器，看其是否在正常位置。如果軸承溫度過高或是突然變化，應立即減俥並檢查原因。
3. 每天檢查並清潔潤滑油過濾器，如果發現有雜物應立即檢查該雜物的成分並探索其來源。
4. 無論什麼原因使然，當潤滑油突然失壓時，潤滑油低壓跳脫（Trip）會立刻關閉正俥蒸汽，如果此時船舶是正俥，則螺槳仍會帶動主軸及渦輪機以正俥旋轉，此時應立即打開倒俥蒸汽以制止主軸的轉動直到主軸停止不轉或是油壓恢復為止，否則軸承將立刻燒毀。
5. 應定期監視主蒸汽，如果蒸汽進入溫度過高將會造成損害；如果溫度過低，則在低壓渦輪機末幾級將會產生水滴浸蝕葉片現象。

6. 操作人員應隨時注意噪音的等級、雜音（Unusual Sounds）及振動情形。
7. 如果因熱膨脹不均而造成轉子彎曲而迫緊相互摩擦時，應即減俥讓軸的溫度均匀，同時恢復軸的正直。

（五）停俥步驟——當渦輪機停俥時，應依照下列步驟處理

1. 關閉渦輪機上所有的控制閥及所有主蒸汽管路上的閥。
2. 打開渦輪機上所有的疏水。
3. 帶上並起動轉俥機之轉動轉子，其目的在於使轉子溫度均匀地降低，此時潤滑油壓力仍需維持正常，以便將熱量帶走。
4. 關閉阻汽衛帶密封及排汽系統。
5. 保持凝水器以最低循環速率繼續運轉，直到疏水全部排除，然後停俥。
6. 關閉第一級真空抽，但是第二級真空抽仍應繼續抽取數小時。這個工作每隔兩至三天應進行一次，以保持渦輪機的乾燥。
7. 當渦輪機溫度降至某一值後，關閉所有系統。
8. 靠港時，每隔兩或三天應將潤滑油打循環，同時運轉轉俥機。

（六）應急情況之操作

萬一併列合流式渦輪機中某一部遭到損壞以致無法使用，則可藉改變蒸汽循環管路的接法仍以高壓蒸汽來推動渦輪機作功，而將損壞的渦輪機脫離開減速齒輪。

在僅以高壓渦輪機操作時，須有特殊的管子直接將排汽引入凝水器。如果該推進系統的倒俥渦輪機僅能使用低壓蒸汽，則此時沒有倒俥動作，所以應將倒俥節流閥予以封閉以免不慎開啟該閥造成損害。

當高壓渦輪機無法使用時，高壓蒸汽亦可在進汽管路上經由一暫時充當節流閥的閥來控制其壓力，同時在該閥後加裝一噴嘴以限制該蒸汽的流率。

第五節　燃氣渦輪及核動力裝置

一、燃氣渦輪機

20世紀30年代燃氣渦輪機製造並開始興盛起來，第一批用作商船主機是在50年代。它以單位重量輕、尺寸小、單機組功率大、機動性好、操縱管理方便以及容易實現自動化等突出優點而進入實用階段。但因其經濟性很差，巨大的排氣管道使機艙難於布置，需要換向設備而使裝置複雜化，葉片及燃氣發生器均在高溫高壓下工作而使其使用壽命較短等，以致目前商船很少採用這種動力裝置。

二、核動力裝置

核動力裝置雖有許多優點，但由於造價高，操縱管理及檢查系統複雜，核分裂反應釋放出大量放射性物質需要嚴加防護，因此在商船上應用還沒有多大的吸引力。

第六節　如何發揮引擎的全效能

商船應經常維持經濟運轉，俟緊急狀況時能發揮全力以應急，但若超過引擎能力之限度，則將導致損壞。當某一處保養不當，將影響其他部分之運轉，不僅未能提高效率，且將影響引擎用壽命。

船用主機一般均以試俥時之80～90%之連續最大出力作為連續航行速率。但每因裝載、天候、海面狀況、船底之污濁狀況各有所不同，經常擬保持在80～90%負荷，並非易事，故欲作全能力發揮，各因素須能經常維持100%之理想狀況。

引擎欲充分發揮效能，應注意下列各項：

一、引擎結構須完善

（一）適當之設計：儘可能使操作簡單，保養容易。

（二）精良之製造：選用合格的材料，由熟練之製造廠製作，並經嚴格之檢驗。

（三）適切之裝置：使輪機人員操作方便，容易拆裝及開放檢查，管路連接應單純簡化。

二、嚴格施行定期保養

（一）熟知構造特性：充分了解引擎之初步設計、特色及有關圖說。

（二）嚴格檢查：定期並隨時作檢查，檢查應依要點徹底執行，達成故障之預防。

（三）確定保養狀況：檢討保養記錄，應隨時注意預期保養（Pre-maintenances）等作業。

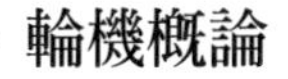

三、熟悉引擎之操俥性能

（一）熟知性能

應具有基本學理及豐富經驗、熟悉引擎之操作技術、明瞭引擎之特性，並研究緊急處置。

（二）協調合作（Team Work）

輪機人員應充分發揮協調合作的精神，避免因人員疏忽或糾紛而發生機器故障。

（三）獨具判斷力

經常觀察引擎，預作各種判斷及緊急措施。

四、瞭解主機之主要性能

（一）柴油機

主機馬力、氣缸最大爆發壓力、氣缸平均有效壓力及推進軸每分鐘轉數。並且對於軸承溫度、排氣溫度等有上升傾向，齒輪、鍊條有特別缺點的船舶，應妥加改善，並盡可能作必要的保養。

（二）蒸汽機

主機馬力、推進軸每分鐘轉數，鍋爐使用壓力、蒸汽渦輪機各段之蒸汽壓力及第一段壓力降、鍋爐蒸汽壓力、凝水櫃真空度高低以及扭力計指數等。

第七節　熱平衡概要

鍋爐或柴油機氣缸內所產生之熱量，並非全部變成有效之功，一般均消耗於各項熱源，由分散之各項目計算消耗熱量，以百分比表示，即稱熱平衡（Heat Balance）。

圖2-4及圖2-5為柴油機之範例，圖2-6為蒸汽渦輪機之範例。

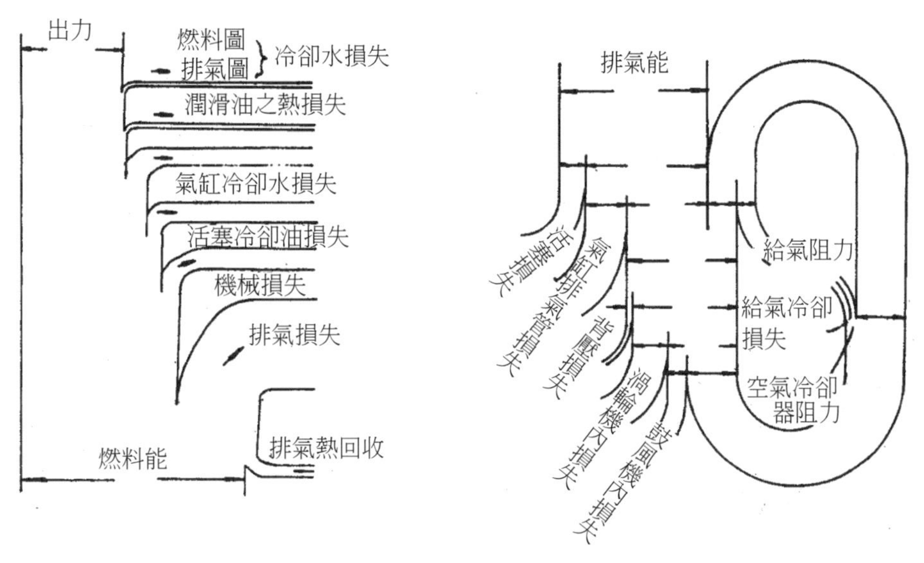

圖2-4　柴油機熱平衡之一例　　圖2-5　二衝程增壓柴油機之排氣熱能平衡

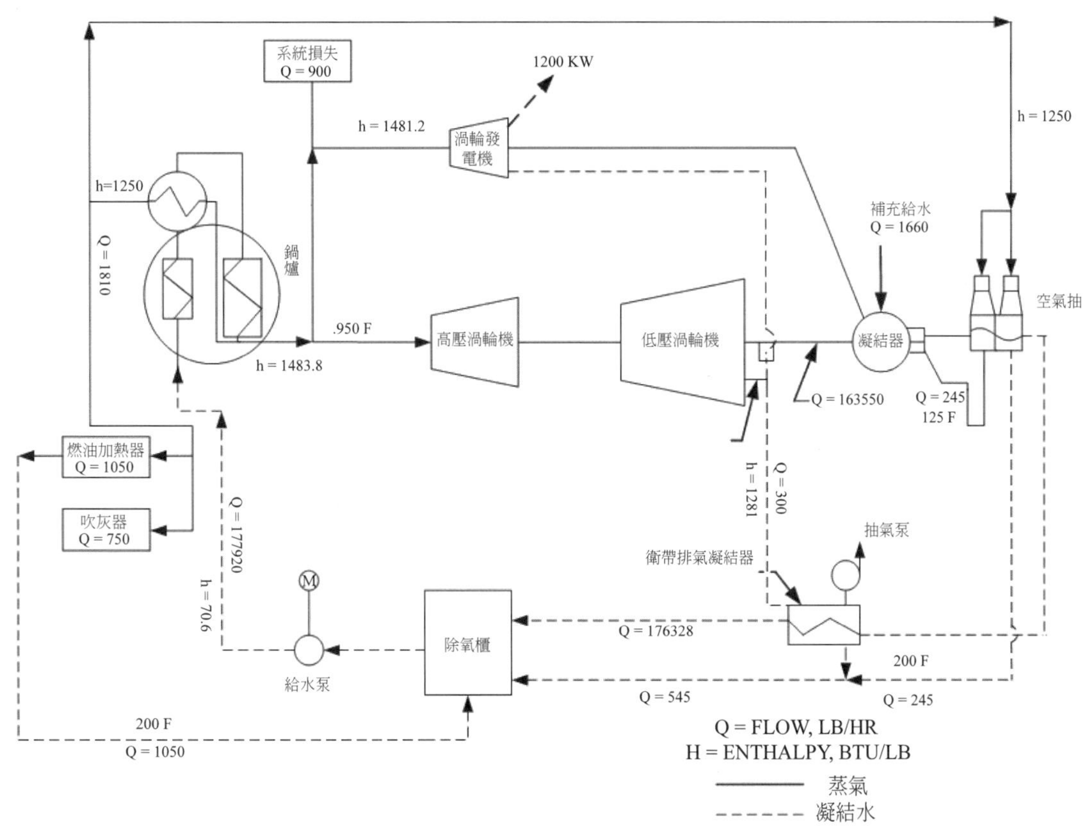

圖2-6　蒸汽渦輪機熱平衡

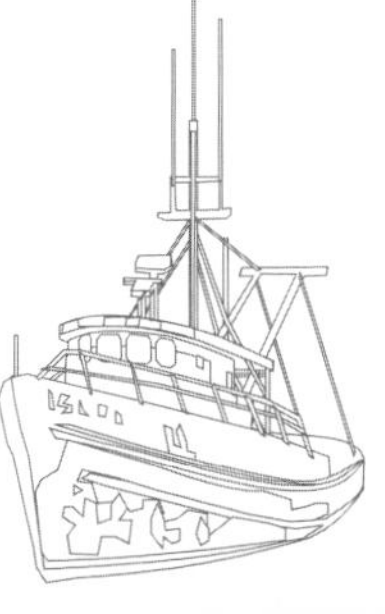

第八節　經濟航速

由於螺槳所消耗的功率約與轉速的立方成正比，故航速的少量降低可節省大量的燃油消耗。但並非航速越小越經濟，因為船舶的運輸費用除了燃料費用外還有其它費用，而且對於一定航線的船舶由於航速降低，航行時間增加，運輸效率下降，也可能使經濟效益減少。

營運船舶常用的經濟航速有三種：

1. **最低耗油率之航速**

   柴油機在推進特性下工作，當功率與轉速變化時，其燃油消耗率g_e由於受到噴油量、換氣質量、轉速等影響，不是一個定值，一般在85%負荷時最小，見圖2-7所示。

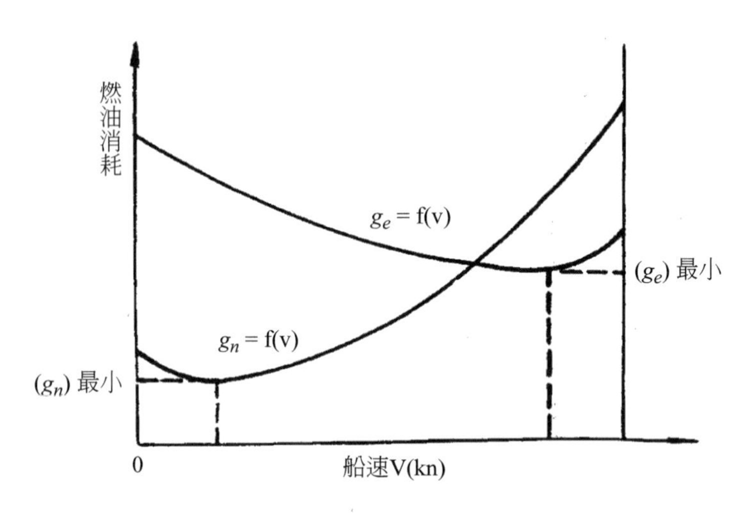

g_n：燃油消耗量／浬
g_e：燃油消耗率

圖2-7　g_n-n曲線

   顯然，柴油機在g_e最小時運轉，其經濟性最好，所以燃油消耗率g_e最低時的航速是經濟航速。若柴油機經常在較高負荷下工作，應盡量使用最低耗油率航速。

2. **最低燃油費用航速**

   船舶每航行一浬動力裝置所消耗的燃油用每浬燃料消耗量g_n表示。

   g_n 是帶有綜合性質的指標，它既考慮了動力裝置本身的性能，也考慮了船舶的航行條件。

   頤圖可知，當船舶航速降低時，g_e 將會增加，但 g_n 卻明顯地逐漸下降，並出現一個最小值 $g_{n\ min}$，$g_{n\ min}$ 所對應的航速即為節油的經濟航速，對一定的船舶其燃油費用最小。在船舶經常停航待命和降速航行時，應盡量使用最低燃油費用航速。

3. **最高盈利航速**

最高盈利航速，即為營運期內盈利最大的航速。上述兩種經濟航速，因為只考慮了動力裝置本身的經濟性，所以不一定是船舶最高的盈利航速，欲獲得船舶最大的盈利航速，尚需考慮船舶的折舊費、客貨的周轉費、運輸成本及利潤等因素。不同的航區、不同的船舶種類將各有其相應的最大盈利航速。

究竟選擇哪一個航速，需要多方面共同協商後制定。

習　題

一、試就船舶動力裝置之基本要求，分項簡述之。

二、出力相同之二衝程與四衝程柴油機，何者之平均缸壓較小？何故。

三、出力相同之二衝程與四衝程柴油機，何者之活塞速度較慢？何故。

四、試列述柴油機起動前之準備工作？

五、試述二衝程柴油機之優點？

六、試述四衝程柴油機之優點？

七、二衝程與四衝程柴油機在構造方面，有何不同？

八、二衝程與四衝程柴油機在作動上有何不同？

九、蒸汽渦輪機按蒸汽動能之利用方式，可分為哪二種？

十、試簡述蒸汽渦輪機之暖機步驟？

十一、簡述如何發揮主機之全效能？

十二、何謂船舶之經濟航速，其最低耗油率之航速為若干？

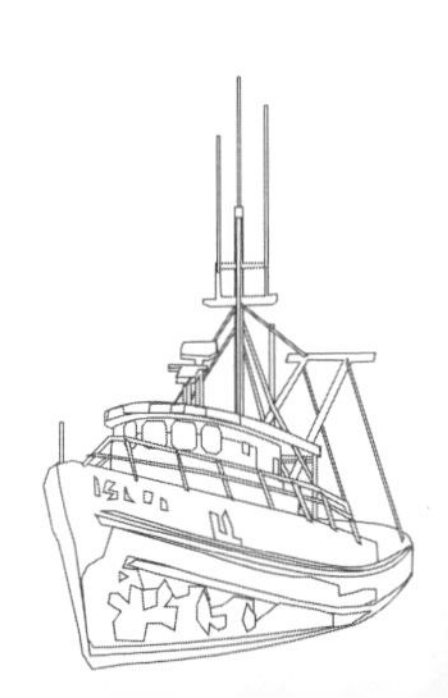

第三章　船舶推進系統

第一節　概說

古代船舶多用人力、風力等直接推動，今均藉油、煤或核能等燃料產生之熱能轉動各型引擎而推動船舶。船舶推進軸系（Propulsion Shafting）係指由主機之低速傳動齒輪或推力軸承連到螺槳的一系列傳動軸。主機的出力以此軸系與螺槳相連接，螺槳所發出來的推力復經由軸系傳到推力軸承，再由軸承座將此推力傳於船體，使船舶得以航行。

船舶之推進動力一般可分為：

（一）人力

（二）風力

（三）使用往復蒸汽機（Reciprocating Steam Engine），蒸汽渦輪機、複合機（往復機及藉其排除之廢汽帶動低壓渦輪機）等之蒸汽機。

（四）使用柴油機、燃氣渦輪機等之內燃機。

（五）使用電動馬達（Electric Motor）係指藉蒸汽渦輪機或柴油機帶動發電之馬達。

此五種之選擇應視機器之大小、重量、價格、可靠性、使用年限、溫度及噪音、燃料種類、消耗量以及是否能與推進器相配合等條件。

螺槳在最大推進效率時所需之轉速，通常必須保持比原動機及傳動系統設計時所許可的轉速要低，航行船舶在使用一段時間後，其船速性能可能削減5～15%不等。因此主機選定的軸馬力（Shaft Horsepower）除了要滿足所指定的航速要求外，還須具有一航行餘裕（Sea Margin），而決定此等馬力預留量的因素包括船殼垢損（Fouling）和糙化（Roughening）、螺槳表面糙化，以及主機及傳動機械之各運動部分因有蝕損及垢化所造成之影響。此外在惡劣風浪的海象狀況下，船舶為了維持一定的航速，亦須擁有適當的馬力餘裕。這種預留量通常是以持續航行速率與主機之最大裝置軸馬力的百分比來表示。

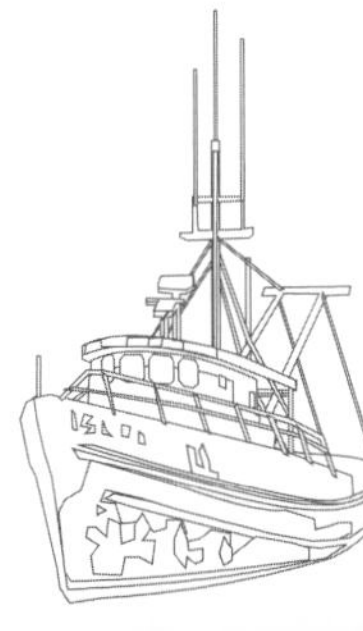

第二節　推進軸系

各型商船軸系布置的區別，主要在於主機安裝位置之不同，如油輪之主機多安置於艉部，則船內之主線軸較短所需之主軸軸承數較少。又如乾貨船之主機多安置在舯附近，則船內就需較長之主軸線軸與軸承數。軸系的布置與安排，除因主機在船內之安置位置外，尚須視船舶主機之部數及推進軸隻數與安排而有所差異。茲以單軸與雙軸船舶圖示如次：

（一）單軸船舶之軸系分布情形，如圖3-1及圖3-2所示。

（二）雙軸船舶之軸系分布情形，如圖3-3所示。

雙軸船舶之艉型多屬於方型艉，為了使船殼與螺槳間有足夠的空間，因此軸系須向船外伸出一大段，船外軸線需要一個或數個支架軸承（Strut Bearings）加以支撐。

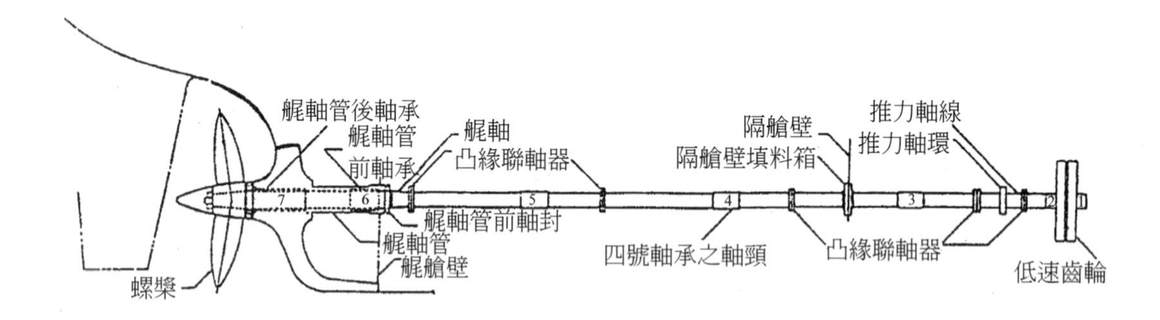

圖3-1　單軸船舶之軸系（一）

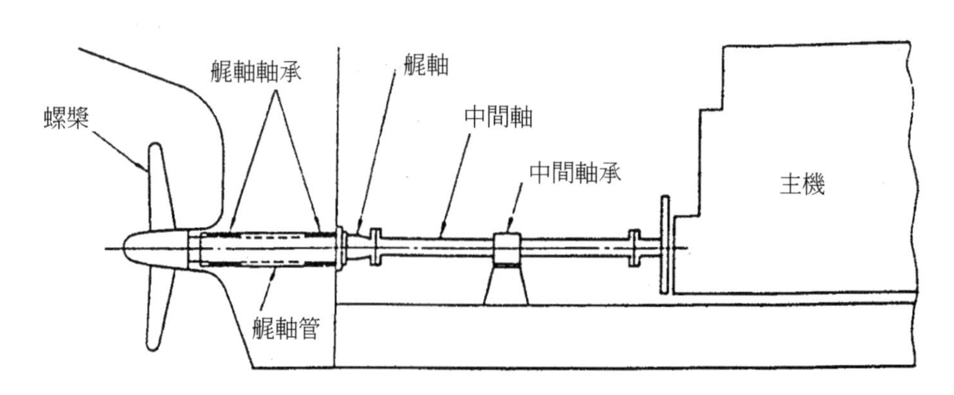

圖3-2　單軸船舶之軸系（二）

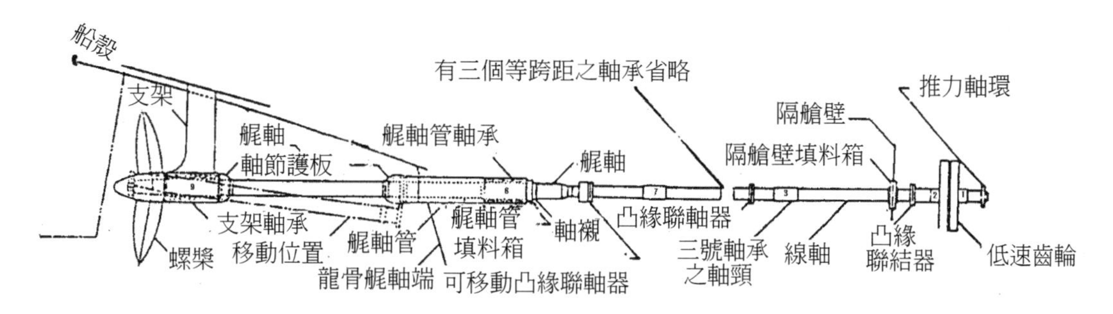

圖3-3　雙軸船舶之軸系分布

第三節　艉軸與艉軸管

一、概言

船舶推進軸系中，分布於船內的軸線稱為線軸，其設計規格必須按所安裝的位置予以決定。最尾端繫掛螺槳的那一段軸線稱為艉軸（Tail Shaft）或螺槳軸（Propeller Shaft），通過艉軸管（Stern Tube）的那一段稱為艉軸管軸（Stern tube Shaft），不過單螺槳船舶之艉軸管通常均環包在艉軸上，如圖3-1及圖3-2所示。倘在螺槳與艉軸管間仍有軸線，例如雙俥或多俥船舶之推進軸系，則該等軸線可稱為中間軸。

艉軸管又稱艉管或軸管，在單螺槳船，其位置在艉柱鼓出部與艉尖艙壁之間，在雙俥或多俥船上則位於船內外艉軸管與艉軸之間，如圖3-3。艉軸管通常係以鑄鋼造成，也可由鋼板成型加工製造，其功用為防止艉軸與海水接觸，以及支架推進軸成為特殊軸承之用。

二、艉軸管軸承之種類

艉軸管軸承係指艉軸管中嵌入之軸承，主要為支持艉軸，小型船之艉軸管係由鑄鐵或鑄鋼所製成，中、大型船者係採用艉肋材及鋼板焊製而成，艉軸軸承承受艉軸與螺槳二重負荷，因此船級協會規定需具有相當之長度。同時艉軸貫穿之艉部，會有海水浸入，相反的，艉軸管內之潤滑油亦會滲漏出船外，故其間應設置有效的防漏裝置。目前一般船舶所使用的艉軸管軸承，計有用鐵梨木（Lignumvitae）、無切口軸承（Cutless Bearing）及油浴式軸承等三種，茲分述如下：

（一）鐵梨木軸承（參見圖3-4所示）

艉軸管內嵌入可取出之套管，在該套管內裝置熱帶性植物之鐵梨木木片，作為艉軸之軸承，軸承表面刻有凹溝，流通海水，供作艉軸與軸承間之潤滑劑。自艉軸管之艏側，設有填料及壓蓋，阻止海水流漏船內。艉軸上套有銅合金所製之軸套，防止艉軸被海水浸蝕，目前隨著船舶大型化、艉軸軸徑增大，因此除小型船外，大型船舶均不使用該種軸承。

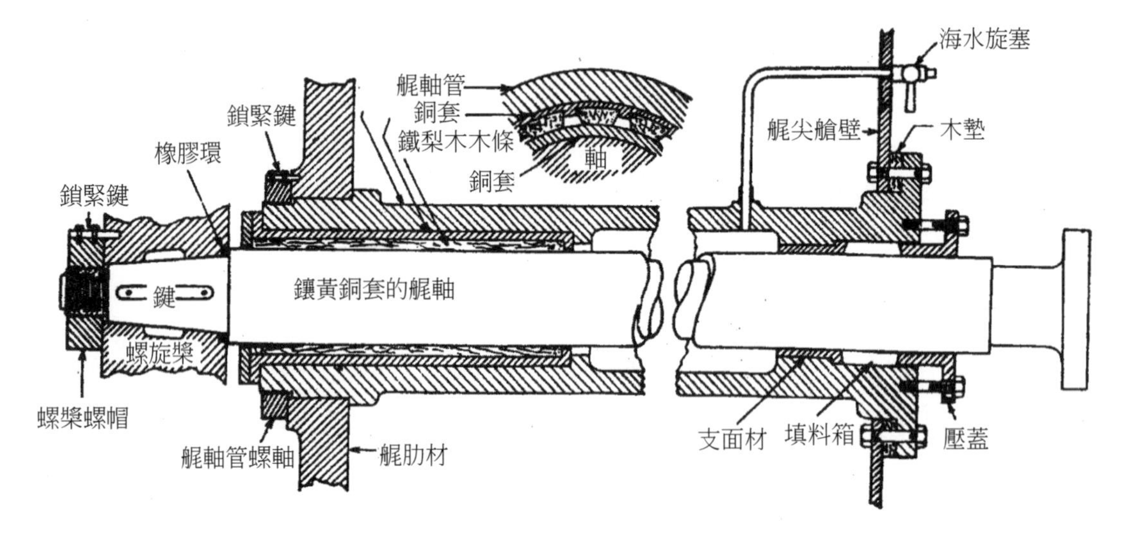

圖3-4　螺槳軸與艉軸管

（二）無切口軸承（如圖3-5所示）

該軸承之材料為合成橡膠，其在艉軸管內之安裝與鐵梨木者一樣，同樣用海水作潤滑液。其耐壓強度遠大於鐵梨木，適合用於航行泥沙夾雜較多水域之疏浚船及江河船。惟價格高，商船應用者不多。

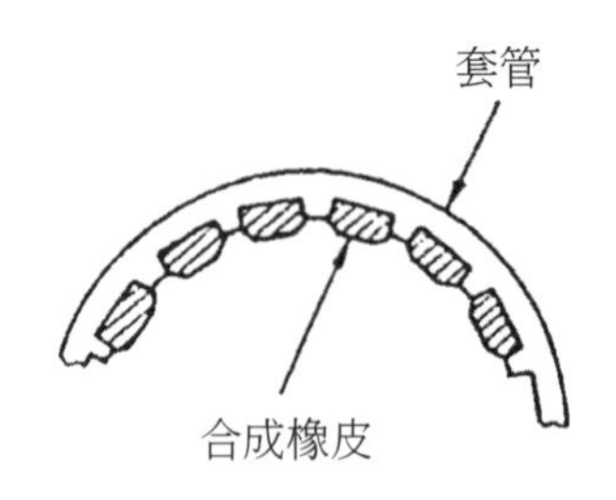

圖3-5　無切口之合成橡膠軸

（三）油浴式軸承（Oil Bath Type Stern Bearings）（如圖3-6所示）

艉軸油浴式軸承，係在艉軸管內壓入嵌有巴比合金之鑄鐵製成之軸承，並在前後軸承及其中之空間充滿具重力式壓力之潤滑油；在艉軸管前後端設有軸封裝置，以阻止潤滑油之外洩以及海水之內滲，該等軸封可靈活適應艉軸之振動或縱向滑動。

巴比合金軸承適用於大型船舶之艉軸管軸承，該式軸承因屬油浴式，艉軸既不用軸套，又不與海水接觸。惟軸封環之構造較複雜，對於吃水較大之極大型油輪（VLCC）、超級油輪（ULCC）及大型貨櫃船，尤應特別注意，船舶於航行中，軸封環一旦發生故障洩漏，則難以修護，對船東之營運不無影響。

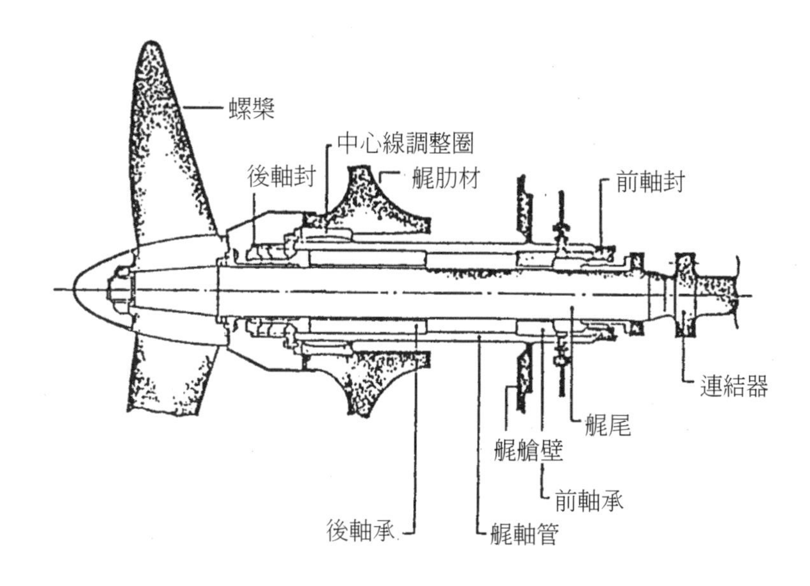

圖3-6　油浴式艉軸管軸承

第四節　主機性能與出力之分析

使用定距螺槳的柴油機，當船舶的載重（或船體阻力）是常數時，柴油機之出力（PS）與機器轉速（或船速）的立方成正比，即

$PS \approx N^3$或$PS = K_1N^3$……………………………………………………公式 (1)

K_1：常數

當船在海上航行，遭遇惡劣海流或船殼髒污時，船體阻力將增加，使主機轉速降低。也就是主機扭矩（或平均壓力Pe）增加。

$$T = K_2 \frac{PS}{N} \cdots\cdots \text{公式 (2)}$$

T：主機扭矩

K_2：常數

各類船舶所安裝的主機不論為何種型式，均有其連續使用的允許出力範圍，船上的輪機人員必須嚴格遵守。

一、控制柴油機實際出力的限制

(1) 出力限於最大連續出力的90%。

(2) 轉速線於最高轉速的100%。

(3) 在「螺槳定律曲線」上之90%最大連續出力，求得其扭矩（或平均有效壓力Pe）限於93.22%。

此扭矩係由前述公式(1)、(2)而得，推演如下

$$T \approx \frac{(PS)}{N} \approx \frac{(PS)}{(PS)^{1/3}} \approx (PS)^{2/3}$$

當PS = 90%時　　T = 93.22%

(4) 其他運轉數據（如掃氣、排氣溫度、氣缸內最高壓力、增壓機轉速、掃氣壓力等）依機器製造廠的指示維護。

二、實際出力的控制

前項(2)～(3)之各種限制圖示如圖3-7。先正確算出本船主機的出力（PS）與轉速（RPM），然後將運轉點標示在圖表上，而得知運轉點的位置。如果運轉點位於由三條直線（PS=90%、RPM=100%、Torque=93.22%）所圍成的(A)、(B)、(C)區域內，如圖3-7所示，則表示此主機是在連續使用的允許運轉範圍內運轉。反之，如果運轉點落於(D)區，則是超出限制，機器不能在此情況下運轉，必須立刻減低主機出力至允許範圍。

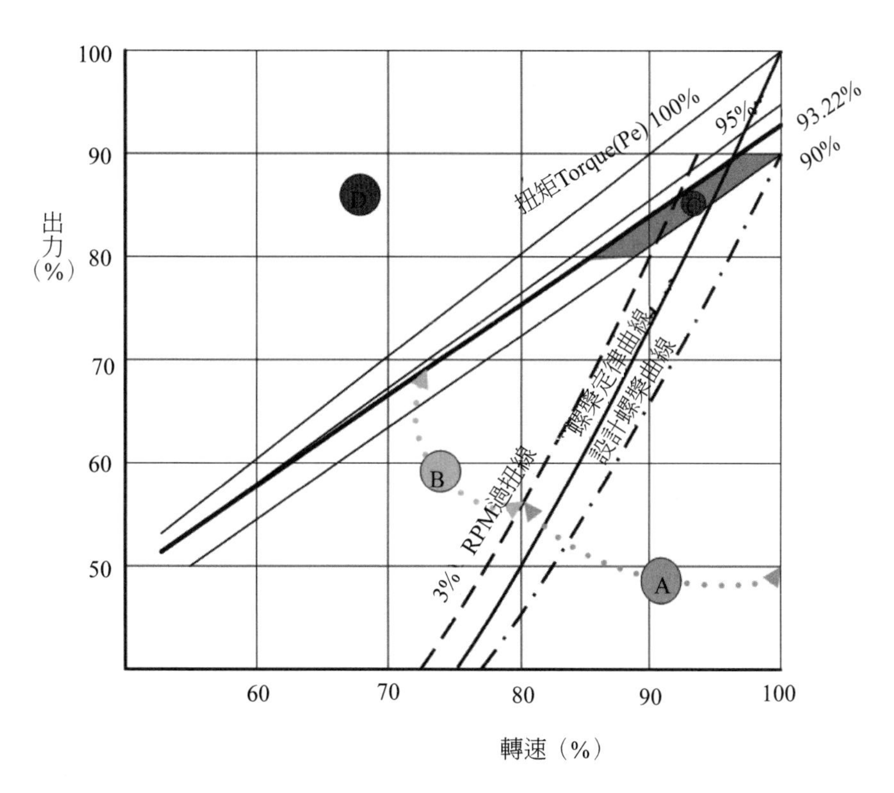

圖3-7　引擎出力與轉速之限制

三、當監控引擎實際出力時，必須特別注意下列事項：

(1) 盡可能使引擎運轉點在允許運轉範圍內，即(A)、(B)、(C)內以高出力運轉。

(2) 在正常出力下，引擎之運轉須低於3%（依螺槳設計規範而定）轉速過扭（A區）的情況。

(3) 當引擎連續運轉數超過3%過扭，這可能表示船殼過髒，必須盡快與公司連絡，以便決定清潔船殼或進塢。

(4) 當引擎在比較高出力及高扭力（C區）下運轉，其引擎運轉數據可能超出製造廠的限制，因此必須注意防止超限，尤其是排氣溫度。

(5) 如何正確計算引擎出力，可採用以耗油量計算的BHP_2（參考引擎現況報告Engine Condition Report）

$$BHP_2 = \frac{W}{\frac{W_O}{C} \times C_0^1}$$

W：每小時的燃油銷耗量（kg/Hr）參考燃油溫度，更正其比重

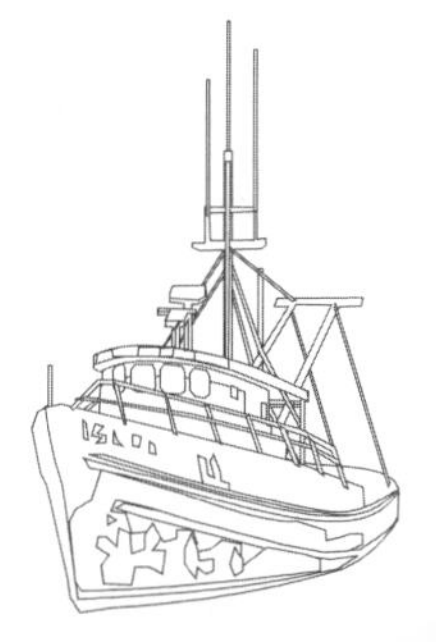

W_O：廠商90%負荷時耗油率（kg/BHP. Hr）

C_0^1：廠商使用燃油之低熱值

（如果W_O已經相當於10,200kcal/kg，其修正之發熱量，通常為10,200 kcal/kg）

C：實測時所用燃油之低熱值（kcal/kg）參考預估熱值表

(6) 如前所述，當新船時，有1.5%～5.5%的螺槳餘裕，因此，當船體不髒時應盡量以最大出力增加轉速至100%。除非有明顯的原因，主機轉速不必限於正常的96.5%（即螺槳定律PS=90%時之轉速）。

(7) 上述各項不適用於減速航行。

第五節　航行餘裕

船舶為了裝備及設計，在實際航海狀態時的優良推進器，除在理想狀態下的船舶馬力之外，尚必須推定航行狀態時的馬力。此實際航行狀態所必要的馬力，係在上述計算所求得的理想狀態下的馬力，附加某一定量的馬力，此附加量通常均稱為航行餘裕（Sea Margin）。一般小型船與大型船相比較，其所受風力及波浪的影響程度較大。故小型船的航行餘裕則需較大。

日本運輸省（Ministry of Transport）目前的造船計畫，為便利起見，此航行餘裕一律指定為計畫出力的15%。

一、航行餘裕之定義

（一）RPM Margin ↓ $\Delta N = \frac{N_s - N}{N} \times 100$

（二）Output Margin ↑ $\Delta P = \frac{P - P_s}{P} \times 100$

式中N、P為實際航行中所記錄出的轉數（RPM）及出力（Output）。

N_s：為在靜水中以P之出力航行時之RPM。

P_s：為在靜水中以實際航行中之同等速度航行時所需之出力。

ΔN為同樣出力下轉數降低的百分比。

ΔP為同樣航速下出力增加之百分比。

二、航行餘裕之設定

一般之設計ΔP約為10～25%。

ΔN對低速柴油引擎之設計約為3～6%。

（一）餘裕太大時，則引擎負荷過輕，雖然轉數高，但推進效率低。或因螺槳過輕，主機馬力無法施出，甚或海上公試時，最大連續出力（Maximum Continuous Output）都無法試出。

（二）餘裕太小時，則螺槳過重，轉數下降，易使主機造成過扭。

三、航速下降之情況

航行於海上之船舶，由於受海上氣象、波浪之影響，或船殼之變形、油漆脫落、海生物之附著等原因，使推進阻力及伴流係數增加而致推進主機之負荷增加，轉速下降。

據日本日立造船所於1960年底就11,000DWT之礦砂船（主機為B&W 9K 84EF）第一次出塢至六個月後之連續計測、追踪調查等，對一年間之變化量如下列之記錄資料：

(1) 主機回轉速（Engine Revolution）下降3～4rpm。

(2) 轉軸矩（Shaft Torque）增加3～4%。

(3) 油泵開度（F.O. Pump Mark）增加4～5%。

(4) 船速（Ship Speed）減低2節。

柴油主機有如下之變化：

(1) 掃氣溫度：約上升5℃

(2) 排氣溫度：氣缸出口約上升30℃

鼓風機進口
鼓風機出口 } 約上升20℃

由於一般統計顯示：在兩次進塢間，馬力增加達20～60%，轉速下降約為2～4%。圖3-8為根據各種資料整理出之有關轉速下降（扭矩增加）之典型曲線。此種變化隨航線、船型及主機類別而有所不同。一般說來，快速船受造波阻力之影響較大，而油輪及散裝船等肥大之船型，則受船殼污損而引起摩擦阻力之影響較大。

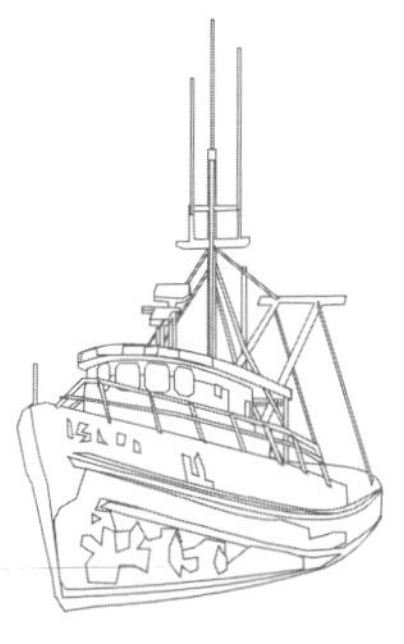

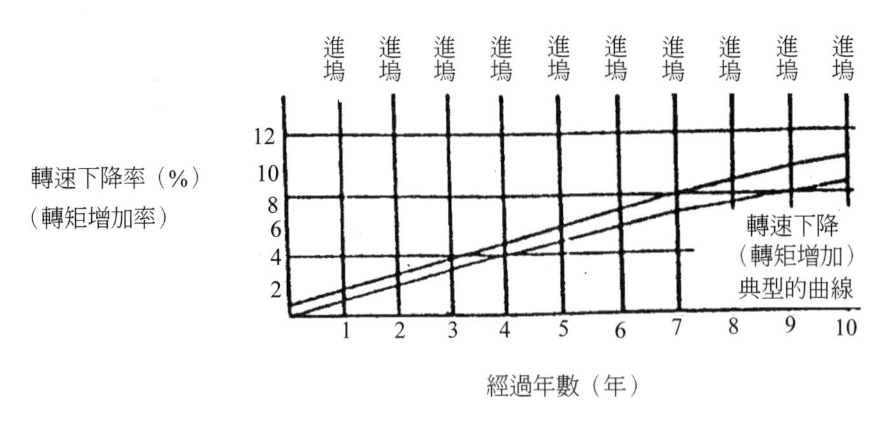

圖3-8　船舶主機轉速下降率

第六節　主機、螺槳及船殼三者間之關係

一、概言

主機馬力、螺槳效率及船殼阻力三者是決定船速的主要因素，而此三者之間相互影響，關係非常密切。由於船舶檢修出塢後，船殼外板因生長海草及蟲殼，以及因海浪之衝擊而凹凸不平，或日久生鏽等原因，船殼阻力日漸增加，且在航行時，因受風與波浪之影響，亦使船殼阻力增加。螺槳亦因日久污損，其效力亦日漸降低。同時主機之各氣缸與活塞也因日久磨損而漸增其間隙，致使各缸之平均壓力日漸降低，主機之轉矩曲線導致下降，馬力減小。螺槳之設計除必須對於其理論有明確的觀念外，尤須對日後使用期間，三者可能發生之某種程度之變化有一深刻的了解，方能在主機、螺槳、船殼三方面作一適當之選擇與配合，使螺槳設計趨於完善。

為了便於了解此三者之間的相互關係，茲分別以下列各種不同狀況說明之。

二、隨著船舶出塢日數之增加，三者性能之變化及其相互之影響

船舶於出塢後，船殼阻力將日漸增加。根據英國海軍的研究結果，因船殼污損所增加的阻力在溫帶海域每日約為總阻力之0.25%，熱海域每日約為0.5%。日本商船大學的實習船齊育號的長期實船試驗結果，可知船舶剛出塢時因船殼污損而欲保持船速不變時需增之馬力較小，但隨著出塢日數的增加則其增加率漸增。

螺槳空蝕污損後，其效率亦低，全面污損時之效率亦可能降至潔淨螺槳之效率的一半以下。

主機各氣缸與活塞因日久磨損，致使各缸之平均壓力日漸下降，馬力因而減小。今以5,600DWT香蕉船為例，該輪於1967年5月交船開始航行，主機之最大連續額定馬力（Max Continuous Rating, MCR）為4,200BHP 190RPM，轉矩為15,832kg-m，於1968至1970年間該輪主機實際運轉之情況，轉矩降至13,683kg-m～14,520kg-m，因出塢時間而異，主機之馬力則降為3,630～3,852ps。

三、船殼污損後對於螺槳與主機出力之影響

船殼污損後，不僅增加船行阻力，且伴流係數（w）亦增加，因而螺槳前進速度（V_n）亦下降，為便於討論起見，茲假設螺槳與主機的性能不變，而船殼變為污損之情況，在此情況下螺槳效率與主機出力將因之受到影響，而有所改變。

圖3-9為某船之馬力曲線，當船殼污損時，因阻力增加，馬力曲線亦上移，若螺槳轉速仍為N_1時，則其船速將由V_1降至V_2，此時螺槳所需之扭矩亦因較潔淨船殼時螺槳所需之扭矩為大，見圖3-10，但事實上主機之連續額定扭矩曲線有一定值，已無法供應螺槳所需之扭矩，而只能供應T_3之扭矩，故螺槳轉速必由N_1降至N_3，轉速既降則主機之出力亦降，見圖3-9。

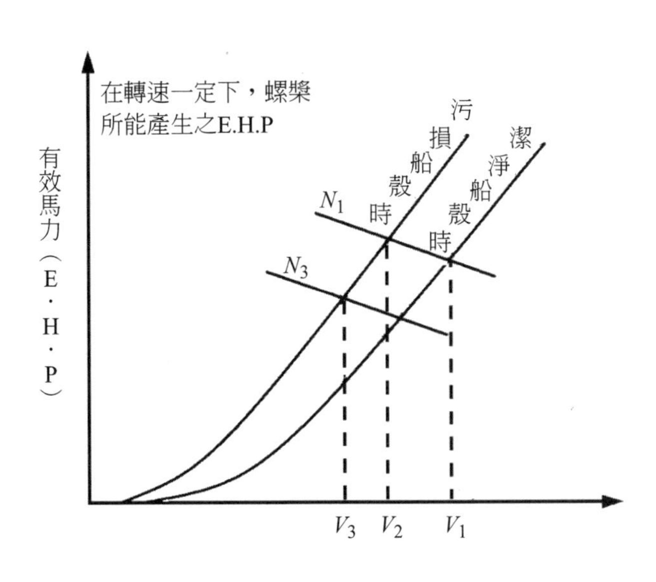

圖3-9　船速／馬力關係曲線

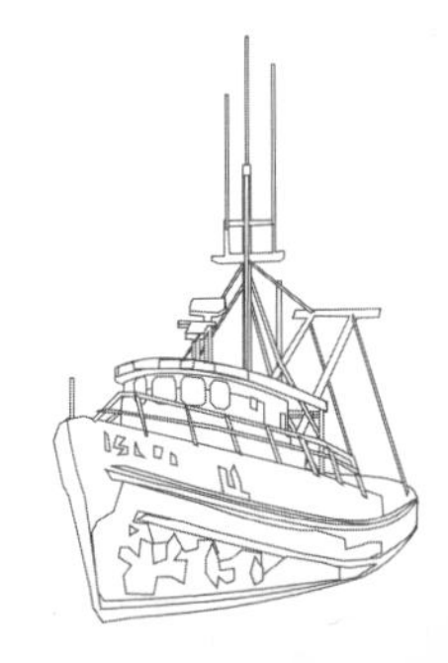

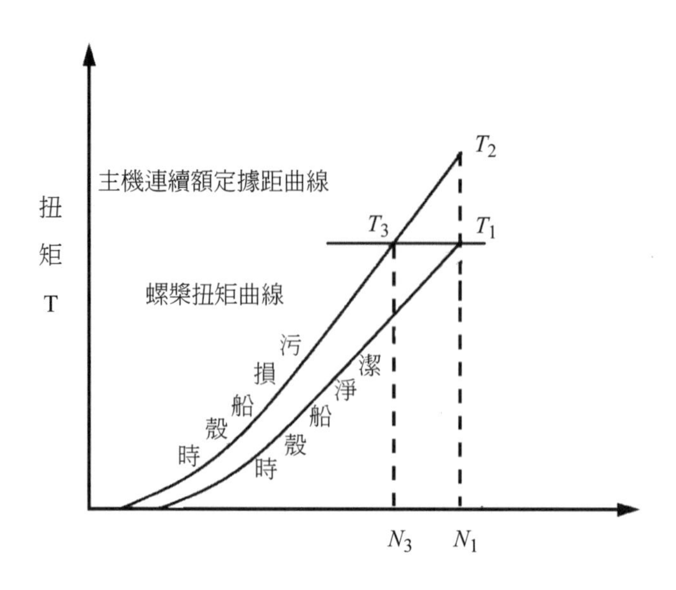

圖3-10　轉速／扭矩關係曲線

由此觀之，若主機最大連續額定轉速為 N_1，則主機雖有$DHP_1\left(=\frac{2\pi N_1 T_1}{75}\right)$，但船殼污損時之螺槳僅能吸收$DHP_3\left(=\frac{2\pi N_3 T_3}{75}\right)$，亦即主機有一部份馬力$\left[=\frac{2\pi}{75}(N_1 T_1 - N_3 T_3)\right]$是螺槳無法發揮出來而形成浪費。

為了避免船殼污損時船行阻力增加而船速降低，終導致主機馬力無法全部發揮，造成船速驟降的惡劣結果。則可循以主機轉速N之預留，及船殼之有效馬力曲線之預留法，加以預防之。

四、一般柴油機之性能與螺槳設計之關係

主機的額定出力在BHP-N-Q及每小時每馬力之耗油量有一定的關係，其運轉性能曲線，在主機出廠前經廠試（Shop Test）予以證實。螺槳係由主機運轉而作用，自需配合其性能，不僅於試航之際，且需於船舶經年的使用期間仍能配合良好。此為成功的螺槳設計所必須事先予以考慮的。

船舶主機採用柴油機者占絕大多數，柴油機轉矩係由每次噴入氣缸內的燃油量與其轉速所控制，主機在任一轉速時所能產生的最大轉矩有一定值，通常為所能承受的排氣溫度的限制，在設計螺槳時應特別注意之。通常柴油機於無空氣增壓設備時，從惰轉速（Idling RPM）後，各轉速之最大轉矩約呈常數，約有10%幅度之差，換言之，主機轉速與其最大的BHP約成正比。

通常主機每小時每馬力之耗油量約在85%MCR時最為經濟，因此實際船舶航

行時大多以此馬力航行稱為主機正常出力（Normal Output, NOP），因而設計螺槳時應以此時主機之運轉情況作為設計的基準。

五、主機過扭（Torque Rich）之現象與原因

由圖3-11典型之引擎性能曲線顯示：

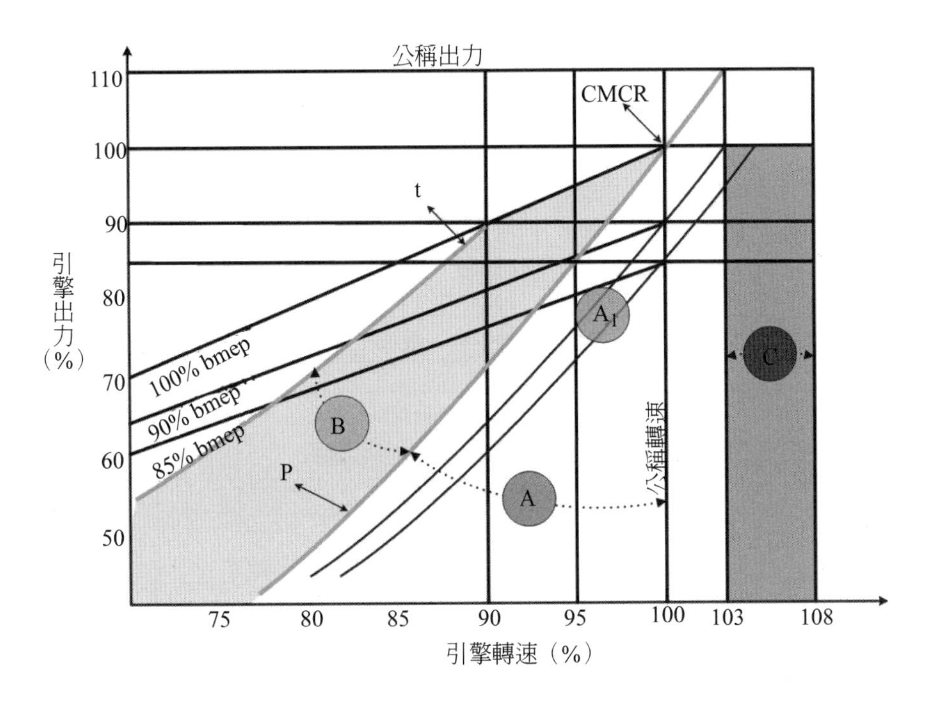

圖3-11　主機性能曲線

說明：Ⓐ連續運轉之最佳區域。

Ⓐ1螺槳設計推荐範圍（船體乾淨、滿載、好天氣時之海上試俥之機器出力，85～90%之出力範圍，以85%最適當）。

Ⓑ為累計2,000 Hr的工作限制區，其運轉區限制在95%CMCR範圍內。

Ⓒ海試時之最大轉速範圍。

P：通過MRC點之螺槳曲線，正常營運作業點應該在P曲線之右方。

t：Ⓑ區域之最低極限。

當主機之運轉點超越Load Diagram中之Ⓐ區，而進入Ⓑ區時，將造成下列不良後果：

（一）過度之機械負荷及熱負荷，易導致機件之損壞。

（二）螺槳轉速下降，致燃料與掃氣比（Fuel/Air Ratio）增加。掃氣不良，各軸承負荷增加，局部過熱，污染增壓機葉板及保護格子，使運轉情況更形惡化。

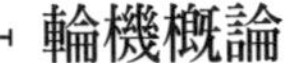

（三）因排氣溫度超越容許限度而造成下列不良影響：

1. 排氣閥過熱而燒毀。
2. 排氣口及其他通路管破裂之可能。
3. 氣缸內壁及活塞溫度上升、氣缸油劣化、摩擦面之磨耗增加。
4. 熱效率降低，馬力更形下降。

由此可知，主機在過扭情況下運轉時，不但耗油量增加且易導致故障，必須儘量予以防止。

以流程圖顯示船舶主機造成過扭的原因與不良之後果，如圖3-12所示。

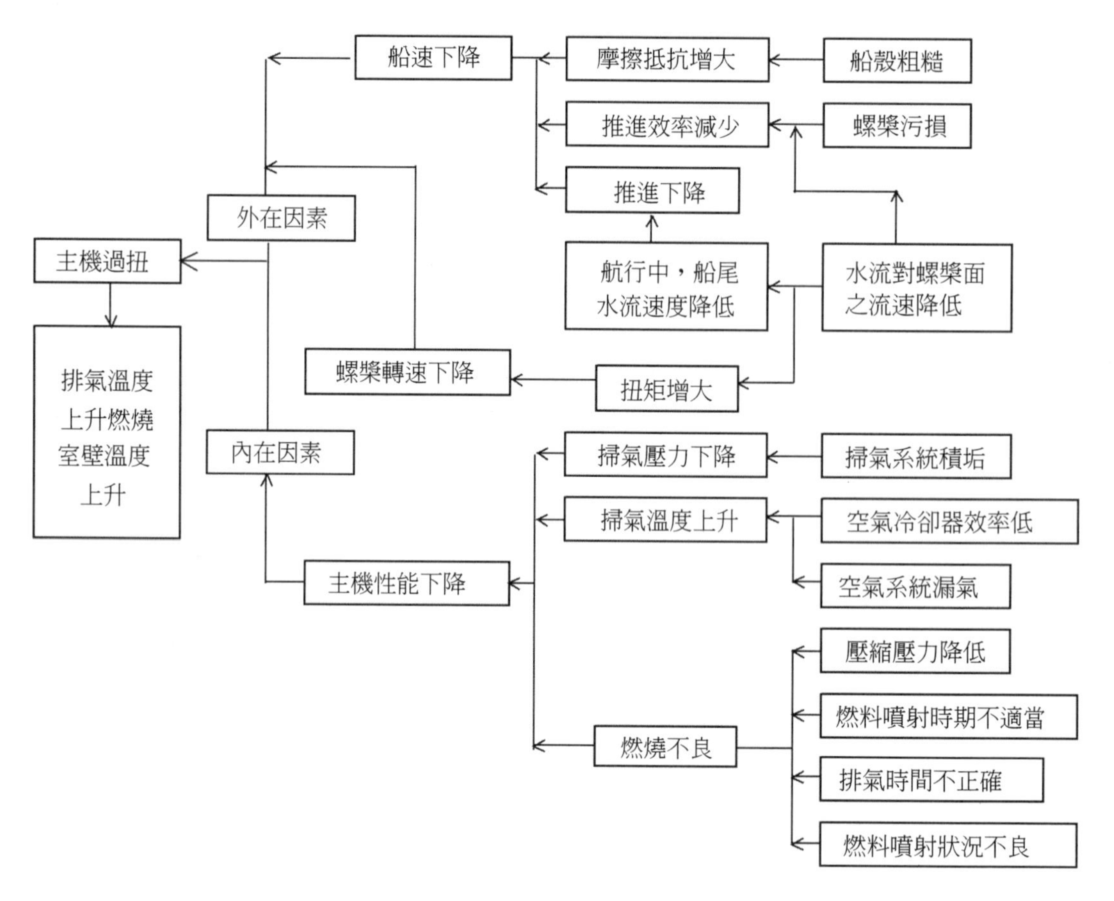

圖3-12　主機過扭之原因與不良後果

六、減低主機過扭之有效措施

防止主機運轉點進入Ⓑ區及在過扭情況下運轉之方法如下：

（一）加強主機保養工作，以防止主機本身性能之劣化。

（二）定期進塢，保持船殼之平順而減少推進阻力。

（三）使用高性能之防污漆（Long Life Antifouling Paint）。

（四）從設計上改進主機運轉容許範圍，以減低運轉點接近過扭線之可能（Ⓐ區之左側）或擴大超速之範圍。（Ⓐ區之右側）。

其主要方法如下：

1. 發展高效率之增壓機，採用二段（Two Stage）增壓機及增壓機與主機配合點（Matching Point）之改變。
2. 加強燃燒室各部材料之熱負荷能力及耐久性等。
3. 強化各軸承之材料，以增加強度。
4. 研討各動閥及逆動部分之慣性、摺動部分之潤滑、機器本身之震動等問題。

七、修改螺槳，以恢復船速

隨著船齡之增加，船舶之主機轉速自然下降，當其主機是柴油引擎而其運轉點進入Ⓑ區內，在過扭情況下運轉時，最有效的補救方法是修改螺槳，以減輕負荷，同時提高轉速，使其運轉點恢復到Ⓐ區內。

修改螺槳（Propeller Modification）有下列三種方法：

（一）葉尖部分割除（Blade Tip Cut）——葉片尖端切除，以減輕負荷而提高轉速，此種方法必須事先詳細規劃與設計，避免螺槳造成空蝕（Cavitation）或扭振動（Torsional Vibration）。此種方式之另一缺點則為螺槳直徑減小，效率降低。

（二）葉片扭轉（Twisting of Propeller Blades）——將葉片用強壓（Jack等方式）改變螺槳之節距（Pitch），而提高轉速。此種方式須在特定工廠，具有特殊工具才能實施，甚為不便。而且在強壓施工時，葉片之材質可能受損害。

（三）葉片邊緣割除（Edge Cut）——此法係將葉片後緣（Trailing Part）部分切除、整修以改變圓順部分（Wash back）及有效節距（Effective Pitch），以提高轉速，而不影響推進效率及材質，且施工容易，在任何船塢均可施工。甚至螺槳裝在艉軸上時亦可施工，確是較為理想的螺槳修改方法。

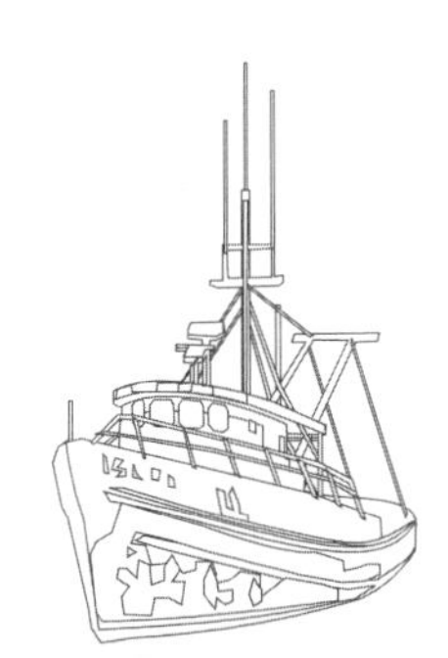

習　題

一、何謂航行餘裕（Sea Margin）？請說明之。

二、試繪圖說明單軸船舶之軸系。

三、常用之艉軸管軸承有哪幾種？試簡述之。

四、船舶設計之航行餘裕太小時，有何後果？

五、船殼污損後對螺槳與主機出力之影響為何？試述之。

六、試述造成主機過扭（Torque Rich）之原因？

七、主機過扭（Torque Rich）將產生哪些不良後果？

八、船舶隨船齡之增加，主機容易產生過扭（Torque Rich），試述應如何修改螺槳以免產生主機過扭並恢復船速？

第四章 船用泵及馬達

第一節 船用泵之用途

泵為船上海水、淡水、油類等輸送之重要輔機。依使用目的可分為：

（一）**循環水泵（主、副）**（Main or Aux Circulating Pump）：輸送凝水櫃大容量冷卻水。

（二）**冷卻水泵（主、副）**（Main or Aux Cooling Water Pump）：輸送柴油機之冷卻水。

（三）**給水泵（主、副）**（Main or Aux Feed Pump）：係指鍋爐給水泵。

（四）**消防水泵**（Fire Water Pump）：輸送消防用海水，該泵在船內各定點須具備有15kg/cm^{2}以上之壓力大量噴射，作為消防之用。

（五）**壓艙水泵**（Ballast Pump）：供壓艙水櫃壓艙水之打進打出。

（六）**水泵**（Bilge Pump）：排放船內艙底之水。

（七）**衛生泵**（Sanitary Pump）：廁所浴室等衛生水之輸送。

（八）**通用泵**（General Service Pump**或**GS Pump）：該泵兼用多種用途，例如可兼作為壓艙水泵及消防水泵等。

（九）**飲水泵**（Drinking water pump）：輸送飲水。

（十）**燃油泵**（Fuel oil pump）：將燃油送到鍋爐或氣缸，柴油機特稱該泵為燃油噴射泵（Fuel injection pump）。

（十一）**潤滑油泵**（Lubricating oil pump）：作為船上潤滑油櫃相互駁送潤滑油及柴油機潤滑油冷卻系統之循環。

（十二）**貨油泵**（Cargo oil pump）：油輪等將船上的貨油大量輸送上岸之泵。

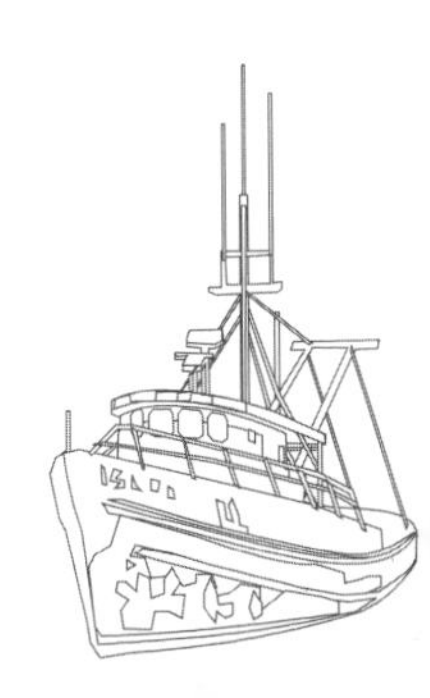

第二節　泵之原理

一、泵之傳送功能及水柱高度

在密閉之容器內如形成真空，液體將因大氣壓力之作用而流入器內，現以大氣壓力為76cm水銀柱，造成水柱高度為例。

$$13.6 \times 76\text{cm} = 1{,}033\text{cm} = 10.33\text{m}$$（水柱）

理論上可以建立水柱高度，亦可形成吸力，因此液態物質要送到高處或他處就須利用泵之傳送功能。

二、水頭（Water head）及出口壓力（Delivery pressure）

壓力之強度以單位面積所受之重量來表示，另以水柱高度來表示者稱水頭。

現　P：出口壓力（kg/cm^2）

h：水頭（m）

W：水之比重（kg/m^3）

$$P = \frac{W \times h}{10{,}000} \ (kg/cm^2)$$

淡水　$W = 1{,}000\ kg/m^3$，上式成為 $h = 10 \times P$（m）

如此觀之，在一大氣壓下，1公尺之水柱具有0.1 kg/cm^2之垂直壓力。

三、泵吸引之高度

由於吸入管內摩擦損失的關係，器內無法吸引真空相當水頭高度之液體，實際上最大吸引水頭為h_{max}（m）時，

$$h_{max} = Ha - (h_p + h_f) \ (m)$$

式中　Ha：一大氣壓相當水頭（m）

h_p：器內壓力相當水頭（m）

h_f：吸入管內諸損失（m）

四、泵之口徑及容量（Capacity）

$$Q = \frac{\pi}{4}\left(\frac{D}{1{,}000}\right)^2 \times Vd\ (m^3/sec)$$

Q：出口量（m^3）

D：出口管內徑（mm）

Vd：出口管內流速（m/sec）

上式表示出口量也就是單位時間內出口管送出之水量，以立方米或噸表示。

泵之出口管徑及其相當流速知曉時，上式出口量即可算出，一般Vd為1.5～2.5m/sec，Vd要增大時，出口管徑應較小，但摩擦損失將增大。

五、揚水量及揚程

垂直高度h（m）之二水面間設泵，每秒可吸入Q（m^3）之水時，此泵之揚水量為Q m^3/sec或每時噸，h為全揚程（Total Head）。如圖4-1所示。

h = hs + hd（m）

hs：吸入揚程（m）（Suction Head）

hd：出口揚程（m）（Delivery Head）

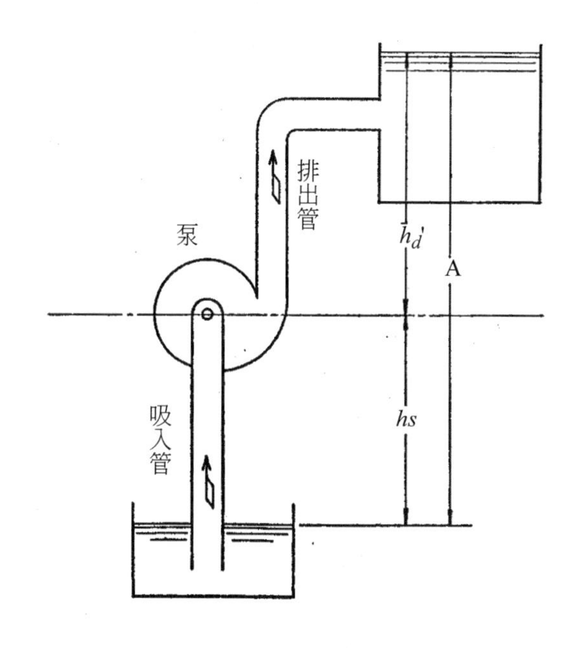

圖4-1　泵之揚程

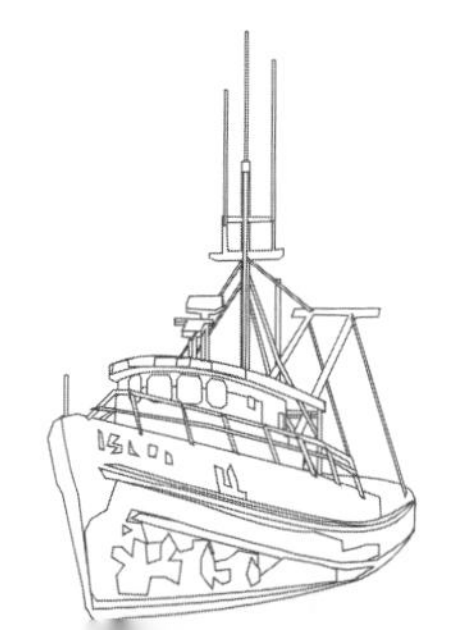

第三節　泵之分類及特性

一、依造成真空之方法，泵可分類為

（一）往復泵（Reciprocating Pump）

（二）離心泵（Centrifugal Pump）

（三）迴轉泵（Rotary Pump）

（四）噴射泵（Jet Pump）

等四種，各有其特徵上之優劣點，必須依使用之目的而選擇適當者。

二、依泵之類別，比較分析其相關特性

（一）轉速與排量

在運轉中改變泵轉速，對於排量的關係，如圖4-2所示。

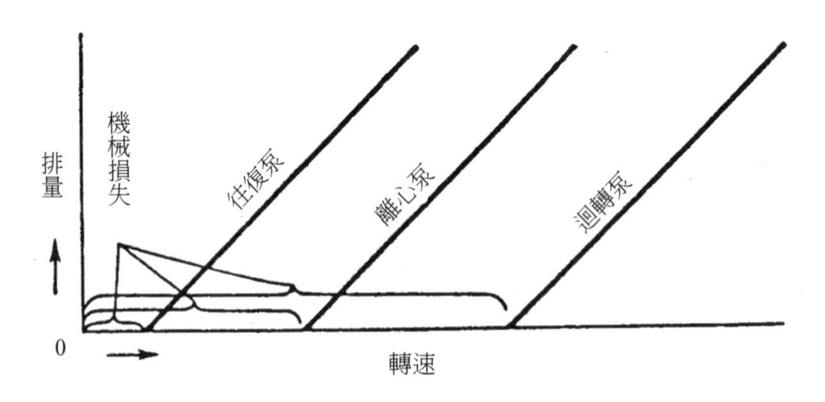

圖4-2　轉速與排量的關係

無論是往復泵，離心泵，迴轉泵，其排量均與轉速成正比，但泵之轉速未升高至某一程度時，由於機械損失的影響，將無法完全表示泵之原有特性而有各不相同的結果。

（二）水頭與功率

假如泵之排量保持不變，水頭之增減與其所需之功率成正比，如圖4-3所示。

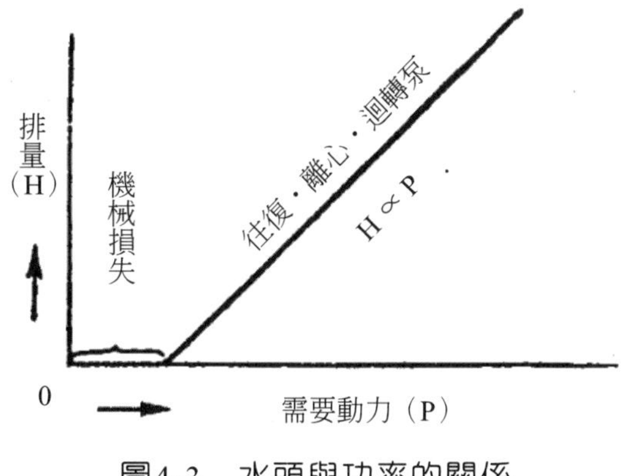

圖4-3　水頭與功率的關係

（三）**轉速與功率**

1. 離心泵所需功率與其轉速的立方成正比。
2. 往復泵與迴轉泵所需之功率與其轉速的平方成正比。

由此可知，增加離心泵的轉速，其所耗功率將快速增加，容易導致驅動馬達超過負荷（Over Load）而發生過熱或燒毀。（如圖4-4所示）

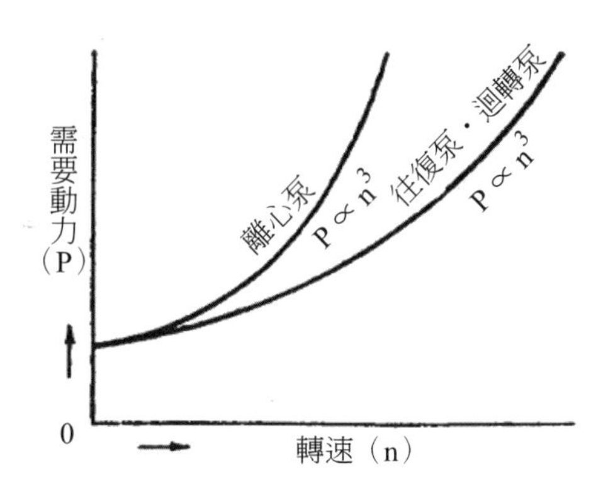

圖4-4　轉速與功率的關係

（四）**排量與效率**

由於液體流動所產生的損失，計有(1)磨擦損失、(2)渦流損失、(3)衝擊損失等。假如排量發生變化，總損失亦將隨之增加。所以泵之排量應配合實際需要量而作適當選擇。如小泵大用固然不可，但大泵小用，亦將嚴重影響其應有的效率，泵之效率，大體言之如下：

1. 大型離心泵之效率約為60%～90%，泵愈大其效率愈高。

2. 小型離心泵之效率，則僅有40%～70%。
3. 往復泵之效率約有60%。
4. 旋轉泵之效率80%～85%（機械效率）。
5. 噴射泵之效率約為25%。

第四節　往復泵

一、該類泵如活塞、水桶、柱塞等作往復運動而達成抽排作用，依往復運動之形式可區分：

1. 活塞泵（Piston Pump）。
2. 水桶泵（Bucket Pump）。
3. 柱塞泵（Plunger Pump）。

動作原理如圖4-5可知其大概。此類泵之出口壓力高，只要調整行程數即可調整出口量，須備有吸口閥及出口閥，保養不便，不適大容量，因此近年較少用。

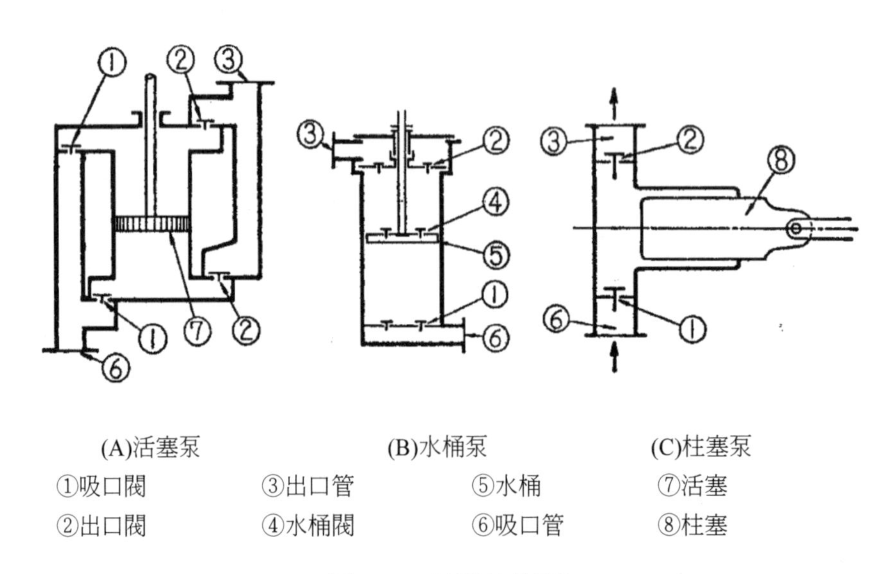

(A)活塞泵　(B)水桶泵　(C)柱塞泵
①吸口閥　③出口管　⑤水桶　⑦活塞
②出口閥　④水桶閥　⑥吸口管　⑧柱塞

圖4-5　各型往復泵

二、往復泵之優缺點

（一）**優點**

1. 出口壓力較同等能量之他型泵為大。
2. 抽吸力強，出口水頭高。
3. 轉速可隨意調整，對輸出壓力不致發生影響。
4. 起動時不需要引注水。
5. 每一行程之排出量固定，故能確定計量泵之排出量。
6. 小型泵可獲得較高的壓力。

（二）**缺點**

1. 往復泵為正排量泵（Positive Displacement Pump），輸出端必須裝設安全閥。
2. 為降低排出液體的脈動流，在輸出端需裝設空氣室（Air Chamber）或蓄壓器。
3. 往復泵必須裝設進、出水閥，一邊關閉、一邊開啟方能構成抽排作用，容易發生機械故障。
4. 輸出流體為脈動流，輸出壓力不平穩。

第五節　離心泵

該類泵為船上使用最多之泵，其理由為構造簡單、容量與體積比例較輕、體型小、保養容易。

一、動作原理

流體由動葉輪軸方向流入，從軸的直角半徑方向或是某種角度方向流出，此時流體受離心力之壓力能變成速度能，水直接引入泵室者稱渦捲泵（Volute Pump），動葉輪之外緣另置導葉片者稱渦輪泵（Turbine Pump），詳如圖4-6。另葉片之流體入口分單側及兩側入口，大容量者多採用後者，如圖4-7所示。

如果出口水頭要升高時，可增置動葉輪之數目，使用2段或多段之渦輪泵，另由於裝置位置的關係，分橫式及立式，一般大容量者多用立式。

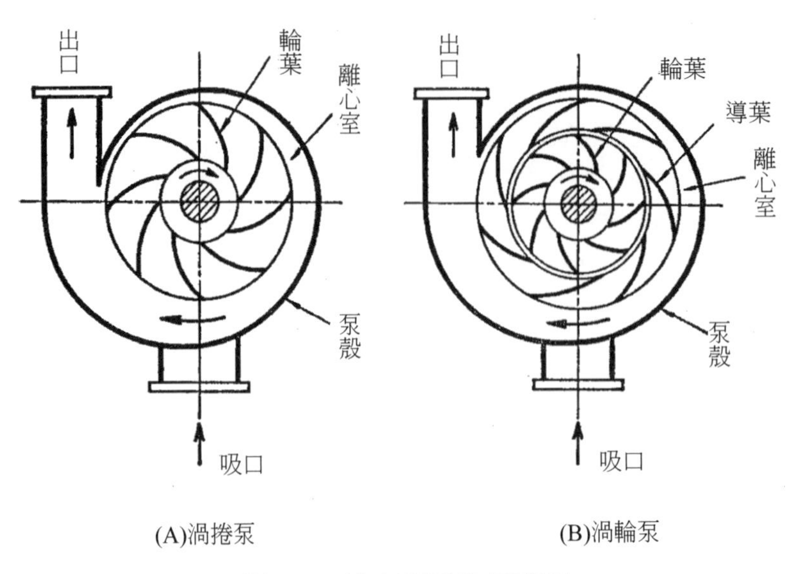

(A)渦捲泵　(B)渦輪泵

圖4-6　離心泵動作示意圖

二、構造及材質

該類泵係由泵殼、動葉輪軸、軸、軸封裝置、軸承、聯軸器等所構成，如圖4-7所示。

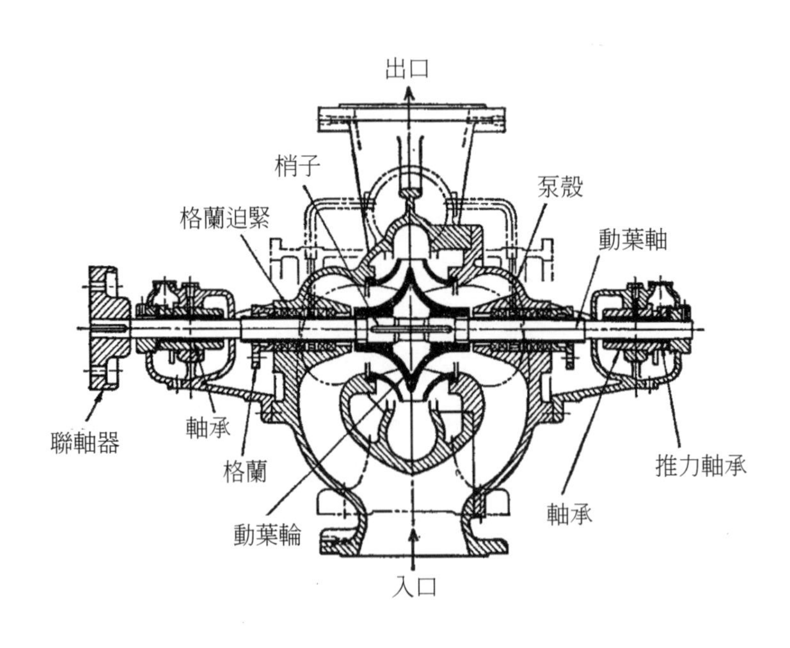

圖4-7　雙吸口離心泵

各部之材質如下表所示為其一例，一般輸送海水之該型泵之損傷為動葉輪和動葉軸之腐蝕、電解作用、空洞現象之侵蝕損耗為多。另軸封裝置因磨耗而致漏洩，最近之軸封裝置使用機械密封（Mechanical Seal）以取代格蘭迫緊（Gland Packing），故漏洩情況可加改善。

泵之原動機，小型者一般均使用電馬達，油輪之貨油泵及其他之大容量者一般均使用蒸汽渦輪機。

一般泵主要部分之材質如下：

名稱	材質
泵殼	鑄鐵
動葉輪	磷青銅
軸	不鏽鋼
泵殼磨耗圈	青銅
動葉輪磨耗圈	磷青銅

三、離心泵之優缺點

（一）優點

1. 適於高速迴轉，同一容量及水頭之泵，其構造簡單，體型較小。
2. 同一體積大小之泵，其出水量較大。
3. 構造簡單、成本低廉。
4. 泵內無排、吸水閥，故障較少。
5. 出水量可由排出閥控制調節之。
6. 輸出端無需裝設安全閥。

（二）缺點

1. 泵內部損失較大，吸取效率較低（約0.65～0.85）。
2. 出口水頭較低。
3. 起動時需加引注水（Priming）。
4. 不適於小容量及高水頭的需求。
5. 速度必須保持一定，不能隨意調整。
6. 吸入端不許空氣侵入。

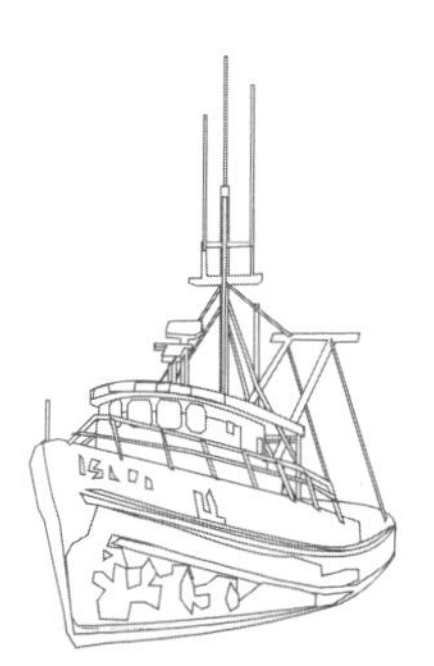

第六節　迴轉泵（Rotary Pump）

一、齒輪泵（Gear Pump）

迴轉泵之代表型為齒輪泵，此泵由二組齒輪互相嚙合轉動而成。流體由入口側齒與齒間之空間沿著機殼送到出口側，而產生流體液壓，此機構若將出口閥關閉而轉動泵，出口壓力將急劇升高，此點是要特別注意的，此型泵多用為燃油泵及潤滑泵。

二、可變流出泵（Variable Delivery Pump）

此型泵之流出方向及流量可任意變更，其代表型為偏心泵（Hele shaw Pump）及詹尼泵（Janney Pump）。

偏心泵如圖4-9所示，氣缸體隨中心閥（Central Valve）之轉動而自由迴轉，其氣缸中之唧筒衝程產生多種變化，流出方向及流量均可調整，其功能由游動環（Float Ring）所控制，將操縱桿左右移動，中心閥就相對偏心。

詹尼泵為將主軸與唧筒平行裝於一傾轉箱（Tilting Box）內，此箱能自由傾斜而調整唧筒之衝程，調整液壓流體之流出方向及其流量，如圖4-10所示。

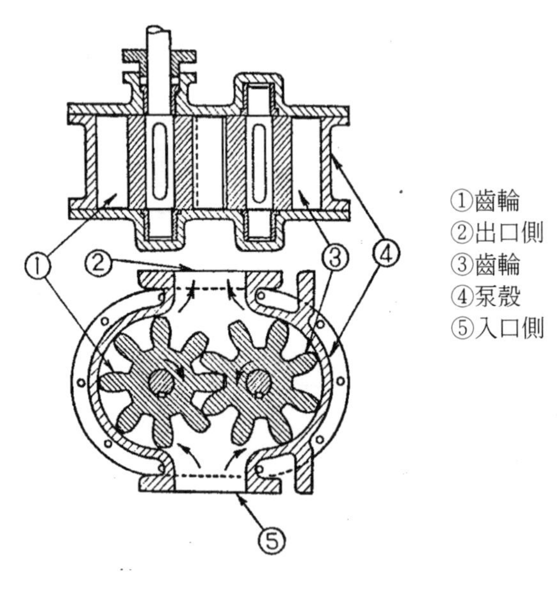

圖4-8　齒輪泵

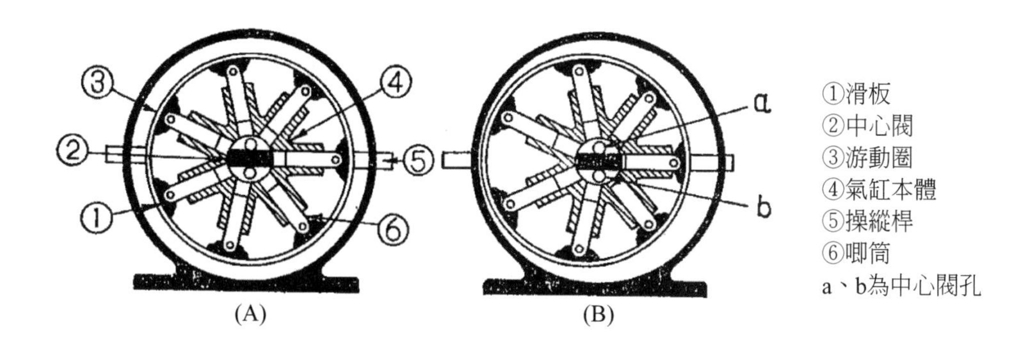

圖4-9　偏心泵之動作原理

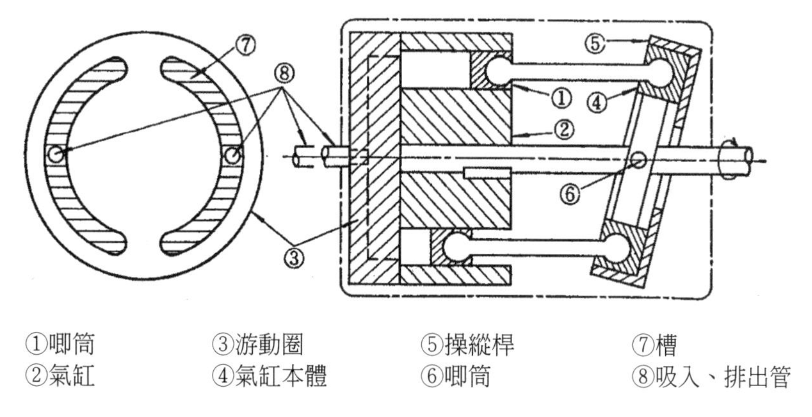

圖4-10　詹尼泵之動作原理

三、迴轉泵之優缺點

（一）優點

1. 吸引力強吸取頭較大。
2. 噪音及振動較小。
3. 適合於燃油、潤滑油等高黏度液體的輸送，即使黏度頗高，亦不致對排出量發生較大的影響。但在處理高黏度液體時，轉數不宜過高。
4. 排出壓力之變化，對於轉速與排量的影響不大，適合於高壓用途。
5. 構造簡單、拆解容易，易於清洗維護。
6. 體積小、重量輕、成本較低。
7. 起動時不需引注（Priming）。
8. 輸出壓力高，無脈動流，流量平穩，效率較高。

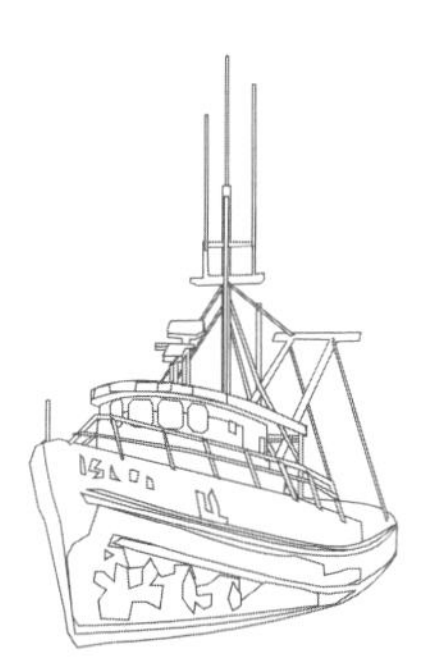

9. 可小容量輸出，特適用於小型泵。

（二）缺點

1. 輸出端必須裝設安全閥。
2. 不宜處理含有固體粒子的液體，因間隙堵塞與磨損，將有礙泵之正常運轉。

第七節　噴射泵

一、噴射泵（Jet Pump）

（一）噴射之動作

在往復泵與迴轉泵中，必須藉一原動機使泵動作；但在噴射泵中，其操作原理則完全不同，此因泵中之動作流體能自身形成流動。

如圖4-11所示，若蒸汽係於高壓力P_1下進入噴嘴N，同時膨脹，而後進入一低壓力P_2部份時，則此時蒸汽將發生流動之效果，同時亦使蒸汽獲得速度，蓋此時有一部份蒸汽熱能轉變為動能。至於蒸汽所得速度之大小則端視壓力下降程度而定。

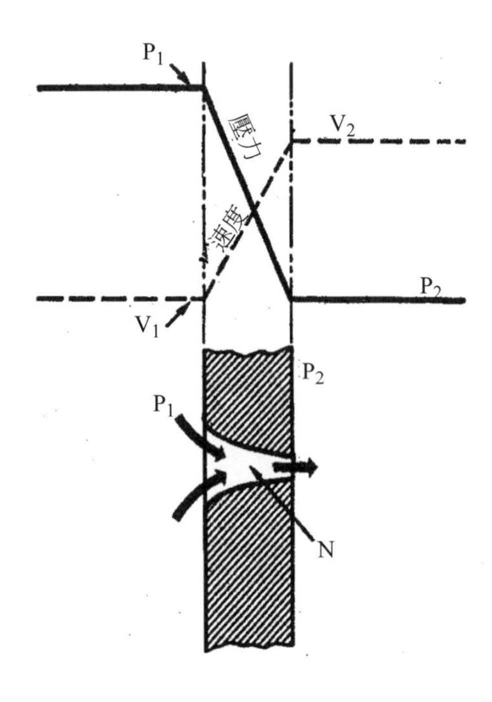

圖4-11　蒸汽流過噴嘴時之作用

（二）單噴射泵

如圖4-12所示為一最簡單形式之噴射泵。水於壓力下經噴流供給管路而被送至噴嘴，然後再由此以高速排入一吸入室，該室則與一吸入管路相接。起動時，高速噴流即將吸入室內之現有流體帶走，同時並將本身若干動能分與流體，然後共同經過擴散器而至排出口。

二、噴射器（Eductors）

噴射泵亦可作為抽排艙底，壓載艙等處積水之噴射器使用。船上凡需高速抽排大量積水而排壓又可較低之處，均可利用此器完成之。

三、空氣抽射器（Air Ejectors）

船舶採用噴射泵大多係作為空氣抽射器使用。

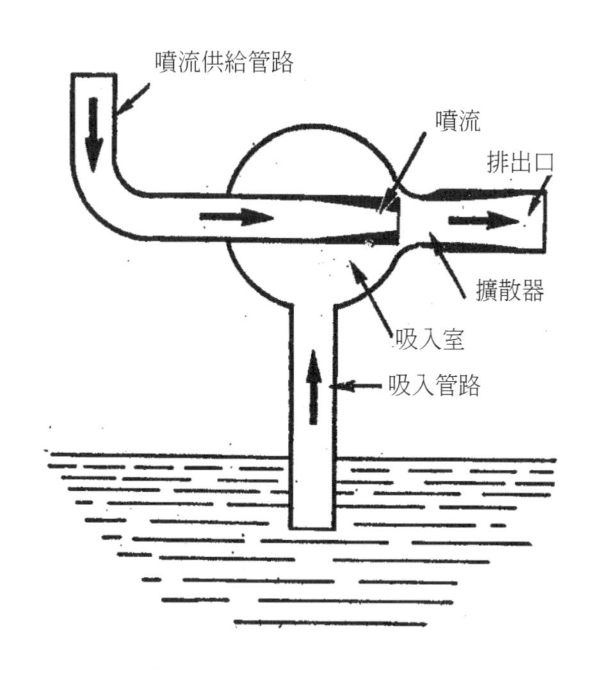

圖4-12　單噴射泵

四、噴射泵之優缺點

（一）優點

1. 體積小、重量輕、施工簡單、成本低廉。

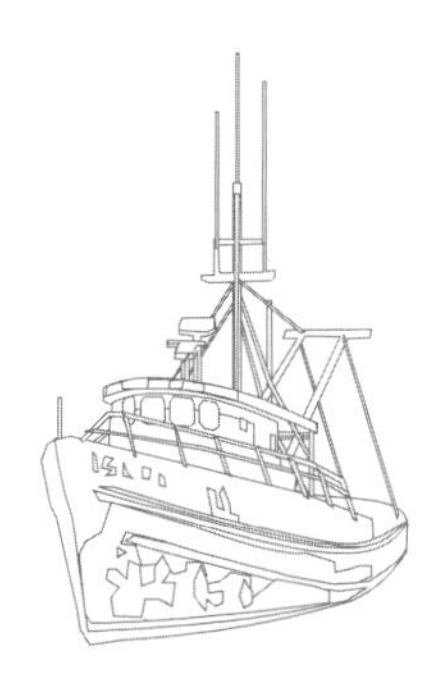

2. 以壓力海水為動力，操作簡單，工作安全。
3. 無活動部品，故障少，無需維護保養工作。
4. 無噪音，不虞空氣侵入。

（二）**缺點**
1. 抽引力及排出水頭不高。
2. 排出流體與原動力流體混合，需消耗大量原動力流體。

第八節　馬達

一、用途

馬達是Motor之譯音，即發動機，是把某種能量變為機械能的裝置。例如用風能轉動的風車，可作為發動機；利用水流之位能轉動的水車，可作為抽水之用；利用液壓傳動柱塞之液壓馬達，可作各種遙控之裝置；利用空氣之高壓，可轉動空氣馬達，如舷梯或救生艇之升降亦可用之。上述各類馬達以液壓及氣壓馬達略有應用於商船上，而在船上使用最多者為電馬達，或稱為電動機，即利用電能變換為機械能的裝置；一般用於船上之電馬達可帶動各類泵、鼓風機、通風機、淨油機，以及起動轉矩不特別大之其他輔機。

二、管理

船上使用電馬達之種類及數量甚多，而電馬達又分直流與交流馬達二大類，直流馬達之保養與注意事項較多，茲以一般船上使用之直流、交流馬達之管理要點，概述如下：

1. 保持電馬達清潔及整流器之表面光滑。
2. 避免海上鹽分之侵蝕，應保持乾燥及良好的絕緣；尤其是室外電馬達，應確保其水密性。
3. 切勿使馬達過載運轉，應維持適當之電壓與工作溫度；尤其是室內馬達，應確保其通風良好。

習　題

一、一部離心泵之水頭高度為16公尺，試求該泵之出口壓力至少應為若干 kg/cm^2？

二、迴轉泵之排量與轉速之關係為何？

三、離心泵所需之功率與其轉速有何關係？

四、試述往復泵之優缺點？

五、試述離心泵之優缺點？

六、簡述離心泵之工作原理。

七、燃油及潤滑油等高黏度液體之輸送，應採用哪一類泵？

八、船上有那些裝置需使用液壓馬達？試舉二例說明之。

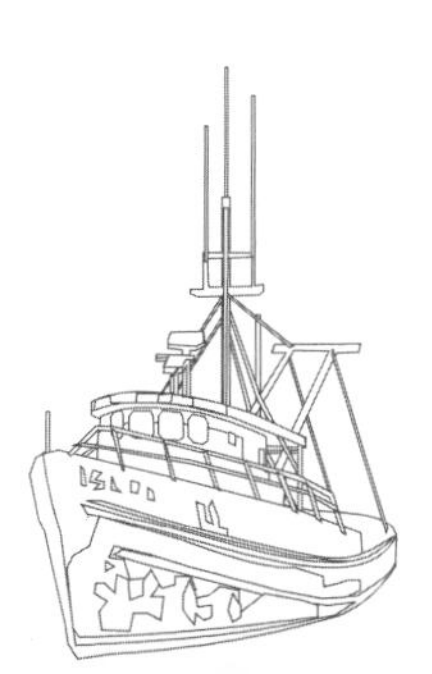

第五章 船用鍋爐

第一節 蒸汽

一、蒸汽之性質

將在承壓下之水加熱，溫度逐漸上昇到沸點t℃，繼續加熱水就開始蒸發，保持同一溫度，蒸汽體積逐漸增加，此蒸汽稱作飽和蒸汽（Saturated Steam）；蒸汽達完全飽和狀態稱乾飽和蒸汽（Dry Saturated Steam）；如果其中仍含有水份，則稱濕飽和蒸汽（Wet saturated steam）；將乾飽和蒸汽加熱，蒸汽壓力不變，溫度上昇，稱過熱蒸汽；當溫度達t_s℃時，其蒸汽稱t_s℃過熱蒸汽。

二、蒸汽之含熱量

由最初之水溫t_f℃上昇到沸點t℃所需之熱量稱作顯熱（Sensible Heat）h；由t℃到達同溫之飽和蒸汽所需要之熱量稱作潛熱（Latent Heat）r；由t℃到t_s℃過熱蒸汽所需之含熱量h'也稱顯熱。

因此，由t_f℃之水到t_s℃過熱蒸汽所需之含熱量為Q時

$$Q = h + r + h' \quad \text{Kcal（千卡）}$$

例如60kg/cm^2 510℃之過熱蒸汽由蒸汽表（Steam Table）查得之含熱量為823.3kcal/kg。

1千卡（kcal）之熱功當量為427kg-m（公斤・米），以J表示之（Mechanical Equivalent of Heat）。

三、蒸汽之利用

燃料所含之熱量，經過燃燒化學工程，加之於水變成蒸汽，以蒸汽作媒介施於機械上，將蒸汽所含之熱能變成作功的機械能。

這種將燃料燃燒發生的熱量加之於水的容器稱鍋爐（Boiler），將蒸汽所含的熱能變為機械能之機械稱蒸汽機。蒸汽不僅作機械功，同時只利用其熱能者亦有之，船上蒸汽之用途列舉如下：

（一）船舶推進動力之熱能（主要為蒸汽渦輪機）。
（二）副機動力之熱能。
（三）水或油之加熱熱源。
（四）厨房、滅火、汽笛、洗澡水等之熱源與介質。

第二節　船用鍋爐構成要素

（一）爐膛（Furnace）：為供給燃料與空氣結合之空間，使其獲得完全燃燒而產生熱能。
（二）傳熱面（Heating Surface）：燃料燃燒產生的熱量，經過輻射或傳導將爐水蒸發之壁面。
（三）水室（Water space）：爐內浸水部分。
（四）蒸汽室（Steam Space）：爐內充滿蒸汽部分。
（五）過熱器（Superheater）：爐內產生之飽和蒸汽，再經燃氣加熱成過熱蒸汽之結構部分。
（六）節熱器（Economiger）：回收烟囱逸出前之排氣餘熱，用作補給水及給水之加熱器。
（七）空氣預熱器（Air Preheater）：利用排氣之餘熱將燃燒所需空氣給予預熱之裝置。
（八）爐殼（Boiler Casing）：為耐火磚及鐵板所構成，其間留有空隙。

第三節　船用鍋爐種類

船用鍋爐大致上可分為水管式及火管式。目前使用渦輪蒸汽機為主機之船舶大部採用水管式，柴油機之排氣鍋爐多數使用火管式。另外柴油機利用排氣餘熱所採用強制循環水式排氣鍋爐（Exhaust Gas Boiler）者經濟性甚高。關於船用主副鍋爐之種類如下所述：

一、水管鍋爐（Water Tube Boiler）

水管鍋爐係爐管之內側為水通過，外側與火接觸之鍋爐，而火管鍋爐恰與其相反。水管鍋爐種類甚多，典型的二鼓水管鍋爐（2-Drum Boiler）如圖5-1所示。

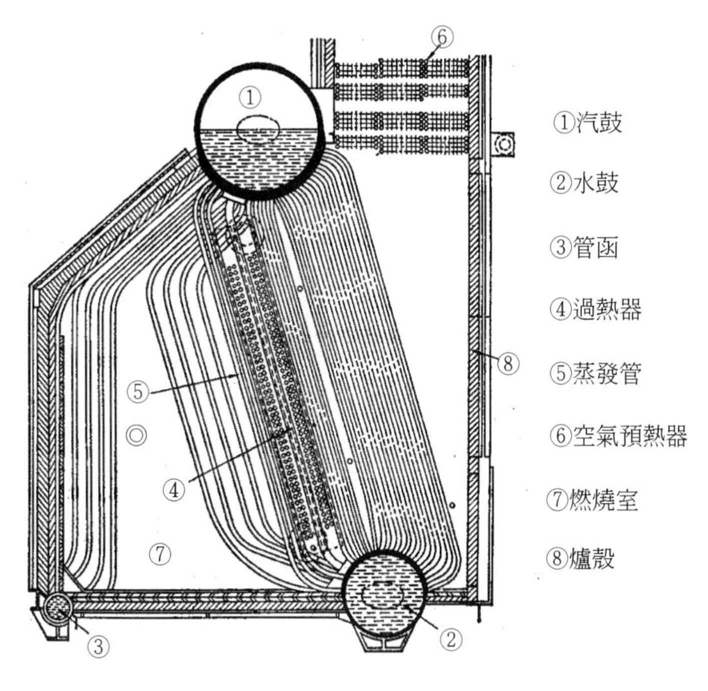

圖5-1　水管鍋爐

水管鍋爐之特徵：

1. 水鼓或水管直徑小，如果選用材料適當，可用以產生高溫高壓之蒸汽。
2. 傳熱面廣，如果水循環適當，可作大容量鍋爐。
3. 對熱膨脹適應性良好、水量少、蒸汽蒸發快。
4. 設計上重量、容積較小，燃料消耗亦少。

以上為優點，但亦有下述缺點：

1. 蒸發率大，爐水容易變濃，需用良質給水。
2. 當負荷有變化時，則隨著壓力及水位變化激烈，調控較難。
3. 構造複雜，保養、管理需高度技術。

由上可知鍋爐操作不易，但因近年爐水處理技術之進步，自動燃燒裝置之發達及製造技術之提高，故鍋爐使用之可靠性增高，今後仍需逐步研發改良，目前壓力可達80kg/cm^{2}溫度513℃，效率90%。

二、火管鍋爐

火管鍋爐使用蒸汽壓力約20kg/cm^2，如圖5-2 Howden-Johnson Boiler所示，由斷面圖可看出燃燒室後側設有降水管，增加爐水循環效率，另設有過熱器。

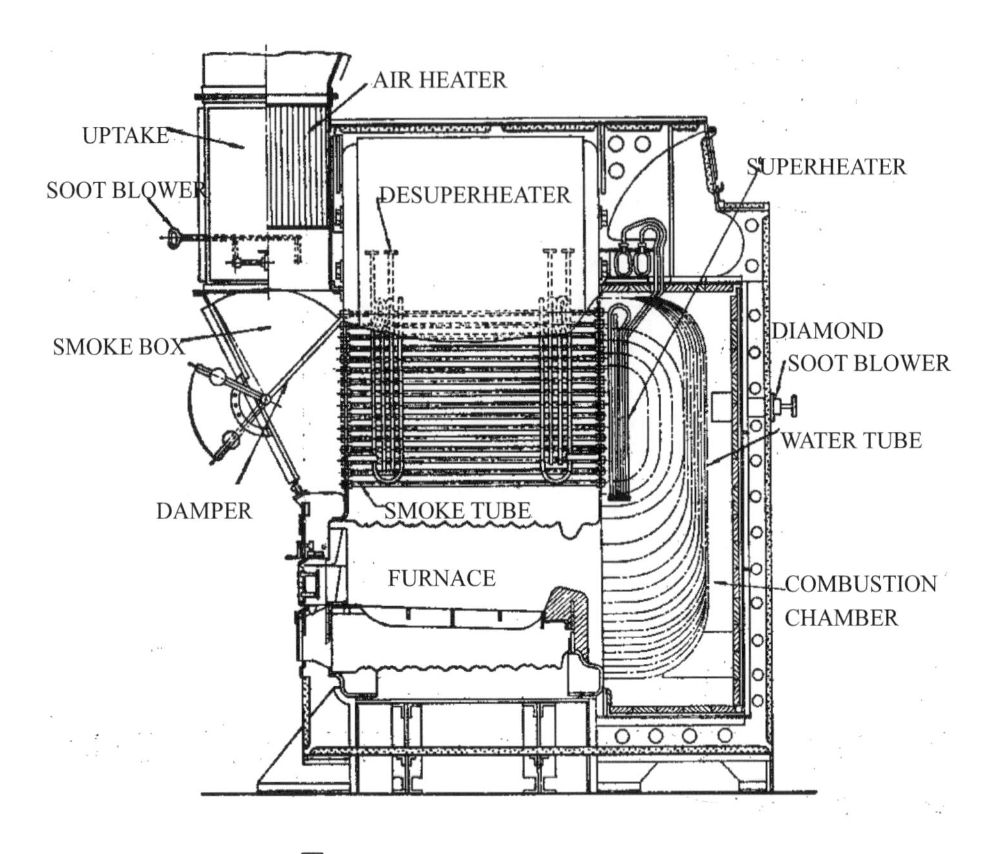

圖5-2　Howden-Johnson Boiler

當蒸汽壓力在10kg/cm^{2}以下時，可使用Cochran Boiler如圖5-3所示，即屬豎型筒鍋爐，構造簡單，所佔面積小，船用副鍋爐常用之。

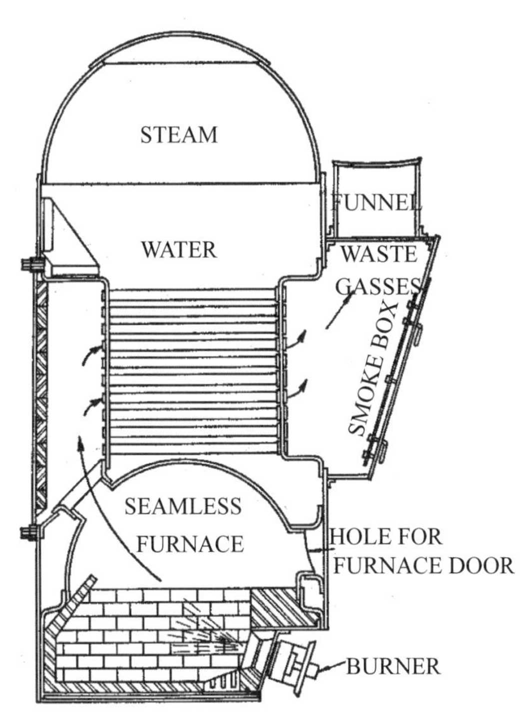

圖5-3　Cochran Boiler

三、排氣鍋爐（Exhaust boiler）

大型柴油機，多利用排氣餘熱產生蒸汽所設計之鍋爐，即稱為排氣鍋爐，一般係採用Cochran Boiler之改良型，圖5-4所示為排氣與燃油混燃型，當利用排氣之際，如圖(b)所示排氣入口①經煙道②，再經③並繞排煙道，由④出口排出。

當排氣與燃油併用之際如圖(a)所示，燃氣由爐膛⑥經燃燒室⑦再由出口⑧排出。

近年之油輪及礦砂船如係裝置柴油主機時，多數船亦裝蒸汽渦輪機作為發電機及貨油泵之原動機。在這種情況下，蒸汽壓力必須保持在20kg/cm^{2}以上，需備排氣加熱器（Exhaust Gas Economizer）及二鼓式水管鍋爐（Two Drum Type Water Tube Boiler），並與循環水泵連結，即構成為強力循環排氣鍋爐（Forced Circulating Type Exhaust Boiler）。如圖5-5所示。

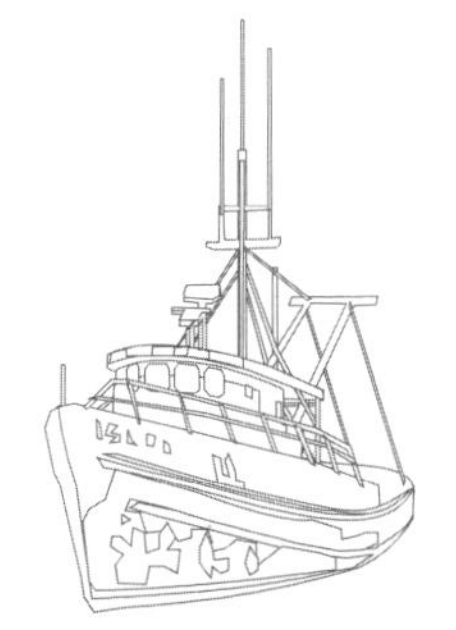

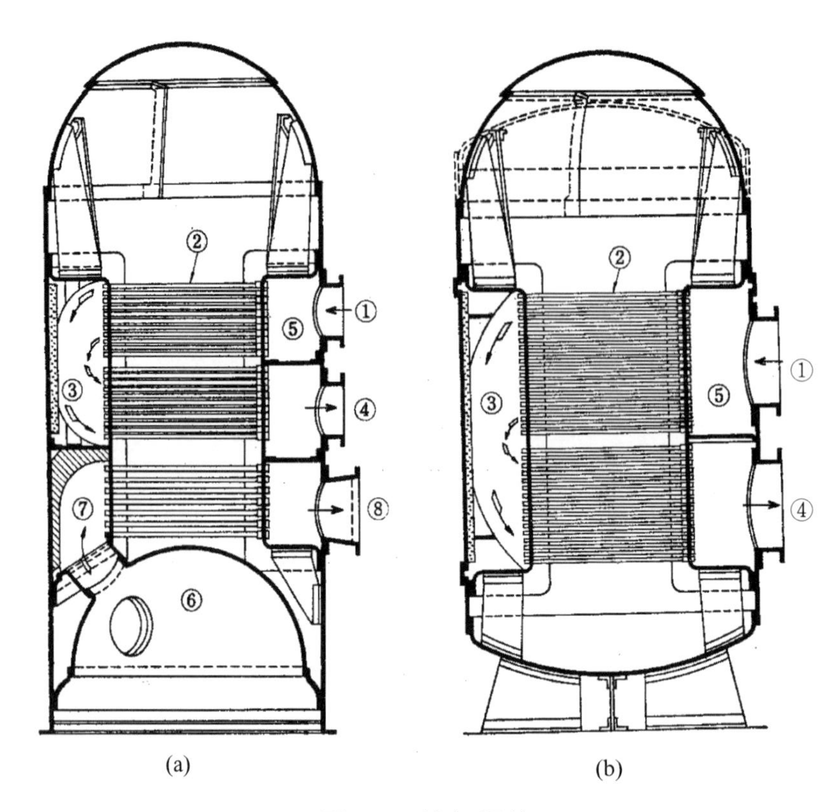

圖5-4　排氣鍋爐

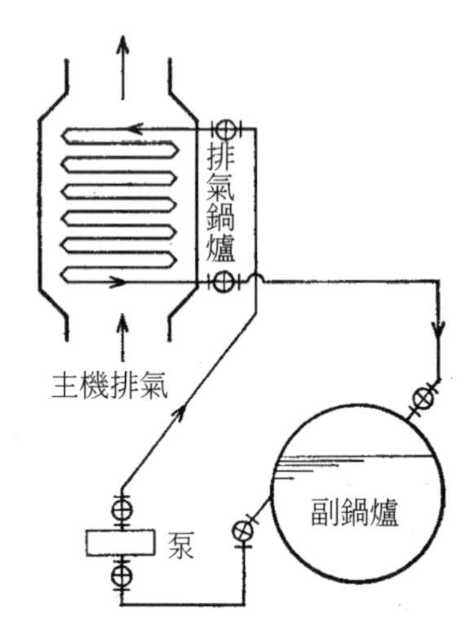

圖5-5　強力循環排氣鍋爐

第四節　水管鍋爐主要附件

（一）蒸汽停止閥（Steam Stop Valve）

爐內蒸汽出口之開關係經主、副兩停止閥，為不使水份混入蒸汽內，汽鼓內裝有檔板（Baffle Plate）及蒸汽內管（Internal Pipe），蒸汽由汽鼓上方引出。

（二）安全閥（Safety Valve）

當爐內蒸汽壓力超過規定壓力（限制壓力之1.03倍）時，該閥即自動跳開將蒸汽放出，保護鍋爐之安全，照規定裝有過熱器之水管鍋爐應裝2具安全閥，而在過熱器出口端另裝一具安全閥。

（三）水位計（Water Level Gauge）

爐內水面之高度，當蒸發量與給水量不均衡時，將起變動，故在鍋爐運轉中，爐內水位必須經常保持於適當之範圍，否則極端危險。因此鍋爐必裝設水位計，以指示爐內正確之水位。

（四）放水閥（Blow Down Valve）

爐面及爐底之爐水利用蒸汽壓力吹出船外之閥，可將爐水面浮油及污物，及沈積於爐底高濃度之水排出船外，鍋爐檢查及修理時，打開此閥藉以放淨全部爐水。

（五）吹灰器（Soot Blower）

吹灰器安裝於產汽管、過熱管及節熱器等管排間，用於鍋爐運轉時，不停爐情況，以週期性吹除上列管子上所積留的烟灰。大都為蒸汽噴射式與空氣噴射式，由於蒸汽係自己產生，採用蒸汽噴射式最為普遍。

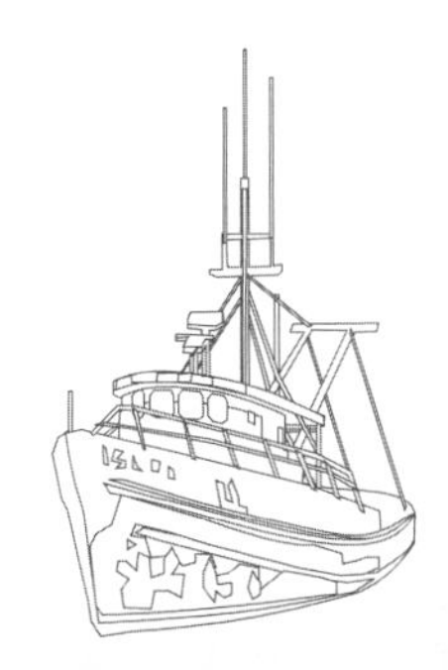

第五節　鍋爐附屬裝置

一、燃燒裝置

重油之燃燒，需將油加熱再經細孔噴油嘴形成霧狀噴入爐內，其噴燃裝置如圖5-6所示，燃燒之好壞依爐內溫度、火焰狀態、燃氣成份、排烟之顏色來判斷，為使燃油於爐內完全燃燒，需要達成下列條件：

1. 燃油壓力適當。
2. 燃油加熱溫度適當。
3. 供給燃燒必要的空氣量，一般需要15%過量空氣。
4. 除去燃油中之水份及雜質。

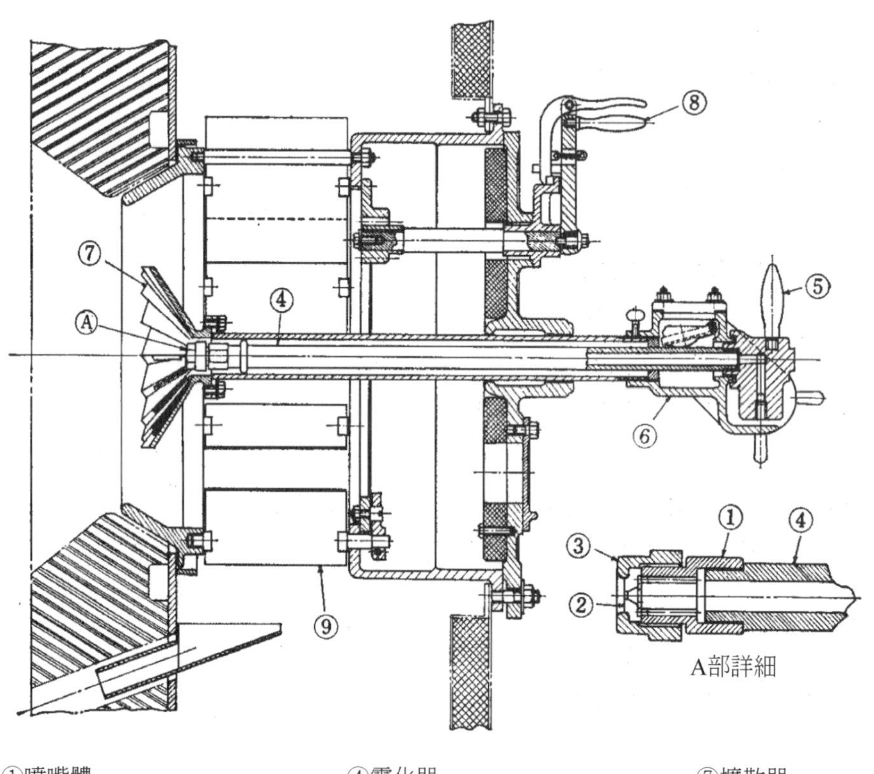

①噴嘴體　④霧化器　⑦擴散器
②孔口板　⑤霧化器把手　⑧風門把手
③燃燒器嘴螺帽　⑥校對罩　⑨風門

圖5-6　重油噴燃裝置（僅爐口及燃燒器）

為滿足上述條件，燃油經圖5-7或圖5-8之系統，噴入燃油霧化燃燒，鍋爐最要緊的工作是如何將燃油中之熱能全部被水吸收，排氣保有的熱能如何收回利用，實為設計者及操作者之重要使命，目前船用水管鍋爐之效率達90%。

由以往利用人工點火操作演變成近年機械操作之自動燃燒裝置A.C.C.（Automatic Combustion Control），此A.C.C.系統具備燃油之供給，空氣之導入，燃油溫度之調控，及配合蒸汽蒸發量適當調整燃燒度等自動控制之功能，另具有節省燃料、增加鍋爐效率、減少人工費用等優點。

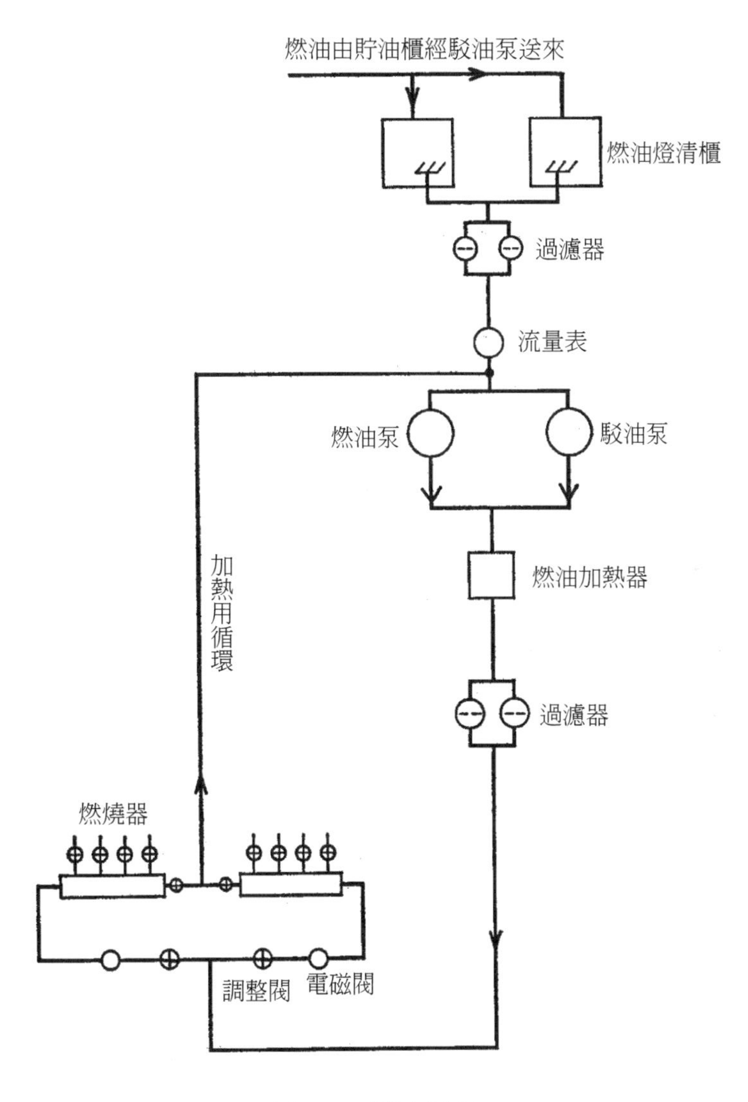

圖5-7　燃油系統

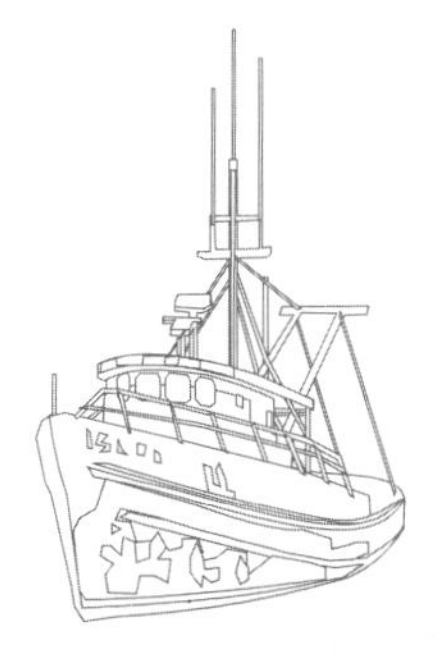

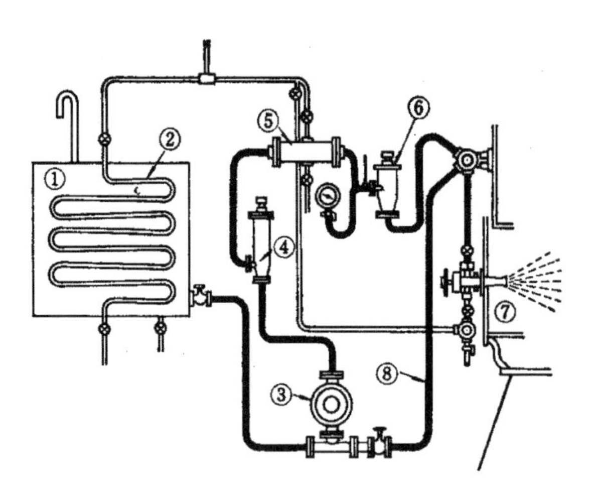

圖5-8　重油燃燒裝置

二、蒸汽系統裝置

（一）過熱器（Superheater）

將汽鼓內產生之飽和蒸汽引出利用燃氣加熱，形成過熱蒸汽送入主機使用稱過熱器，使用過熱蒸汽時，可提高熱效率、減少蒸汽消耗、減少水份腐蝕及衝擊之害等諸項利點。

然而一過熱器管與管頭（Header）之間，常受燃氣之高溫，容易損壞。

（二）減熱器（Desuperheater）

置於汽鼓內之U型管稱為內降熱器（Internal Desuperheater），置於汽鼓外之過熱減溫器稱為外降熱器（External Desuperheater）。

在高壓過熱鍋爐中，主機及發電機均採用過熱蒸汽以增進機器之效率，唯其它輔機，為節省成本，機器採用耐熱較低材料製成，此等機器須採用經過降熱器之較低溫度的蒸汽。

（三）再熱器（Reheater）

再熱器為另一種管制蒸汽溫度的裝置，可分為兩種型式：

1. 燃氣式再熱器：自渦輪蒸汽主機高壓部抽出已膨脹過並近乎飽和的蒸汽，送至鍋爐內利用燃氣再行加熱變成過熱蒸汽，其裝置稱為再熱器。再熱蒸汽之溫度可達到原過熱蒸汽的溫度，但壓力較低，再熱後之蒸汽送回渦輪機之次一級中作功。

2. 蒸汽式再熱器：利用高壓高溫的過熱蒸汽使抽出的蒸汽再加熱之裝置稱之。

三、給水裝置

鍋爐的給水係利用給水泵輸送，大型鍋爐由於蒸發量大，汽鼓及水鼓內之水量必須不斷補充，主機運轉中萬一給水泵停止，即使1～2分鐘也是非常危險之事，因此給水泵共二部，一部備用，緊急時能夠立即啟動。

（一）爐水

給水進入鍋爐後，因為不斷地蒸發，爐水的濃度不斷增加，必須按規定間隔時間取樣化驗，並且需要加入適當的爐水處理劑，以避免鍋爐的損害。使用爐水處理劑時，應注意下列各要點：

1. 需要確定爐水處理劑的成份及效能，同時化驗爐水中不純物質的成份及含量。
2. 因為加入爐水處理劑，爐水中必會產生不溶於水的固體，需要給予適當的放水（Blow Down）。
3. 使用爐水劑作適當處理之後，仍應定時作爐水化驗及分析，同時在鍋爐開啟檢查時，應詳加研判爐水處理劑所產生的實際效果。

船用鍋爐所使用的爐水處理劑，大致分為：pH與鹼性處理劑、軟化劑、除氧劑等三種。

（二）自動給水裝置

為保持鍋爐一定水位，該裝置可配合蒸汽之蒸發量自動調整給水量，並隨鍋爐水位之高低自動調整給水閥之開度或給水泵出口壓力等。保持一定之鍋爐水位為操作上重要的工作。

（三）給水加熱裝置

給水送入鍋爐之前，需加溫至約230℃，水中之空氣需加分離，因給水中若含有空氣，將腐蝕鍋爐內部，並降低渦輪主機之效率。

如果給水溫度過低，爐體本身容易發生變形，因此給水需盡量提高到接近爐水溫度，一般給水加熱器都利用再生蒸汽或副機之排汽加熱。

另外，節熱器（Economizer）亦可有效利用鍋爐燃氣，將給水加溫。

第六節 船用鍋爐之管理

船用鍋爐為確保其完整的安全性與經濟性，輪機人員必須充分注意其管理與保養，時時以把鍋爐當作爆炸物的心理，小心處理。

一、運轉管理（主鍋爐）

（一）暖爐（Steaming-up）

為減輕熱應力，注意暖爐時間的延長，一般由冷爐到升汽大約需三小時。

（二）燃燒（Combustion）

為適應急劇負荷之變化，達到完全燃燒之目的，自動燃燒裝置需作適當的調整。

當噴油嘴積碳時，將會發生燃燒不良。必要時應常加以清潔，使燃燒更趨完善，可盡量減少鍋爐積灰，節約燃油消耗。

（三）燃油處理

燃油之貯存，清淨、加熱、除水需小心處理，當燃油系統洩漏時，產生之可燃氣將可能有發生火災之危險，或致污染海面，必須特別注意。

尤其是無人當值之船舶，機艙內油管漏油之應變處理是相當重要，輪機人員不可不慎。

（四）鍋爐給水

關於高溫、高壓及大容量之鍋爐，水位之保持、給水之處理，操作上不能有任何失誤，須常作爐水化驗，使用化學藥品，開啟上下放水閥去除浮游物、油質及沈澱物等，以保持適當水質。

（五）漏汽

鍋爐內汽管或水管之漏洩，不只熱量損失，當漏洩太多時將影響船舶之續航力，平常須注意鍋爐之操作管理。

二、保養管理

為使鍋爐更安全及更有效率，則需要定期做鍋爐內外清潔，發掘並修理不良之處。

（一）檢查

依照法規，每五年做一次特檢，每年做一次歲檢，檢查時停止鍋爐使用，放淨爐水，徹底清潔及做必要之修理。

（二）檢查項目

鍋爐檢查之要項，以大型水管鍋爐為例，列舉如下：

1. 汽鼓（Steam Drum）。
2. 水鼓（Water Drum）。
3. 蒸發管（Generating Tube）。
4. 過熱管（Superheater Tube）。
5. 給水管（Feed Water Pipe）。
6. 汽鼓、水鼓附屬閥（如蒸汽閥、給水閥、安全閥等）
7. 爐內及烟道清潔情況（如耐火磚有無破損，烟灰附著狀態等）

（三）易生故障部位

船舶航行中鍋爐發生故障時，需減速航行，並停用該故障鍋爐，必要時放淨全部爐水，待鍋爐冷卻後再行修理。修理完畢後，立即加水點火暖爐，到運轉狀態至少需2～3小時。一般鍋爐容易發生故障之機件及情況如下：

1. **蒸發管、過熱管等之脹出、變形、腐蝕**

   用目力詳細檢查，確認管壁有無過熱、變形之徵兆，如果發現出來，需找出發生的原因，並做適當之處理。

2. **耐火磚之破損、脫落**

   燃燒室周圍之耐火磚及可塑耐火泥暴露於高溫中容易破壞、剝落、腐蝕等，熄爐之際，需要注意檢查。

3. **高壓蒸汽管等之漏汽**

   高溫高壓蒸汽管之法蘭（Flange）及蒸汽閥之格蘭（Gland）一旦漏汽後，時間一長將會轉劇，最好能於發現時即予修復。

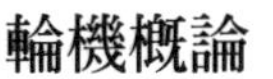

4. **自動燃燒裝置之不良動作**

當鍋爐不能完全燃燒時，多為自動燃燒裝置之作動不圓滑所致，必須立即修復故障部份，並作正確之調整。

習 題

一、解釋下列名詞：

1. 過熱器。
2. 節熱器。
3. 空氣預熱器。
4. 爐膛。

二、鍋爐在結構上如何分類，試說明之。

三、水管鍋爐之優缺點為何？試列述之。

四、柴油機船所使用之排氣鍋爐，多屬於哪一種鍋爐，請說明之。

五、解釋下列名詞：

1. 蒸汽停止閥。
2. 安全閥。
3. 放水閥。
4. 吹灰器。

六、鍋爐要達成完全燃燒，需有那些條件，請列舉之。

七、鍋爐理想的過量空氣為多少，才能達成完全燃燒，試說明之。

八、鍋爐自動給水裝置之目的為何？試說明之。

九、鍋爐用燃油於噴燃前，應如何處理？

十、依照檢驗法規，以水管鍋爐為例，一般之檢查項目有哪些？試列舉之。

第六章　甲板機械

第一節　甲板機械之範圍及分類

一、甲板機械之範圍

甲板機械（Deck Machinery）指裝置在機艙以外，而與主推進系統無關的動力傳動機械（Power-driven Machinery）均為甲板機械。包括有：

1. 錨機（Anchor Windlass）。
2. 絞纜機（Winch）包含各種型式者，如起貨機、繫泊絞纜機、舷梯收放機、救生艇收放機、艙口蓋操控機等。
3. 操舵裝置（Steering gear）。
4. 起重機（Crane）。
5. 電梯（Elevator）。
6. 食物升降機（Dumbwaiter）。
7. 帶型輸送機（Conveyor）。
8. 工具升降機(Escalator）。
9. 旁推器（Thruster）。
10. 穩定器（Stabilizer）等。

以上為就一般客貨船舶而言，其他特種用途之船舶，尚有特殊之甲板機械。

二、甲板機械之分類

甲板機械按各該機械之原動機種類分別為：蒸汽、電動及電動液壓三大類。

以蒸汽為動力來源之甲板機械，現今已漸被淘汰，僅易燃液體船，為了避免電機馬達在露天甲板上操作時，容易產生火花而引起油料揮發氣體燃燒爆炸，除部分仍使用蒸汽為動力者外，現代易燃液體船之建造，亦趨向以電動液壓型式者取代之。電動液壓系統雖亦以電動馬達帶動液壓泵，但此電動馬達及液壓泵部分，可裝置在甲板上封閉之艙間內，由液壓管路傳輸動力至附近之甲板機械。

現代建造之船舶，其甲板機械，採用電動或電動液壓系統為動力來源者，極為普遍。至於機械傳動部分，原理及構造上，仍然大同小異。

第二節　液壓傳動機組

液壓傳動機組，基本上是為各種機械傳動形式之一。無論機械傳動是何種形式者，均有摩擦及其他損耗存在。如圖6-1，液壓馬達（Hydraulic Motor）即用作帶動負荷之轉矩。

液壓馬達之液壓，來自液壓泵（Pump），此泵由電動馬達驅動之。轉動的方向由液壓馬達液體進出口處，有一滑動閥，以控制桿控制，改變液體進出位置，達到正反轉之目的。此圖僅為說明液壓傳動機組之各元件相關之關係。

操作器（Actuator）管路中液壓之方向，此管路中之液壓較高，所得控制力也較大，故操作器動作之後，可得控制整個液壓系統之目的。

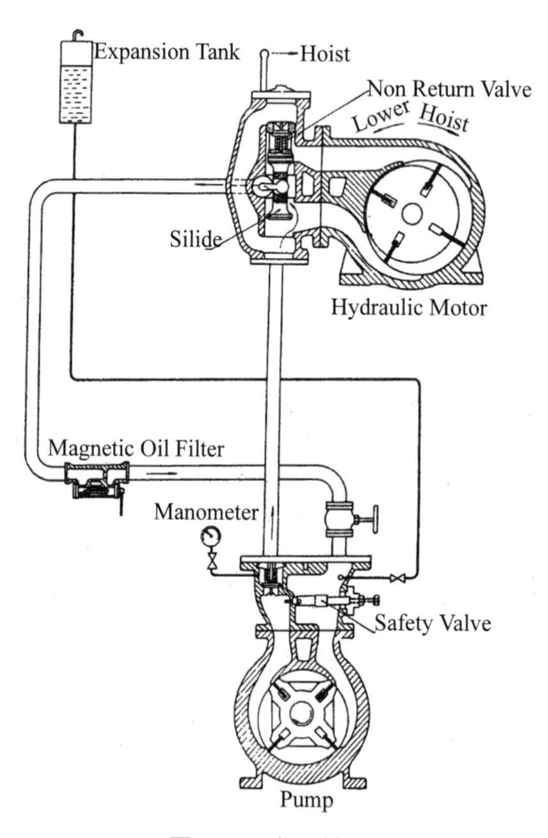

圖6-1　液壓傳動

第三節　錨機

一、錨機的功能

錨機（Anchor Windlass）應能以動力起落錨，按船級協會之規定，左右舷兩錨同時捲揚上升的平均速率，不得小於9m/min，一般錨機製造廠家，均以9.15m/min之速率設計之。錨機亦應能自由下錨，且能在下錨時剎俥，停止錨之繼續下落。

二、錨機的型式

最常使用的錨機，如圖6-2，圖中各項如下：①減速齒輪箱、②鍊輪（Wildcat）、③剎俥、④離合器、⑤鍊輪軸、⑥絞纜輪（Gypsy Head）、⑦絞纜輪軸、⑧剎俥操縱手輪、⑨減速齒輪箱、⑩液壓馬達（Hydraulic Motor）。此種錨機稱之為水平式錨機，所謂水平，是指鍊輪的軸為水平方向。一般商船用的錨機，大部均採用此種型式。較大型的船舶，因船首甲板甚寬，採用左右兩舷分離式，各有一部錨機。

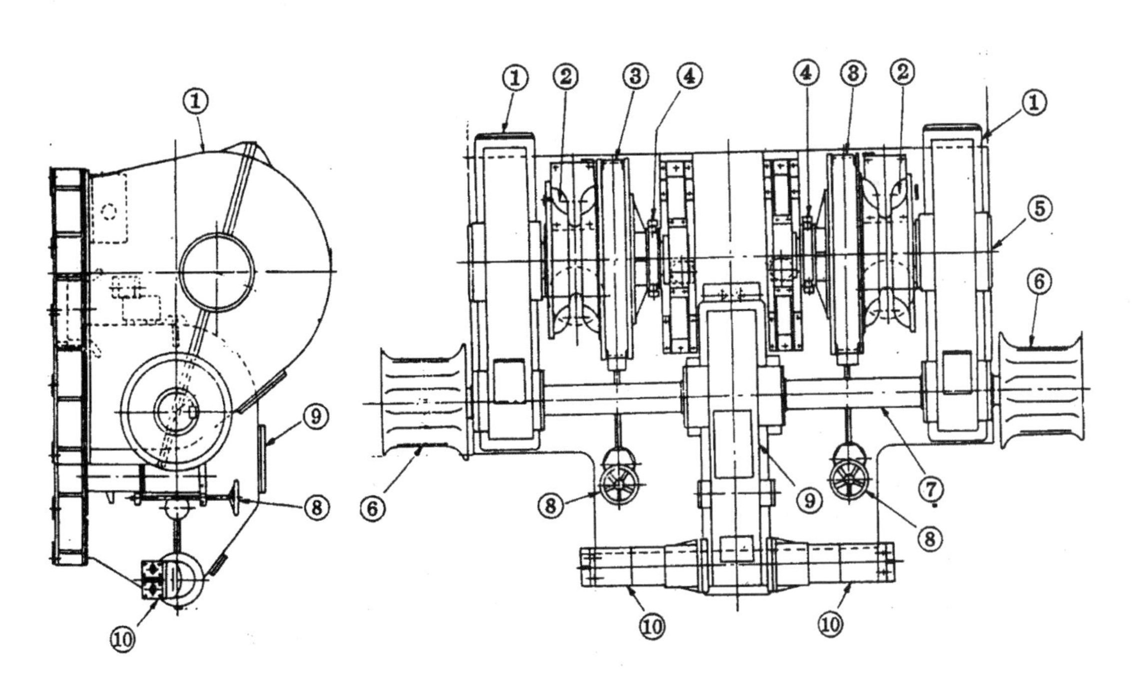

圖6-2　水平式錨機

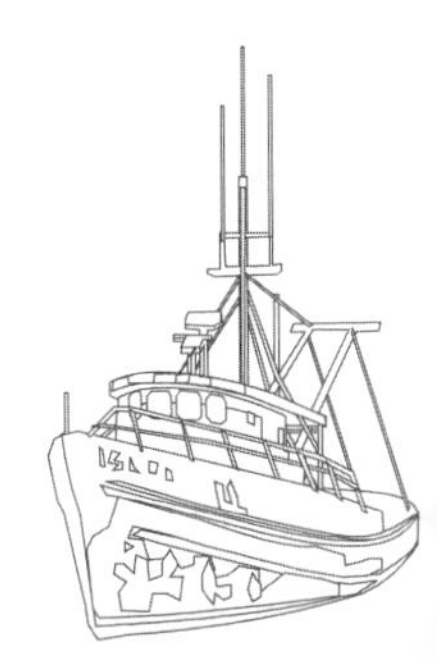

三、錨機之投錨限速裝置

船舶之噸位愈大，錨鍊直徑以及錨的重量按規定也增大，尤其對超大型油輪而言，錨及錨鍊又重，且船身也高，由於下錨時自由落體速度愈大，錨及錨鍊之動能也相對增大，剎俥時必須在短時間內吸收大量動能，會造成危險，而且剎俥帶也極易磨耗。因此超大型油輪的錨，特別設計有投錨限速裝置，普通設計的投錨速度在200m/min以內，若有超過此值，即限制之。

第四節　絞纜機

絞纜機（Winch）之基本功能，即為利用機械之利益，產生放大之轉矩，捲絞繩索，拉動所需要之負荷。船上之應用，極為廣泛。

一、絞纜機之型式

絞纜機有水平型式者，如圖6-3，水平式是指絞繩輪（Gypsy Head）之軸為水平方向。絞繩輪僅能供作絞繩使用，絞繩完畢後，繩索需另繫於固定之繫纜柱上。絞纜機也有設計附有捲繩鼓輪（Rope Drum），絞繩與捲繩同由捲繩鼓輪操作而將繩索捲存在捲繩鼓輪上。

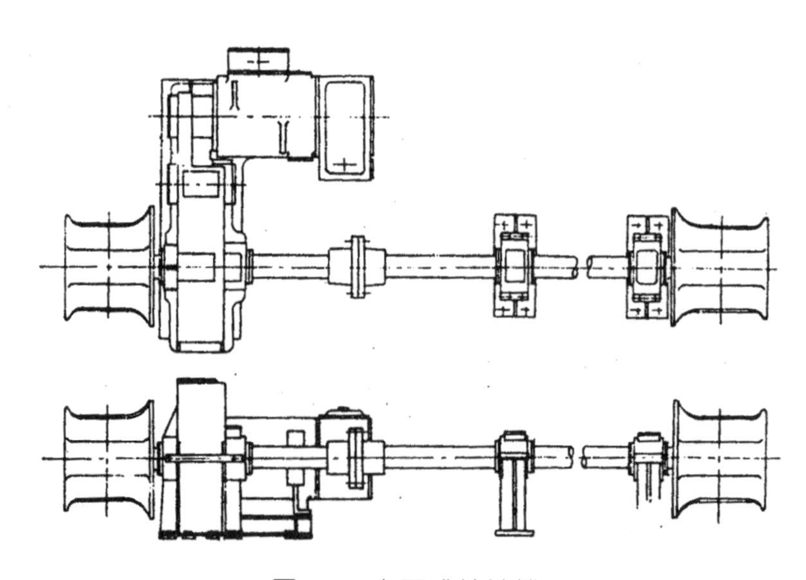

圖6-3　水平式絞纜機

絞纜機亦有設計為垂直型式者，最古老的航海船舶，即為此種垂直型式，而有一特別名稱，謂之絞盤（Capstan）。當時尚無動力傳動，而是以人力推轉。現代之船舶，商船上已漸不採用此型式，因甲板面積夠大，整部絞纜機部安裝在甲板上，甲板下之空間可做其他有效利用。

第五節　吊貨機

吊貨機（Cargo Winch）應用在裝卸貨設備（Cargo Gear）中，如圖6-4及圖6-5，均為早期裝卸貨設備，使用吊桿（Boom）、繩索（Rope）以及吊貨機組合而成。此種吊貨機，基本上乃是絞纜機，利用絞纜，配合滑車（Block）而達到起吊及卸下貨物之目的。每一吊貨之組合，通常至少有兩部吊貨機或兩部以上，需要同時操作，各吊貨機之控制手柄，多以遙控裝置，集中在便於觀察貨艙內狀況之位置，僅需一人，即可操作。

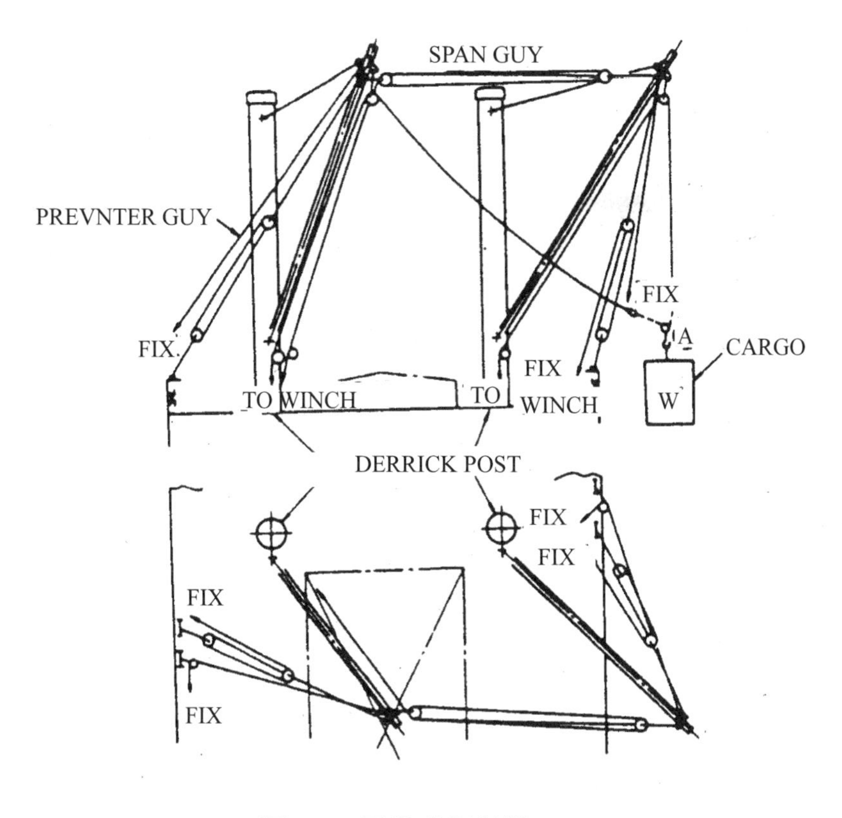

圖6-4　吊桿式吊貨機

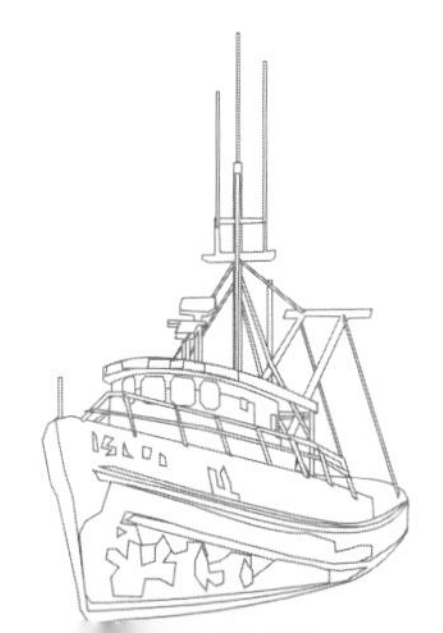

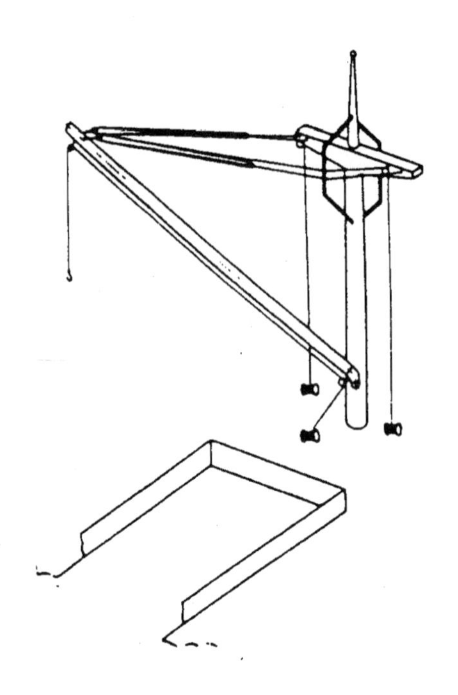

圖6-5　吊桿式吊貨機

以上吊桿型式之裝卸貨設備，逐漸在大型船舶上，發展為吊臂起重機（Jib Crane又稱Deck Crane）所取代。如圖6-6為單塔式吊臂起重機，其優點為所有吊貨設備如吊桿、絞纜機及一切屬件，製造組合成為一體，整體安裝在船上，不若吊桿式者，分散在船上。吊臂式起重機，其吊桿為構架型式稱之為吊臂（Jib），因此而有吊臂起重機之名稱，俯仰之操作，極為方便，因此吊臂伸出距離（Out-reach）可較遠，在操作室中，操作人員顯易看見之位置，均有標示吊臂之俯仰角度，相當之伸出距離以及安全荷重，列表表示。吊臂起重機之旋轉操作，也極方便，旋轉所及之空間，若無阻礙，理論上可作360°之旋轉。

圖6-7係為雙塔式吊臂起重機，可分別操作，也可同時操作，增加操作選擇之靈活性。

無論單塔或雙塔式吊臂起重機，基式上也仍然是絞纜機，利用絞纜，配合滑車而達到起吊及卸下貨物之目的，只是設計上組合型式不同而已。

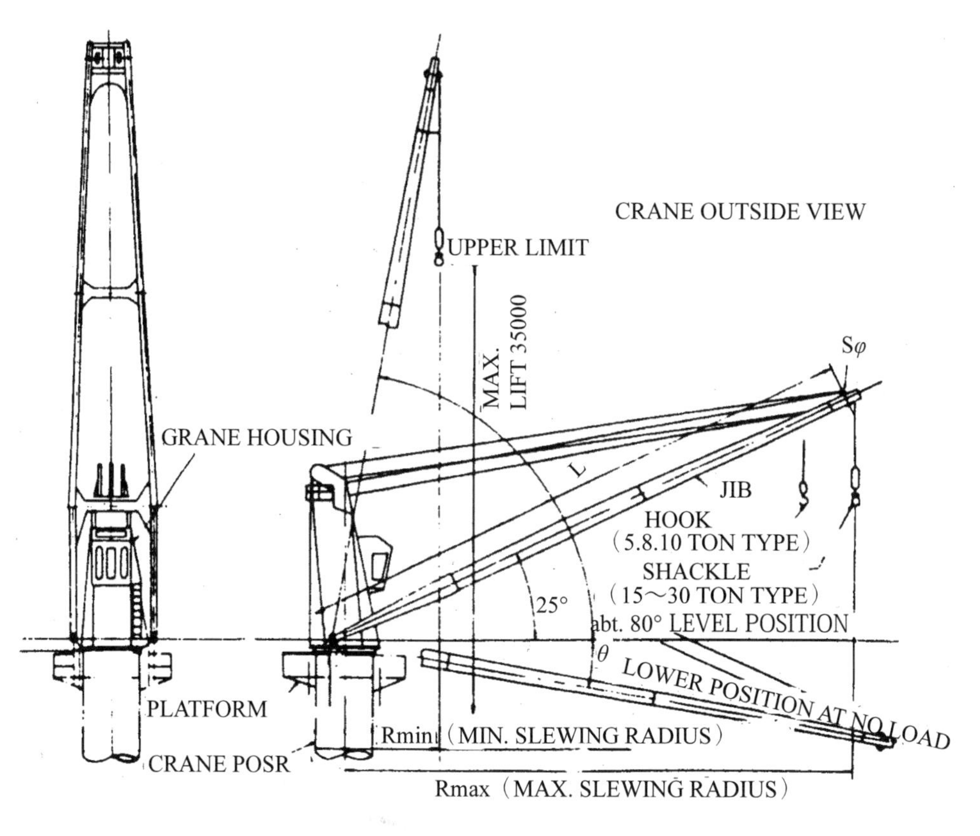

圖6-6　單塔式吊臂起重機

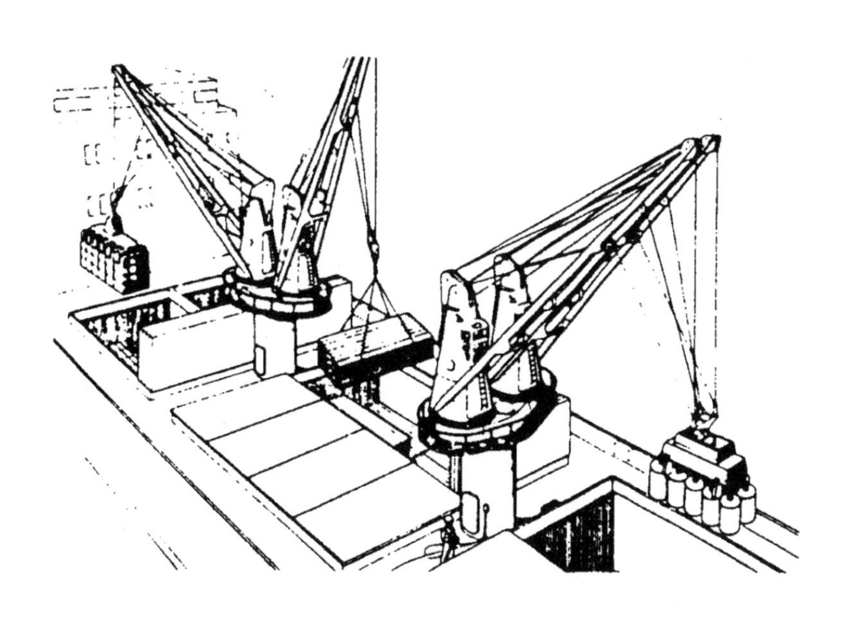

圖6-7　雙塔式吊臂起重機

第六節　舵機

一、舵機的種類

舵機之種類繁多，現今最常用者是為電動液壓型舵機（Electro-hydraulic steering gear）。舵機的原動力為可變衝程的液壓泵，其運轉方向不變，泵之輸出量與輸出方向，由泵之控制系統，隨舵令指示，而操作舵之轉向與轉速。操作簡單、工作穩定，是為目前最理想最可靠的舵機。

電動液壓舵機計有兩種類型，最常用者為雷勃遜滑動型（Rapson-slide type），轉矩（Torgue）強，轉角（Rudder Angle）大是其優點。但體積大，裝置費用較高，是其缺點。其次是旋轉葉輪式（Rotary Vane Type），構造簡單，無需衝柱，由輪葉兩側之壓力差，產生轉矩而轉動舵葉。其轉矩與轉角均較雷勃遜滑動型者為小。但體積小、重量輕、構造簡單、安裝費用較為低廉是其優點。

二、舵機故障與單一損傷

舵機故障的危險性是潛在的、獨特的、偶發的，萬一舵機發生故障，即將瞬間帶來擱淺、撞碰、觸礁等無法挽救與不可收拾的災禍。尤其是巨型油輪，對於所在地的海洋生態、海域環境，將帶來嚴重傷害。

假如舵機發生「單一損傷」，而又無法即時察知補救，即可使舵機在瞬間完全喪失操舵能力，造成續起的損傷而無可挽救。「單一損傷」是指舵機無論在任一油壓管路上，或任一動力機組上，發生任何一項單獨損傷（如管路破損等），液壓油將大量流失，舵機頓失轉舵能力，工作人員將毫無施救餘地。IMO所提的「單一損傷規範」（Single Failure Criterion），即在舵機發生「單一損傷」時，能將該損傷部分，予以隔離，而使其餘完好部分，繼續維持其完整，俾可迅速恢復其操舵能力。

過去船舶的舵機，管路簡單是其優點，但管路如發生任一損傷，則將無法控制而完全喪失操舵能力。所以必須在現有的管路上加裝一些控制閥，以隔離其損傷部分，俾可保留其餘完好部分之完整，而不致影響維續操舵。

以上所述者，是對一般貨船而言。但在易燃液體船、化學液體船或液化瓦斯船，其總噸位在10,000以上者，在「單一損傷規範」方面，另有更進一步的規定如下：

1. 需具備兩套獨立的舵機控制系統，並需均可自駕駛臺上操作之。

2. 在舵機控制系統操作失效時，駕駛臺上立即可將其第二套控制系統進入操作情況，並在45秒鐘內重獲其操舵能力。亦即需備有適當的偵測設備，可察知其失效發生，確認其損傷部分，並能以搖控或自動方式，予以安全隔離，使其餘完好部分能在45秒鐘內重獲其能力。

此外，對於上述船舶，其總噸位在40,000以上者，舵機之布置，需能在管路或動力機組發生單一損傷時，可繼續維持其操舵能力，或能限制舵板移動（Rudder Movement），俾可迅速重獲其操舵能力。

第七節　穩定器

穩定器（Stabilizer）的功用，在使船舶航行於風浪之中，船體的搖擺減至最低限度。以往，僅有客船使用，保護旅客不致暈船，貨船則極少使用。迄至貨櫃船發展以來，噸位也逐漸增大，甲板上裝載的貨櫃為避免搖擺太烈，可能招致貨櫃的損害，故現今的週期性變化之力矩，其週期與船舶因風浪之搖擺週期相同，但力矩則與搖擺的力矩相反，如此即可使船舶保持正直狀態航行，搖擺減至最低限度。穩定器的型式，一般可分為兩種，其一是水翼穩定器（Fin Stabilizer），另一種是傾側水艙（Heeling Tank）式，茲就普遍被採用之前者詳述如次：

如圖6-8所示，在船體中部下端，水翼向兩側下方伸出，利用船舶前進的速度，若水翼與前進方向之間有攻角（Angle of Attack），且左右兩側水翼的攻角上下相反，則水流對水翼產生升力（Lift），此種升力形成之力矩，抵銷船體搖擺之力矩。水翼的斷面，有設計為如圖6-9或圖6-10者。水翼置於下端靠近底部之原因，是使水翼在水面以下有相當之深度，避免空蝕（Cavitation）現象，否則會減低水翼的教率。水翼的設計，有固定於舷外者，也有可伸縮者，不用時可縮入船殼之內，不致碰撞而受損，但構造較為複雜。水翼的攻角變化之操作，係由電動液壓系統操作之，其原理有如舵機之操作，但其轉動之角速度則較舵機之角速度約快十倍，一般之設計，水翼自最上攻角至最下攻角變化之時間，約為海浪起伏週期的1/5，俾使在海浪推使船船搖擺之時，攻角發生作用。

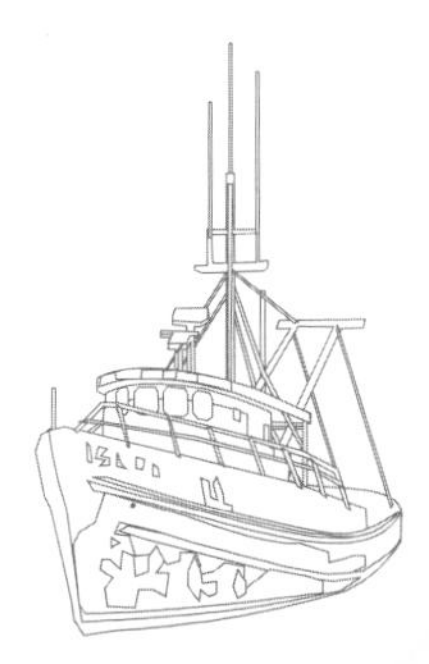

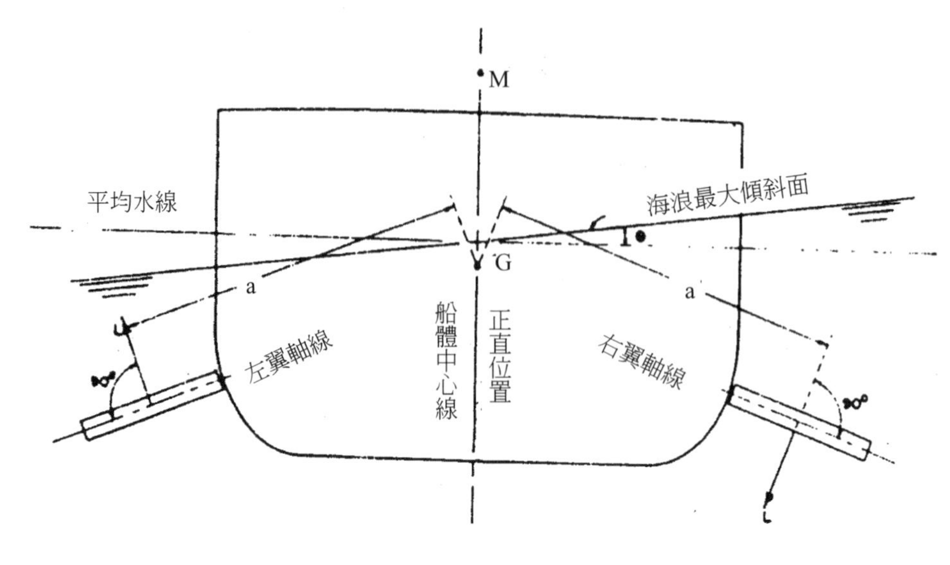

圖6-8 水翼穩定器

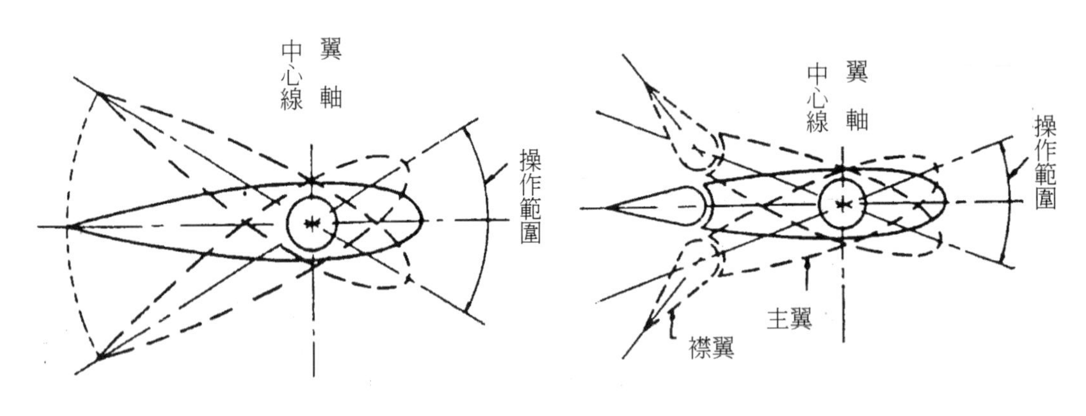

圖6-9 一體型水翼斷面

圖6-10 有襟翼之水翼斷面

穩定器之控制，多採用電腦自動控制；電腦輸入資料的來源，係經由測量船的搖擺或船兩舷水面高低之變化；測量儀器的感受器，可由陀螺原理或水位變化原理，量得的變化差、變化的速度以及變化的加速度，輸入電腦，電腦分析海浪週期運動資料，處理後發出控制信號，控制水翼的攻角以達成產生與搖擺相反的力矩，穩定船體。

習　題

一、液壓傳機組包括哪些元件，其相關之功能為何？

二、按船級協會之規定，船上雙錨同時捲揚上升之平均速率不得低於若干公尺／分？

三、大型油輪之錨機為何須安裝投錨限速裝置？試說明之。

四、塔式吊臂起重機與絞纜機有何異同？

五、何謂舵機「單一損傷規範」？試詳述之。

六、IMO對於總噸滿一萬噸以上之船舶就其操舵裝置有何規定。

七、試說明船舶穩定器之基本原理？

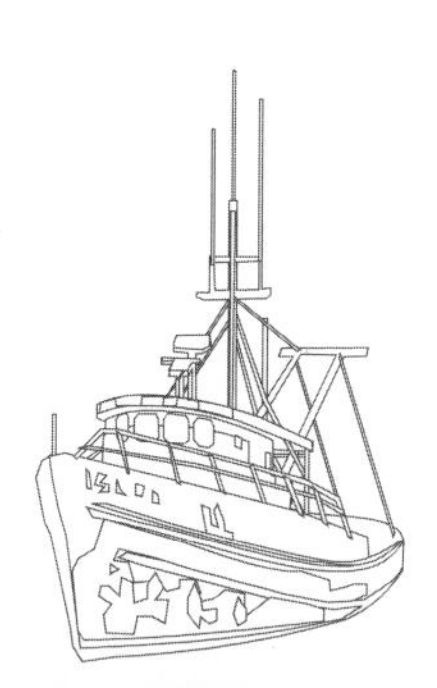

第七章 船舶維修管理

第一節 船舶維修的種類與要求

一、修船種類

關於修船種類的區分，一般均配合驗船機構之檢驗需求，事先完成各項船舶維修，以達成船級協會之各項檢驗，惟就船方與修船廠之立場，則可純就修船範圍與性質，區分如下：

（一）航修

航修屬臨時性修理，不編計畫。主要是為解決船舶營運中發生的局部故障，影響航行安全，而船上又不能自行修理的工程，可由船廠、航修隊等利用船舶在港期間進行，不影響船舶營運。

（二）計畫修理

一般為5年一個週期，5年中一次特檢和一次計畫修理。在兩次計畫修理之間有一次塢修（2～3年）。以此來配合新的船舶檢驗制度，與國際接軌，並達到節省成本開支和提供更多運力的目的。

（三）事故修理

船舶發生事故後，應根據船舶損壞情況和檢驗部門提出的修理範圍和要求進行維修。

如果通過臨時性修理可以取得適航證明，則可做臨時性修理，以減少營運損失。如損壞嚴重則應根據當時當地的條件決定修理方案。事故修理如距計劃修理時間較近可以考慮合併進行。重大事故的修理，公司應派代表監修。

二、船舶維修的原則與要求

（一）船舶維修以原樣修復為主，不可隨意更改艙室和變更生活設施，亦不可隨意增減和遷移原有設備。要對船舶進行更新和改造時，需要作設計規劃與效益評估，並經上級批准和船級協會認可。

（二）船舶的使用年限是修船的重要參考依據，各種船舶使用年限一般要求為：

1. 雜貨船、多用途船：20～25年
2. 散裝船、木材船、滾裝船、貨櫃船、客船：15～20年
3. 油船：10～15年
4. 化學品船、液化氣船和天然氣船：8～12年

達到以上要求年限的為老齡船，超此規定年限者為超齡船。

船齡在10年以內的船舶，修船時間應盡可能保持原設計性能（指上述1、2類船舶）。

船齡在10年以上的船舶，修理時應進行保證使用年限工程及滿足保持船級工程（指上述1、2類船舶）。

接近使用年限或超齡船，應進行維持性修理，滿足維持船級的最低要求。

（三）保證修船的品質。修理的項目必須達到品質標準，應滿足驗船規範、修理標準、技術說明書等有關規定，做到牢固可靠、經久耐用、性能良好。船廠應對修理的品質負責，修船品質保固期，固定件應為6個月，運動件應為3個月。

（四）修船時間直接影響船舶營運率，是船舶運力的一個重要計畫指標，應努力縮短修期，減少對船舶營運造成的利潤損失。

（五）修理費直接影響運輸成本，是運輸單位的重要經濟指標。修船要勤儉節約，重點把主要設備修好，應致力降低各類船舶不同修理類別時的修理成本。

第二節　修船準備及組織工作

一、修船準備工作

（一）修理單的編製與確定

船舶修理單是修船的重要依據。修理單不正確將造成一系列的錯誤，使應當修理的部分沒有進行修理，而不該修理的部分卻消耗了時間及經費，所以修理單應力求準確無誤。

1. 編製修理單的依據

   (1) 公司的修船計畫；

(2) 船舶證書上需要船級協會檢驗的項目；

(3) 說明書所規定的各種設備和部件的檢修間隔期；

(4) 船舶在航行中的使用、磨損與損壞狀況以及各種測試資料。

2. 修理單的分類和編製：船舶修理單分甲板、輪機、電氣和塢修四個部分。輪機和電氣部分由輪機員負責編製，經大管輪彙總後由輪機長審定之。船公司海技處核批後將修理單送相關船廠並請報價，依報價高低選擇修船廠。

3. 編寫修理單的要求：對每項修理工程的內容、規格要求寫清楚，應把修理機械設備的製造廠名、出廠年月、數量和規格，修理部件的材料和性能等寫清楚，如果修理單不明確，將影響船廠的報價，並影響公司對船廠的選擇。修理單應按公司海技處指定的日期上交。編寫的修理單一式三份，其中一份留船用，其餘兩份交給海技處。在編寫修理單時，要明確修理的類別，因為「航修」、「計畫修理」與「事故修理」的修理範圍不同。屬於船級協會檢驗的修理工程要寫明，以便於船廠在修理過程中安排驗船師進行檢驗，對修理工程簽證或換發船級證書。

4. 上交修理單的時間：船舶「計畫修理」，應在進廠前4個月將修理單送交公司海技處審核批准；船舶「事故修理」應在進廠前2個月送交修理單。

（二）**修船備件和物料的準備**

1. 在編製修理單的同時，根據修船項目的需要，應做好所需備件的訂貨工作，以保證修船進度及節約修理費用，在修理單上可寫明備件由船方提供。

2. 對於訂貨困難需要船廠製造加工的配件應提前向船廠提出，由船廠安排製造。在修理單上應寫明備件由廠方提供。

3. 對於修船中使用的工具、物料，以及自修項目的備件也應有計劃地分期申請領取。

二、修船的組織工作

（一）安全工作

1. 船舶修理期間的防火安全工作，由船方、船廠雙方結合實際情況擬訂具體措施，共同安排。

2. 施工過程中，雙方都須嚴格履行開工前商定的安全協議，遵守雙方的防火等安全規定，本船修理時施工區域的防火安全主要由廠方負責，船方應給予密切配合。

3. 為使進廠修理的船舶得以安全、順利地完成修理工程，雙方協商，簽定協議書，共同遵守。
4. 為了配合船廠作好施工安全工作，機艙應派船員看守，協助船廠安全員做好機艙防火安全工作和施工現場的安全工作。
5. 修船中萬一發生意外災害事故時，船員要堅守崗位，首先維護本船的安全，然後服從船廠統一指揮，共同保護或搶救其他船舶。如遇不可抗拒的自然災害，其造成的一切損失由船方負責，或向保險公司索賠。

（二）**自修工作**

船員自修工作對提升航海技術、及時消除故障、節約修理費用、縮短修理時間、延長船舶壽命、提高船員技能及保證船舶安全等都有相當助益。

1. 廠修期間應適當安排船員自修項目，以配合船廠共同完成修船任務，縮短修理時間，節省修理費用。
2. 依據船員人力和備件情況盡量安排自修工程，對不停泊無法解決的項目，如主機吊缸、鍋爐洗爐等宜在廠修期間完成。
3. 進廠時如有自修項目則應該提供修船計畫，並由海技處審核執行之。
4. 船員自修應該充分利用船上現有的設備和工具。
5. 船員自修所必須的備品、配件和物料，各主管部門要給予優先安排和及時供應。
6. 船廠要為船員自修安排必要的協作加工等事務。

（三）**監修工作**

1. 船舶在修船期間如不指派專人監修時，應由輪機長負責監修輪機修理項目。
2. 對修理工程進度、材料、工藝和測量數據等，輪機員應該進行監修，如有不妥應及時向廠方提出意見。
3. 本船修理項目中需提交驗船師檢驗的項目，由船方申請檢驗。
4. 單項工程修理完工或試驗合格後，由輪機長檢查認可。
5. 全部修理工程竣工後（包括海上試驗或碼頭試驗結束），由雙方代表簽署本船《完工驗收單》作為交船的依據。
6. 試驗、試航和工程驗收須依據甲乙雙方事先商定的內容和按船級協會的標準進行。如在試驗和試航中，船級協會及船方提出屬船廠修理工程中的缺陷和遺漏，船廠應及時修復和完成；如不屬船廠修理工程範圍而又需船廠修理時，則按追加工程辦理。

7. 船廠應對承修工程的品質完全負責。船廠修理工程的保修期，固定部件為6個月，運動部件為3個月。
8. 在保修期內，如屬船廠工程項目的品質問題，由船廠及時免費修復；如該船在其它港口，船廠不便派人前往修理時，船方可將船廠應負責的項目修妥，然後將其帳單交船廠審核，並由船廠支付其修理費用。如雙方有爭議時，則可請船級協會居中協商解決。

第三節　輪機塢修工程

一、輪機塢修的主要工程項目

（一）海底閥箱的檢查與修理

拆下格柵，檢查連接螺栓和螺帽；鋼板除鏽，塗防鏽漆2～3度；箱內鋅板換新；如鋼板鏽蝕嚴重，必要時應做板厚測量檢查，如鋼板換新，則須對海底閥箱進行水壓試驗。

（二）海底閥的檢查與修理

各海底閥應解體清潔，閥體在清潔除鏽後塗防鏽漆2～3度；閥及閥座應研磨密封，如鏽蝕嚴重可光車後再磨；閥杆填料換新；海底閥與閥箱的連接螺栓須檢查，鏽蝕嚴重時應換新。

（三）螺槳的檢查與修理

拆下螺槳進行檢查，螺葉表面磨光，測量螺距，螺葉如有變形應予矯正和做靜平衡試驗；如發現螺葉有裂紋或破損，需按螺槳修理標準進行焊補和修理。

（四）螺槳軸及軸承

當抽軸檢查時，應對螺槳軸的錐部進行探傷檢驗，檢查銅套是否密封，油浴密封裝置應換新軸封圈，錐部的鍵槽和鍵應仔細檢查，如換新鍵塊則必須與鍵槽研配；測量軸承下沉量和軸承間隙，檢查軸承磨損情況。

（五）船舷排出閥

位於水線以下之海水出海閥及鍋爐排污閥等，應與海底閥一併嚴格檢查修理。

二、塢修的準備工作

（一）將塢修工程修理單提前報公司海技處審核、報價，以選定塢修的船廠；

（二）為節省經費，船方應預先訂購塢修所需之重要備件；

（三）準備塢修所需的專用工具及測儀；

（四）準備有關工程圖紙資料，如船體的進塢安排圖、螺槳圖、螺槳軸及其軸承圖，以及上次塢修的測量紀錄和檢驗報告等，提供給船廠和驗船師參考；

（五）油艙的清潔處理。對於需要燒焊和明火作業的油艙，必須將油駁出，並須先經過洗艙和防爆安全檢驗合格後，始能作業；

（六）如需在塢內進行鍋爐檢驗，進塢前應將爐水放光，以免在塢內燙傷工作人員和影響塢修工程；

（七）與船廠主管工程師商洽塢修事項，如進出塢日期、岸電的供應、淡水的供應、蒸汽的供應、冷藏系統冷卻水的供應、消防水的供應、廚房的使用、衛生設備的使用和臨時追加項目的可能性等。

三、塢修工程的驗收

（一）品質檢查與驗收

塢修中的各海底閥和出海閥必須解體、清潔、研磨完妥，閥與閥座的密封面經輪機員檢查認可後始能裝復。

安裝尾軸和螺槳時，輪機長應在場監督進行。

對塢修中的各項修理項目，應按修理單的要求，檢查修理品質，必要時應做水壓試驗和運行試驗。

（二）測量紀錄的交驗

塢修的測量紀錄（如尾軸下沉量、螺槳螺距測量和靜平衡試驗、尾軸承間隙，舵軸承間隙和軸系中線校正等）和其它年度檢驗的測量紀錄，應提交輪機長。

（三）**驗船師的檢驗**

主要塢修工程應申請驗船師現場檢驗，簽證檢驗報告。

四、出塢的檢查工作

出塢前，輪機長應對下列修理工程仔細檢查，認可後方可允許出塢。

（一）檢查海底閥箱的格柵是否裝妥，箱中是否有被遺忘的工具、塑料布等異物，所有海底閥和出海閥是否裝妥。

（二）檢查舵、螺槳和尾軸是否裝妥，螺槳鎖帽是否塗好水泥，尾軸密封裝置裝妥後應先充油並做油壓試驗。

（三）船底塞及各處鋅板是否裝復妥當。

（四）塢內放水後檢查各海水閥和管路。先使各閥處於關閉狀態，觀察海水有無漏入管內，然後分別開啟各閥，對所有管路接頭及拆修過的部分檢查是否漏水，必要時上緊連接螺栓。

（五）塢內放水後對海水系統放空氣，使其充滿海水。

（六）冷卻水系統、燃油系統和潤滑油系統正常工作後，起動柴油發電機，切斷岸電，自行供電。

習　題

一、試述船舶維修的原則與要求？

二、編製修理單時，應依據什麼原則？

三、如何準備修船用的備件和物料？

四、船舶於船廠檢修突發意外災害事故時，輪機人員應如何處理？

五、船廠對承修工程的保修期間為幾個月？

六、試列述輪機塢修工程的主要項目。

七、試述船舶出塢的檢查工作？

八、有關輪機塢修工程中，如何對螺槳、艉軸及軸承進行檢查與修理？

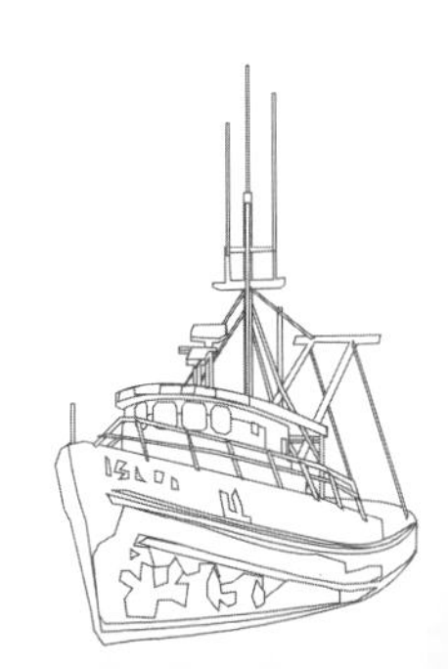

第八章 船用燃料油與潤滑油

第一節 船用燃料油之性狀

船用燃料油之所以低品質化，除了使用便宜的燃料油，可降低航運成本外，最主要是受到世界性石油製品需求結構變化的影響。本節將探討重油所具有的特性，便於討論燃料油低品質化對機器的影響情形。這在妥善管理船用燃料油之前，有確實了解之必要。

有關燃料油之性狀與特性，就其影響船舶機械運轉之狀況，可分為以下三項指標：

(1) 影響燃燒性能的指標，有著火性、十六烷值、柴油指數、發熱量與黏度。

(2) 影響燃燒產物成分的指標，有硫分、灰分、瀝青、殘留炭、釩和鈉的含量（金屬成分）。

(3) 影響燃料油管理工作的指標，有閃點、比重、黏度、流動點、水分與機械雜質。

燃料油之品級所涉範圍甚廣，在此僅討論船用柴油機所使用的燃料油，即重油的各種性狀及管理上之各項問題。

1. 黏度（Viscosity）

   黏度就是流體運動時，內部分子的摩擦阻力，燃料油內部摩擦力越大，其黏度越高。黏度是燃料油交易行為主要性質之一，通常以50℃時動黏度（Kinematic viscosity）Centistokes（cSt）表示。國際標準化組織（International Organization for Standardization, ISO）對未來燃料油提案之提議以100℃為準。近年來船用柴油機所使用的燃料油，與從前的黏度溫度曲線圖已不相符。因為目前船用燃料油的實際使用溫度在120℃～135℃之間，若仍沿用50℃的基準溫度，將與黏度溫度線圖相差太多。如600cSt的燃料油實際使用溫度為150℃，這更遠離黏度溫度曲線。

   燃料油黏度雖然可增減稀釋用柴油的比例予以調整，但不論使用那一類稀釋油都是屬於柴油（輕質油）。稀釋油減少，重油的黏度升高。

   燃料油黏度為使用上和交易上的重要性狀，加油時不宜完全信任油單上所列之規格（Specification）上所記載的黏度，因有相當的出入。從前，一般認為高黏度的燃料油，即為低品質油，其實黏度與其他性狀幾乎完全沒有關係。高黏度雖有隨殘留炭、灰分、硫磺等含量遞增性的傾向，但多受地域性的影響。

2. **比重**（Specific Gravity, Sp. Gr.）

比重是換算重量與容積的重要數據；也是燃料油管理上的重要性質。尤其是使用離心式淨油機淨油而以淡水作為水封時，更具重要性。

燃料油的比重，若為常壓蒸餾法殘渣油調配而成的，其黏度與比重有相當明確的關係。亦即此種燃料油的黏度隨著比重的增加而遞增。但是用觸媒裂解殘渣油或熱分解殘渣油所調配的，其黏度與比重就沒有任何關係。使用芳香族（苯族烴Aromatics）較多的柴油（輕油）作為燃料油的稀釋材料時，其比重較大。所以將來燃料油的黏度與比重之間，可說沒有一定的關係了。

用離心式淨油機分離水分的重油比重值須在0.991以下。如果比重大於此值，傳統的方法很難分離水分。

燃料油的比重是15℃的燃料油與同容積4℃純水之比，通常以15°/4℃之比重值表示之；也有以60℉的燃料油與同溫度同容積純水之比，通常以60°/60℉之比重值表示之。但有時不記比重值而以密度（Density）值出現。比重沒有單位而密度是有單位的。例如在15℃時，其密度為0.98g/cm^3。

3. **閃點**（Flash Point）

燃料油加熱至某溫度時，發散足量的易燃油氣，當火焰接觸時，片刻點燃，此一溫度即是閃點。閃點對柴油機之運轉性能毫無關係，但對油料儲存與管理的安全上卻屬很重要的特性。故規定船用燃料油的閃點在60℃以上，180℃以下。通常柴油機燃料油之閃點在90℃左右，亦有70℃以下者。

為了降低高黏度和升高低閃點的燃料油，而又必須加熱至120°～150℃時，閃點的問題就顯得非常重要。因為低閃點重油會同時降低蒸餾點，即使燃料油在使用溫度（噴霧溫度）也會蒸發，同時使燃料油噴射系統內引起氣阻（Vapor lock），在回流室（Return Chamber）內有急遽蒸發現象，在通氣管（Vent）內發生輕質油滯流現象。不論那一種現象都同時存著「要加熱」與「限制加熱」兩種要求的矛盾問題，這加重了管理上的困難。

4. **流動點**（Pour Point）

以自身重量能流動的最低溫度，稱為流動點。流動點會影響燃料油輸送問題，故燃料油櫃內在駁油之前須保持適當的溫度，以便於輸送。直接影響流動點的因素為重油所含的臘質。通常重油之流動點在±10℃左右，其中也有30℃的。裂解殘渣油調配的重油，其流動點隨燈油原料比值之增加而降低。至於常壓蒸餾所調製的重油，其流動點較低。船內燃料油輸送的溫度必須在流動點之上15℃。雖然燃料油櫃的加熱溫度在40℃已甚充分，但駁油經過低溫管路或油櫃時，溫度會降低，所以須注意使用燃料油櫃之順序。

5. **硫分**（Sulphur Content）

燃料油之含硫分隨高含硫重質原油而增加，但一般不能超過5%（wt）。燃料燃燒時，硫燃燒氣體會對機器產生不良影響。燃料油中硫磺離子會使燃料油系統之銅合金，如流量計、加熱氣管、燃料油泵之襯墊（Packing）等發生腐蝕。硫分之發熱量為碳的1/4，氫的1/10，所以含硫分高的燃料油，其熱值（發熱量）較低，氣體狀態的硫化氫，雖無強烈腐蝕作用，但在高溫時可成為硫的氧化物，溶解於水中即成為強腐蝕性的硫酸或亞硫酸。硫化氫之液化溫度（露點），隨壓力而變化。所以燃燒室、排氣通道等排氣溫度要保持在露點以上。燃料油中的硫分，船上無法去除。

6. **殘留碳**（Conradson Carbon Residue, CCR）

燃料油在一定條件下密閉燃燒，燒掉其氣化的氣體後，所剩餘的碳化物及金屬粉等重量百分比（%wt），即為殘留碳分。重油的殘留碳通常在10%左右。

殘留碳分並非表示燃料燃燒時生成殘渣的意思，而是表示燃料油在燃燒室內化為焦炭的傾向。燃料油之殘留碳分是燃燒性能之基準。殘留碳分與黏度有密切關係。黏度隨著殘留碳分之增加而升高。

7. **瀝青**

瀝青是一種沒有固定成分的混合物，可溶於苯（Benzene, C_6H_6）的碳氫化合物之總稱。含減黏分解殘渣油越多之重油，瀝青成分就越高。通常為2～3%（wt），偶爾也有10%（wt）的。如果C/H值在10（常壓蒸餾殘渣油）～15（熱分解殘渣油）時，這種燃料油的燃燒性不良（難燃性）、燃燒時間延長，會使氣缸壁表面的油膜蒸發燃燒而失去潤滑油，造成異常磨耗。同時堆積多量未燃炭，將引起各部位障礙。此外，貯藏中的重油加熱過度或急速加熱也會增加瀝青分量。所以在駁油前之加熱必須溫和不可過急。

又燃料油之加熱及混合程度都有可能析出瀝青性的油泥。該等困擾且需處理，廢棄的油泥是從高價燃料油轉變而來，所以希望能夠改變處理方式。瀝青油泥是炭、泥沙、鐵粉等微小夾雜物所凝集。

8. 水分

重油出廠時並不含水分，但由於後來的貯藏、運輸、駁油等過程中，由空氣中的凝結水或設備不當由外部侵入。燃料油含水分，與燃料油的劣質化並無直接關係。在燃料油中，已被乳化（Emulsion）的水分，據研究結果知道其具有促進燃燒的功能。但由外部侵入的水分，水粒粗大；且船上燃料油所含水分多為海水，這會與鈉、硫磺共起酸性腐蝕；並與釩（Vanadium）一起 成為高溫腐蝕的原因。此外，水分在燃料油中也會形成油泥，所以在可能範圍內須分離抽出。通常燃料油中的水分約為0.3%以下，亦可能超過1%。

9. **發熱量**

柴油機性能之一，可以燃料消耗率（g/ps/hr）表示之，是用燃料油之高發熱量（高熱值）10,200 kcal/kg計算而得。若以9,700 kcal/kg之重油的低熱值換算時，每馬力小時應增加6～7 gr的燃料。例如目前柴油主機廠商稱118 gr/ps/hr的低耗油率，實際計算耗油率（量）時，須多計6 gr即124 gr/ps/hr。

燃料油之熱值隨燃料油之劣質化而稍為下降。雖然目前使用的C重油熱值為9,700 kcal/kg，而世界各地380 cSt油的發熱量則近於9,600 kcal/kg。柴油機的噴油是以容積計量，故比重大的燃料油，其單位容積的發熱量較大。在主機油門不變情形下，由A油切換為C重油時，主機轉速會上升就是這個原因。

10. **金屬成分**

燃料油中的主要金屬成分為釩、鈉（Sodium）、鋁（Aluminum）三種。從前我們只注意到釩、鈉兩種。近年來觸媒裂解煉油發達，觸媒裂解殘渣油（Fluid Catalytic Crack Units, FCCU）存留著觸媒金屬成分後，鋁就成為重要的問題。鈉與釩的氧化物熔點很低，且不被排氣排出而附著於燃燒室或排氣通道內，引發故障。鋁在燃料油中以鋁化物（Al_2O_3）形態存在，和矽化物（SiO_2）一樣有磨粉的作用，使滑動部分和間隙很小的部分引起異常磨損。不論那一種金屬成分均成為機器障害的原因，所以要盡可能設法分離。一般鈉泥砂和觸媒殘留粒子都可分離至相當程度，但以油溶性化合物形態存於燃料油中的釩，就不易分離。ISO所提出的燃料油規格案，釩在600ppm以下，鋁在30ppm以下。一般補給的重油則分別在100ppm及5ppm以下，不過須視油料的品質而定，有些地方，含釩量達到600ppm以上。

11. 灰分（Ash content）

灰分之組成有鐵、釸、鈣、釩等氧化物及鈉、鉀之硫化物。灰分量一般限制在重量的0.1～0.2%之間。灰分過多時，將堆積於氣缸內造成氣缸、活塞、活塞環等之磨損。灰分無法以離心式淨油機或過濾器分離。蒸餾油的灰分含量不致成為問題，但依A、B、C重油之序，灰分逐漸增加。

第二節　燃料油的分類

一、船用燃料油的分類

船用燃油，大都依黏度及蒸餾所得的產品分類；譬如高品質蒸餾油（Distillates）動黏度（K. V. cSt at 38.8℃）不超過6時，稱為燈油，供小馬力柴油機使用；低品質蒸餾油或燈油混合少量殘渣油的燃料油，稱中間燃油（Intermediate Fuel-IF），依混合比例不同，動黏度亦從30至600不等；煉油的殘渣油或再精煉的殘渣油，通常稱C重油（Bunker C），動黏度約從350至850或以上。不過，各國對船用燃油的習慣稱呼以及黏度的規定，則稍有不同。

船用燃油的訂購和價格，大都以黏度為等級依據，因黏度與燃油其他的品質特性，有相當穩定的相互關係，而煉油廠亦生產相當的品質標準。但自油價飛漲、煉油科技進步以及非傳統的船用燃料供應商加入後，僅依據黏度本身，已不足以代表希望訂購的燃油品質，何況越來越多的故障報告，係起因於不同黏度標準的劣質燃油。故1978年以來，國際標準化組織、英國標準協會、國際燃機委員會、國際海運商會（International Chamber of Shipping, ICS）以及各國船東、燃油供應商、輪機製造商等代表，共同協商，制定船用燃油的等級和標準。

茲就國際標準組織（ISO）所制定之船用燃油國際標準，列述如表8-1。

表8-1　船用燃油國際標準（ISO 8217）

油種 項目	DMA MGO	DMB MDO	DMC MDO	RMF25 IF-180	RMG25 IF-180	RMG35 IF-380	RMH35 IF-380	RMK35 IF-380
密度（max） DENSITY(a)15℃ kg/m³	0.890	0.9000	0.920	0.9910	0.9910	0.9910	0.9910	1.010
比重（mix） API GRAVITY 60℉	27.4	25.6	22.2	11.2	11.2	11.2	11.2	8.5
黏度（max）40℃ cSt at 50℃ max VISCOSITY(A)100℃	1.5-6.00	11	14	180 25	180 25	380 35	380 35	380 35
閃點（min） FLASH POINT ℃	60	60	60	60	60	60	60	60
流動點（max）冬天 POUR POINT ℃ 夏天	−6 0	0 6	0 6	30 30	30 30	30 30	30 30	30 30
含硫量（max） SULFUR重量%	1.5	2.0	2.0	5.0	5.0	5.0	5.0	5.0

項目 \ 油種	DMA MGO	DMB MDO	DMC MDO	RMF25 IF-180	RMG25 IF-180	RMG35 IF-380	RMH35 IF-380	RMK35 IF-380
十六烷值（min）CETANE No.	4.0	35	35					
殘炭含量（max）10% bottom CARBON RESIDUE	0.30	0.30	2.5	15	20	18	22	22
灰分（max）ASL重量%	0.01	0.01	0.05	0.10	0.15	0.15	0.20	0.20
含水量（max）WATER VOL重量%	nil	0.30	30	1.0	1.0	1.0	1.0	1.0
雜質含量（max）SEDIMENT重量%	nil	0.07	0.10	0.10	0.10	0.10	0.10	1.0
含矾量（max）VANADIUM ppm mg/kg	nil	nil	100	200	500	300	600	600
鋁和矽含量（max）ALUMINUM plus SILICON ppm mg/kg	nil	nil	25	80	80	80	80	80

二、國際標準組織制定的船用燃油等級和標準之分類

（一）中間蒸餾油（Middle Distillates），俗稱「白油」。如燈油或輕柴油（Light Diesel Oil）等。十六烷值高於45以上，不含殘渣油或灰分。通常用為船上緊急柴油發電機或救生艇的燃料油。

（二）釜底燃油（Bunker Fuel Oil），俗稱「鍋爐油」，為煉油過程中最後剩下之殘渣油（Residuals），通常用為鍋爐燃料。為適合船上駁送，常混以少量廉價低級之中間蒸餾油，以達到所要求之黏度。為比重接近1的黏稠黑色液體，含有很高百分比的殘碳、硫、灰和水等雜質。

（三）船用柴油（Marine Diesel Oil），俗稱「柴油」。大部分地區所稱的船用柴油，是沸點比燈油高的蒸餾油，十六烷值高於40以上，殘碳、灰分或其他雜質含量很少。但在中東或遠東，常被混以5至10%的殘渣油，雜質含量較多。通常廣泛使用於船上副機或主機的備便操俥運轉上。

（四）混合燃料（Blended Fuel），俗稱「重油」，依不同比例混合白油和鍋爐油的一連串中間燃料（Intermediate Fuel, IF），價格低，大多數港口都能供應，故為目前大多數船上能源的主要來源。

表8-2為船用燃油的通常稱呼，以及相似的其他名稱，和它們的最大黏度之關係。

表8-2　船用燃油之名稱分類

黏度			通用名稱	相似之其他名稱
Kinematic		雷氏黏度		
@37.8	@50℃	No.1/100℃		
max 6 cSt			燈油	輕柴油 輕質船用柴油 船用輕柴油
14 cSt max			船用柴油	重柴油、船用柴油 船用重柴油
	350 up to 850 cSt	3,200 up to 8,000 sec	剩存油	釜底燃料油、C重油 鍋爐油、鍋爐燃油 重質燃油、船用燃油 五號燃油、六號燃油
	30 up to 460	200 up to 4,600	混合油 重油	重質燃油 輕質燃油 中間釜底燃料油 中間燃料油

表8-3為混合燃料的分類，以及表示它們的各種黏度。

表8-3　混合中間燃料之分類及黏度

Designation IF-名稱	Kinematic viscosity		雷氏黏度 sec./100°F	Engler sec./50℃	Saybolt sec./100°F
	cSt@50℃	cSt@82.2℃			
30	30	11	200	4.1	26
40	40	13.5	280	5.3	35
60	60	18	440	7.9	53
80	80	22.5	610	10.5	72
100	100	26.5	780	13.2	93
120	120	30	950	15.8	116
150	150	35	1,250	19.8	147
180	180	40	1,500	23.7	175
240	240	49	2,200	31.6	257
280	280	55	2,500	36.9	300
320	320	61	2,900	42.1	345
380	380	69	3,600	50.0	420
420	420	74	4,100	55.0	480
460	460	79	4,600	61.0	540

重柴油依日本工業標準（JIS）之區分由於黏度、澆點、閃點及所含水分、殘留碳分、灰分及硫磺等不純物而異，區分為1種——1、2號，2種，3種——1、2、3、4號等7類，但是一般稱呼為A重油、B重油和C重油。各國有不同之稱呼，普遍

多稱呼為重油（Heavy Fuel Oil），重油A、B、C等。

圖8-2所示為JIS依黏度區分之慣用稱呼，其範圍並無嚴格規定，依國別多少有些不同。

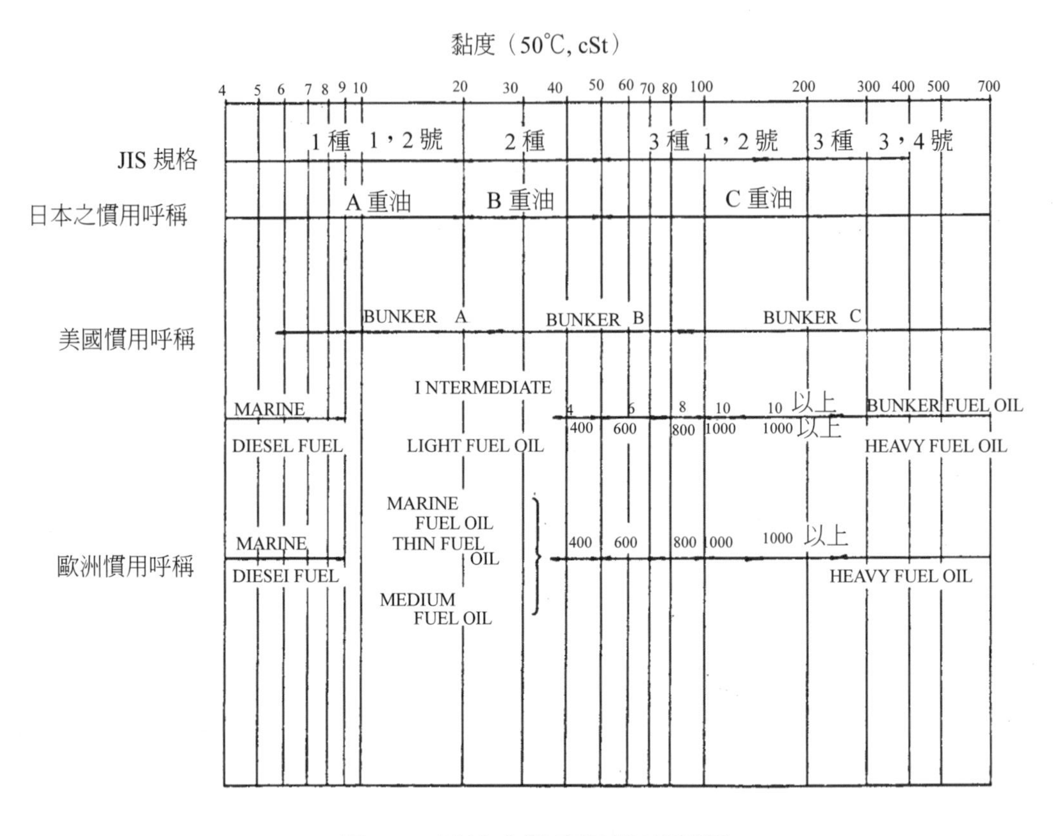

圖8-1　重油之黏度及慣用稱呼

第三節　燃料油之裝載與貯存

一、燃料油裝載

（一）燃料油補給作業

燃料油之補給俗稱加油。防止溢油污染港口和避免火災是目前加油時必須注意的重要問題。尤其是溢油污染，在各先進國家港口，成為非常嚴重的問題，不只涉及罰款，甚至可能發生扣留船舶。以往海難事故的記錄中，因燃料油類發生的火災、爆炸事故，佔有相當比例，因此加油時必須常加警惕。船舶在港口加油時，應對下列三項作充分檢討：

1. 加油作業是否完全準備妥善。
2. 是否將所訂購的油量全部裝上船，亦即是否將簽收油單上記載的油量全部加到船上。
3. 所加的燃油品質是否符合所訂購的油質，亦即油質是否與油單符合。這需以船上的簡易檢驗設備加以檢查，並取燃油樣品送往檢驗機構代為化驗檢查。

(1) 確認加油量

燃料油在常溫常壓下應為液體，但高密度高黏度的燃料油則近於膠狀。加油時為求減少阻力，易於輸送，一般都在加溫狀態供給。由於同質量的燃料油，其容積隨不同溫度而增減。同時所接受的油量是以容積計算重量，也就是說，同為一噸的油，其體積隨溫度而增減。即使不需加熱的A油，也會因夏季高溫和冬季低溫而增減相當的容積。

燃料油係在不同溫度及氣溫下交易，溫度高時如不作修正，則會短缺油量，困擾買方，所以一般燃料油交易市場上，約定燃料油以15℃時的容積為準。油類溫度升降1℃時，體積將會增減0.0006（比重範圍在0.8495～0.9653時）。因此加油時，必須使用容積溫度換算係數表，將所加的燃料油全部換算為15℃的容積：

$V_{15} = V_t \times C_t$

C_t：油溫t℃時的換算係數

V_{15}：油溫15℃時的容積

V_t：油溫t℃時的容積

(2) 確認油品質

加油時需了解所加的油質如何，以便作為使用時的參考。一般在加油時均需以船上所備的簡易試驗儀器測試燃料油的主要特性，如黏度、比重、FCC觸媒粒、水分等。由於現時所供應的油品質日趨低劣，常致機器故障。各大船級協會有指定專為商船試驗燃料油的試驗機構，該等機構遍布世界各地。同時現在船舶通訊發達，只要在加油時所採取的油樣品送達化驗機構後，於短時間內即可將化驗報告傳達船上，並隨即獲得燃料油使用指南。化驗報告除所要求的化驗項目外，尚作解析，強調注意事項。因此加油時必須採取代表性之油樣品兩瓶以上，並由油商簽字密封，以便化驗作為參考資料外，並封存作為油料買賣爭論或糾紛時之索賠證據。

（二）**燃料油最適當的管理**

船舶柴油機使用的燃料油須有嚴密的管理。若要將燃料油委託陸上化驗機構化驗時，須將約一公升的油樣品裝入適當容器密封送檢。送檢的油樣品，需能代表全部油料者，同時須記錄下列資料與試料一併寄出。

1. 公司名稱、船名。
2. 樣品油種類。
3. 樣品油採取日期與採取方法。
4. 供油港口與業者名稱。
5. 委託化驗分析項目。
6. 其它特別記事項目。

從燃料油分析值判斷油料品質，最好的方法就是與各公司規格項目內的限制值比較，選擇方法，可歸納如下：

1. 同一規格的燃料油，儘可能選比重較小者。
2. 閃點較高者。
3. 黏度適當。
4. 殘留碳、灰分較少者。
5. 水分與夾雜物較少者。
6. 流動點不可太高。
7. 含硫分較少者。
8. 中性反應，不含腐蝕性物質。
9. 瀝青與油泥成分較少者。
10. 價錢較低者。

（三）**船舶補充燃料油之重要事項**

燃料油的貯存，除油輪外，一般都以雙重底艙及深油櫃為主要的儲存處。雙重底油艙容積不大，數目又多，裝油容積以90%為準。於加油時，為防止溢油，須調配油艙油量、開閉油閥、測量油深等，需用人手多。近年來因節省船員費用之支出，船舶紛紛趨向全自動化，使輪機人員減到最少定額，加油設備也不得不改為自動加油系統（Auto-bunker System），油艙容積加大、數目減少，故操作方便，可減少加油人手。不論加油設備如何改進，加油時仍須防止發生溢油漏油，茲將加油應注意事項列述如次：

1. 加油前先測量各油艙之存量。
   在可能範圍內，盡量將餘油收集，抽乾油艙，留出空艙，以便裝新油，避免不同來源的油種混合，防止因親和性不良而產生油泥。
2. 預作各艙加油量分配表，記明各艙需加數量、油艙深度及油量容積百分比等，便於加油時的參考。
3. 備妥加油所需各種工具、物件、警示牌，通訊連絡設備，並置於適當部位。檢查甲板上各排水孔有否封塞，並準備若干木屑、破布及滅火器等置於就近位置。
4. 加油前應先核對油品規格及所需數量是否正確，如與預訂者出入很大，應立即與油商或代理行連絡查詢，並與公司連絡報備。
5. 加油前應派員會同油方人員實地測量油駁船或陸上油槽之存量，且作油駁船之傾側，俯仰及油溫度修正後之記錄。油駁船之量油工作，應由船上（收油）人員親自測量，以防對方舞弊。
6. 加油管路若裝有流量表，加油前後均需記錄其讀數，簽收時，核對油量是否與自己所計測者吻合。
7. 加油前，應先檢查本船所有管路諸閥是否在正確的開關位置。裝油時間及換艙操作時，應提高警覺，慎防因開錯閥，而造成溢油污染事件。
8. 開始輸油後，需即自排洩旋塞（Drain Cock）採取油樣品，使用試水膏探測含水量（一般在0.2%以下），如超過規定值，先向油方人員反應，並在簽收單上註明。
9. 加油期間，應盡量保持船體縱平浮，或使艏艉吃水差減到最小值，也防止船傾太大。甲板人員應配合加油作業，以壓艙調整平衡。
10. 在加油期間，甲板上應派留守人員注視油艙通氣孔（Air Vent）是否有油溢出，並與油駁船或供油人員保持聯繫，如發現溢油時應採取適當的緊急處理。
11. 加油完畢，盡速校對加油數量，如發現短少，則在簽收單上註明短收數量，並報告船公司短收數量及有關資料，以便於船公司與油公司交涉。
12. 簽收油單時，應詳細核對加油數量，認為正確後方可簽名蓋章。並向油商索取油樣品每種兩瓶以上，貼好標籤封蓋保存於船上，以備發生糾紛時送檢及作索賠之用，並供作將來加油之參考資料。

第四節　燃料油的公證化驗

一、公證的作用

（一）建立對燃油的購買及使用上有明確的數量和品質的管制，對不誠實的供油商也可因公證人員的參與而打消不良的企圖。

（二）糾紛發生時，依據公證人員所提供的資料，船公司可據以處理，以保護公司利益。

二、數量公證的意義及範圍

（一）測量供油駁船

1. 加油前，輪機長應會同油駁人員共同測量油艙存量及油溫，所有油艙都必須測量，不管是空艙或是其他品種的油艙（即使不直接用來加油的油艙）。測量以油駁上「油艙容量對照表」為準，並確認油艙深度是否與「油艙容量對照表」一致。
2. 測量油艙時要查閱加油駁船的艙室布置圖；確認「油艙容量對照表」修訂日期及修正者簽證。如果以流量表計算，加油前後讀數均由輪機長及油駁人員共同確認。流量也一定要有修訂日期及修正者簽證（基本上每年至少修正一次）。
3. **溫度測定**

   油駁上應有合格的溫度計或其他儀器來測定溫度，並有產品證書及修正記錄。輪機長也可用自己的溫度計或儀器與油駁上的溫度計或儀器做比較，各油艙溫度精確到1/4℃（0.5℉）。
4. **油駁存油量計算**

   油駁各油艙測量數據應填寫「油艙測量計算表」（由油駁提供），填寫各油艙油深度及溫度，並且以油駁的吃水差及傾斜度進行修正，輪機長及油駁人員立即簽字。加完油後應立即填寫各油艙的油深度及溫度，並且以油駁吃水差及傾斜度進行修正，輪機長及油駁人員立刻簽字。

（二）加油數量的確定

加油數量以經輪機長會同油駁人員測量後記錄的「油艙測量計算表」的數量為準，該加油前後測量數據均由輪機長及油駁人員共同以「油艙容量對照表」及流量表確認而成，確認後的數量應記載於「燃料油收據上」。

（三）計算單位的核算

1桶	
(One U.S. Barrels)	42 gal (42 U.S. Callons)
	5.6146 ft^3 (5.6146 Cubic Feet)
	158.984 L (158.984 Litters)
	0.15898 m^3 (0.15898 Cubic Metres)
1 m^3	
(One Cubic Metres)	264.17 gal (264.17 U.S. Callon)
	6.2898 桶 (6.2898 U.S. Barrels)
1 kg	
(One Kilograms)	2.20462 lb (2.20462 Pounds)
1 lb	
(One Pounds)	0.453592 kg (0.153592 Kilograms)

三、油樣的採取

（一）油樣的來源

1. 燃油供應商交給油駁船的油樣
   (1)應有標籤，並能表明取樣的時間、地點、方法及取樣者或公證者簽名；
   (2)如標籤不明確時，請勿簽收；
   (3)應取具有代表性的樣品。
2. 供油駁船在供油時採取的油樣
   (1)應有標籤，並能表明取樣的時間、地點、方法及取樣或見證者簽名；
   (2)輪機長應驗證取樣的時間、地點及方法後方可簽名；
   (3)應取具有代表性的樣品。
3. 輪機長在供油時採取的油樣
   (1)應會同供油駁船人員並請驗證取樣的時間、地點；
   (2)應取具有代表性的樣品。

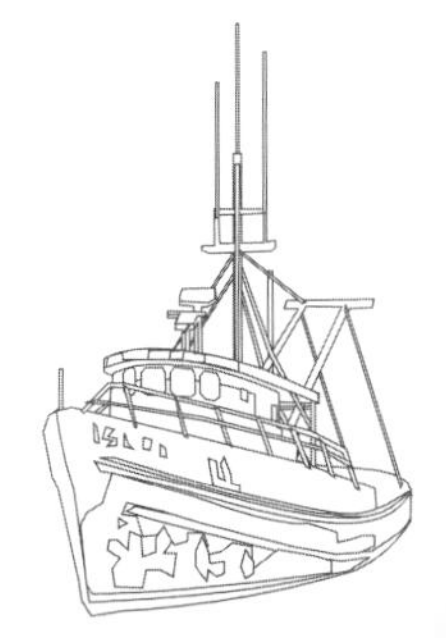

（二）油駁船上取樣

1. 用取樣設備在供油駁船每個油艙中取1L油樣，將所取油樣依每油艙的容積比例混合，並經攪拌完全，再分裝3份，每份約1L油樣，分別標明取樣的方法、時間及取樣者，並簽名加封保存。船上1份，供油駁船1份，公證人或供油商1份。
2. 如果供油駁船上供油管路中有「自動取樣」設備時，在取樣開始時務必確認收集器中乾淨，調整一定的滴下速度，確認由加油開始到結束時可以至少收集到3L。經混合攪拌完全後，分裝3份，分別標示明白取樣的方法、時間及取樣者，並簽名加封保存。船上1份，供油駁船1份，公證人或供油商1份。
3. 如果該供油駁船上供油管路中沒有「自動取樣」設備時，在加油開始到結束前至少依前、中、後分別由供油管路中取每次至少約1L油樣，經混合攪拌完全後，分裝3份，每份約1L，分別標示明白取樣方法、時間及取樣者，並簽名加封保存。船上1份，供油駁船1份，公證人或供油商1份。

   船上取樣加油前輪機長務必向供油駁船聲明採取油樣的要求。
4. 如果船上加油管路中有「自動取樣」設備時，按照2.來操作。
5. 如果船上加油管路中沒有「自動取樣」設備時，按照3.來操作，採樣中務必請供油駁船人員確認並簽名。

四、抗議書

（一）抗議書的意義

如果發生加油數量短缺、現場交涉無效，除了在燃油收據上打批注外，還應會同船長直接或通過公證人及代理向供油商提交抗議書，抗議書可追討所短缺的燃油，也可為公司提供信息及資料，以便公司與供油商交涉或拒絕以後交易。

（二）抗議書中應包含的內容

1. 加油前後供油駁船的測量記錄。
2. 加油前後船上油艙測量記錄。
3. 加油速度、加油時間及其它資料。

第五節　潤滑油之功能與清淨處理

一、潤滑油的功能

潤滑油（Lubricating Oil）為「潤滑劑」之一種。所謂潤滑劑，簡單地說，係介於兩個相對運動的物件之間，可減少兩個物體因接觸而產生摩擦的功能者即是。

關於潤滑劑的應用，發展至今其功能已不只限於減少摩擦，而是具備如下之一或多種功能：

1. 減少摩擦之作用。
2. 減少磨損之作用。
3. 控制溫度之作用。
4. 防止腐蝕及生鏽。
5. 洗淨作用。
6. 傳動作用（油壓系統）。
7. 防震作用。
8. 密封作用。
9. 沖洗作用（管路沖刷）。
10. 絕緣作用（電氣絕緣）。

二、潤滑油劣化之鑑定

一般中、大型柴油機中，所用系統潤滑油多為直餾礦油（Straight Mineral Oil），此種潤滑油之化學反應呈中性，色澤較為透明，另一般中、小型高速柴油機，所採用之系統潤滑油多為清淨潤滑油（Detergent Oil），此種潤滑油經加入某種添加劑，具有洗滌作用，呈弱鹼性，略為混濁。此種清淨性潤滑油對高速柴油機特別有利，可有效減少活塞環膠著或斷裂之現象。但此種潤滑油老化的特別快速，而且其中添加劑之功能一旦失效，即難再行恢復，須廢棄換新，至於直餾礦油，如使用得宜，則不易劣化，劣化後亦可予以處理而還原，故潤滑油之劣化與否及劣化之快，仍須視潤滑油之種類而定。

潤滑油之劣化與否，可以下列諸法鑑定：

1. 送油樣給油商鑑定：船上潤滑油通常在使用2,000～3,000小時後，取潤滑油樣品，取樣品時最好在主機運轉時，由其循環系統中，取出樣品始為有效，如在油櫃中取樣則無甚意義。樣品交油公司化驗，化驗內容應包括比重、黏度、含水量、著火點、閃點、不溶分、灰分、中和價、釋度及沈澱物等。

2. 黏度比較法：用黏度比較計測定潤滑油之黏度，如其黏度較新油增5%以上，即表示有劣化之勢，反之，如較新油為低，則必有燃油滲入其中。
3. 簡易酸價測定法：凡酸價達到2mg KOG/g者即屬不合格，應予換新或盡速處理。另油公司多有其各自設計之測定器，試驗方法簡單，只要按說明書一試，即可知潤滑油酸性度是否適用。
4. 擴散試驗法：取微具吸墨性之厚紙一張，將潤滑油樣品及新油樣品各滴兩滴在該試紙上，待其慢慢擴散，4小時後比較其顏色及擴散之面積。如其面積較新油有顯著縮小，即證明其黏度已顯增大。其顏色為褐黃色者仍可繼續使用，如呈黑褐色則表示有多量碳粒，如有黑色小點即表示有粗大碳粒，應使用細濾器或淨油機將之去除。如有黑色細紋，即表示有油泥之存在，則絕不可再使用。

三、潤滑油換油標準

一般主機之系統潤滑油，其使用限度如下：超過其標準須換新或進行再生處理。

1. 閃點：必須大於180℃（新油大於200℃）。
2. 黏度：較新油黏度增加5%時需注意淨油效能，如黏度增減10%則須換新油，又如燃油稀釋5%以上時須換新油。
3. 殘留碳粉：應在絕對量2%以下（較新油增加4～5倍）。
4. 總酸價（TAN）：0～0.2 mg KOH/g以下可用，0.2～0.5需重煉，0.5以上不能用，0.9 mg KOH/g至為危險。含添加劑之潤滑油，因會吸收KOH，故試驗時，同時有總酸價及總鹼價之測試結果。
5. 灰分：0.5%以下。
6. 水分：需要在0.2%以下。
7. 正戊烷不溶分（Pentane Insolubles）：需在0.5%以下，如添加清淨劑者可增為1%。
8. 苯不溶分（Benzene Insolubles）：0.3%以下（表示含氧化物如膠質、樹脂之量）。
9. 黏度指數：最低需大於60，正常90以上。

以上為不良情況之限制標準，實際應視機器型式而定。普通稀釋度應以5%為限。潤滑油溫度增加10℃，劣化度增加一倍，其他各數值應與新油比較後，來決定是否可用，正戊烷不溶分正常以0.3%wt以下為宜，此數值之增高往往顯示油中灰分、矽污物、碳粒、殘渣、金屬屑、鉛鹽等含量過多。

四、潤滑油之清淨處理

潤滑油之清淨處理方法甚多，可歸納下列數種：

1. 利用磁性過濾器除去金屬粉屑，利用潤滑油系統中之濾清器（60～120mesh）或吸附式過濾器來除去不溶性污粒及不溶性之凝結氧化物。
2. 利用潤滑油沈澱櫃將舊油加溫至70～80℃，再經數日沈澱，將部分不溶性顆粒、水分及溶水性物質經積存底部而除去。在建造新船時，應考慮將此油櫃底部構造成為漏斗形，以便污物排出。
3. 利用淨油機以除去較重固體粒、水分、氧化凝結物及水溶性物質。

(1) 淨油機流量

淨油機的流量（Flow Rate）與淨化效果有很大關係，如圖8-2所示。圖中ΔP為潤滑油進入淨油機前及後所含戊烷不溶性量之差，淨油量Q愈低則ΔP愈大，即表示淨化效果愈佳。

圖8-3表示，潤滑油中含戊烷不溶分等之均衡值（Peg）與流量之關係，在最適當淨油量時，潤滑油中所含之雜質最少。一定量之戊烷不溶分（如1%）存在於添加清淨劑之潤滑油，並不被認為是多的；但是若存在於直餾礦油，則被認為太多；故清淨劑油所含戊烷不溶分量，較直餾礦油者多，淨油量需較直餾礦油為低。如圖8-4所示。對清淨劑潤滑油，淨油機之最適當淨油量約為最大淨油量之20～25%，相反地，對直餾礦油約為50～60%，而如今大部分的系統油都含一定量之清淨劑，故理想的淨油量約為30～40%。

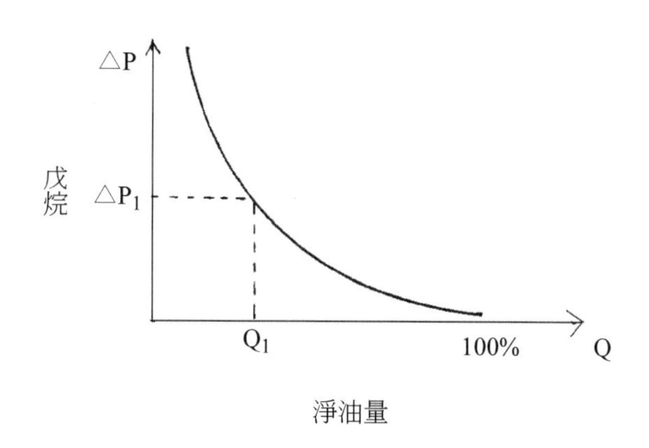

圖8-2　淨油量與戊烷之關係

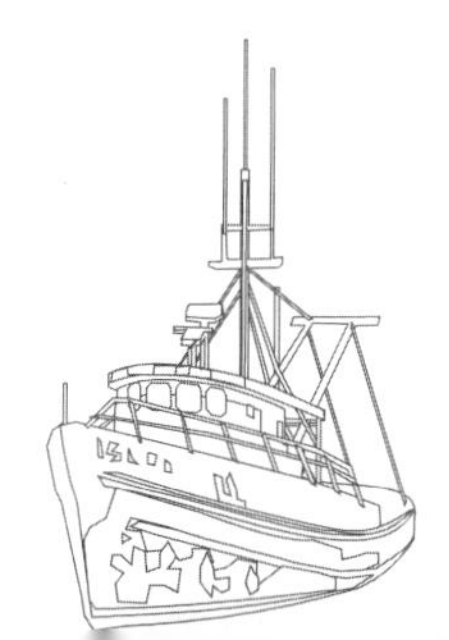

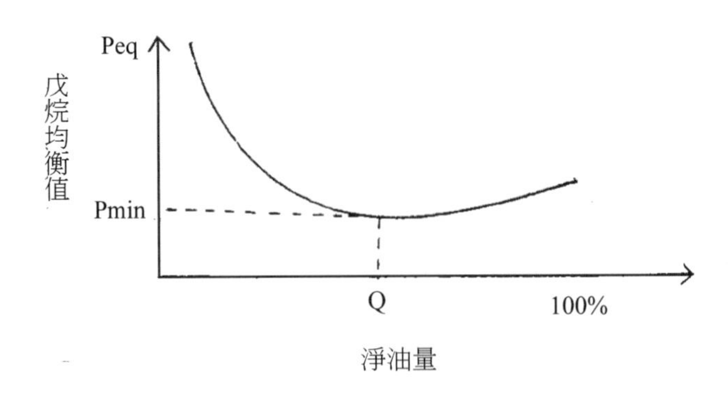

圖8-3　淨油量與戊烷均衡值之關係

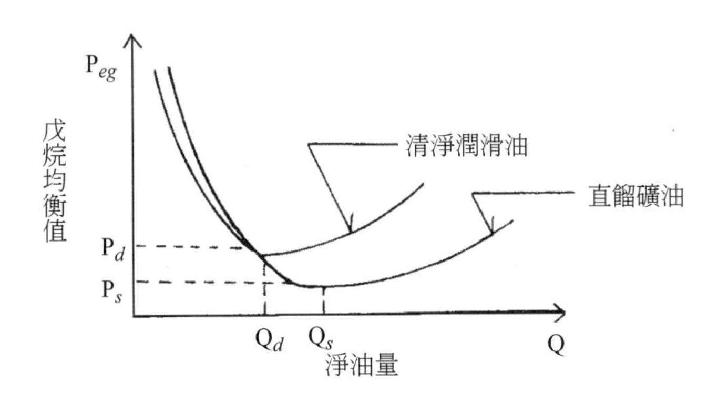

圖8-4　清淨劑潤滑油之淨油量

(2) 淨油溫度

對直餾礦油約為70℃，含有添加劑之潤滑油溫度稍高，約為80℃（黏度為24cSt），油溫太高會影響油質及氧化作用。但對含水0.5%以上之油，最高允許溫度為96℃。

4. **潤滑油水洗**

僅純直餾礦油可利用水洗以清淨之，所加水量約為淨油流量之2～5%，水之溫度較所淨潤滑油溫度高出約5℃，淨油量應為35～40%，潤滑油溫度保持75～80℃左右。如此加水煉可除去酸性物質、灰分、殘留碳與雜質，但是含水量卻會增加，必須隨後不加水再淨煉數次，使含水量達0.2%以下。

含有添加劑的潤滑油，原則上不能用水洗，也不可加水，其處理方式由油公司提供建議。

5. **化學添加劑淨化**

此項工作只能在油廠中處理，船上設備不夠，如對化學劑內容不詳，不宜在船上冒然使用潤滑油處理劑。

五、潤滑油添加劑

潤滑油中加入少許特殊物質之後，足以改善其特性，提高其特殊功能者，此種物質通稱為「潤滑油添加劑」（Additives for lubricating Oils），簡稱為「添加劑」（Additives, Agents or Dopes）。

此種添加劑多為特殊之化學製品。

潤滑油添加劑多按其功能而區分，但若干添加劑卻具有多種功能，故嚴格之分類頗為困難。茲就其主要功能，區分為下列各種：

1. 抗氧化劑（Oxidation Inhibitors or Anti-oxidants）。
2. 防鏽添加劑（Rust Preventives or Anti-rust Additives）。
3. 抗磨耗添加劑（Anti-wear Additives）。
4. 清淨添加劑（Detergents）。
5. 分散添加劑（Dispersants）。
6. 鹼性添加劑（Alkaline Agents）。
7. 抗腐蝕添加劑（Corrosion Inhibitors or Anti-corrosion Additives）。
8. 流動點降低劑（Pour Point Depressant）。
9. 黏度指數改進劑（Viscosity Index Improvers）。
10. 油膩性添加劑（Oiliness Additives）。
11. 極壓性添加劑（Extreme Pressure Additives）。
12. 消泡劑（Anti-foaming Additives）。
13. 黏著添加劑（Tackiness Agents）。
14. 乳化劑（Emulsifiers）。
15. 脂肪油（Fatty Oils）。
16. 增稠劑（Thickening Agents）。
17. 矯臭劑（Odor-control Agents）。
18. 顏色安定劑（Color Stabilizers）。
19. 殺菌消毒劑（Antiseptic Agents）。
20. 固體添加劑（Solid Lubricants or Fillers）。
21. 染料（Dyes）。
22. 消斑劑（Anti-stain Additives）。
23. 消音劑（Anti-chatter or Anti-squawk Agents）。

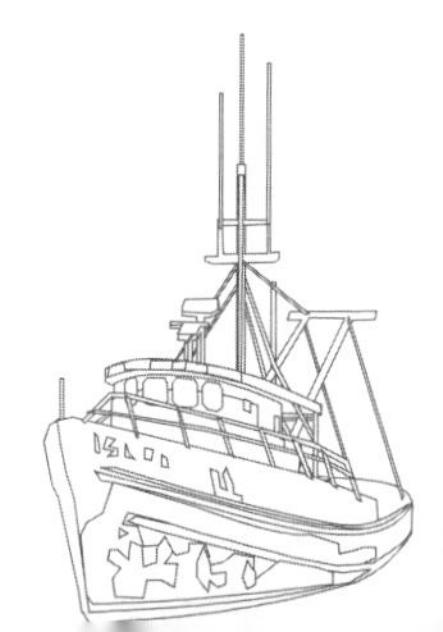

第六節　潤滑油系統

主機之潤滑油系統，依各廠家之設計而有不同，但大致流程相同，如圖8-5所示。除了氣缸外，系統潤滑油（System Oil）供應主機各運動機件，包括主軸承、推力軸承、曲柄軸、十字頭、活塞（油冷卻者）、凸輪軸及各齒輪等，以及機器之控制系統。

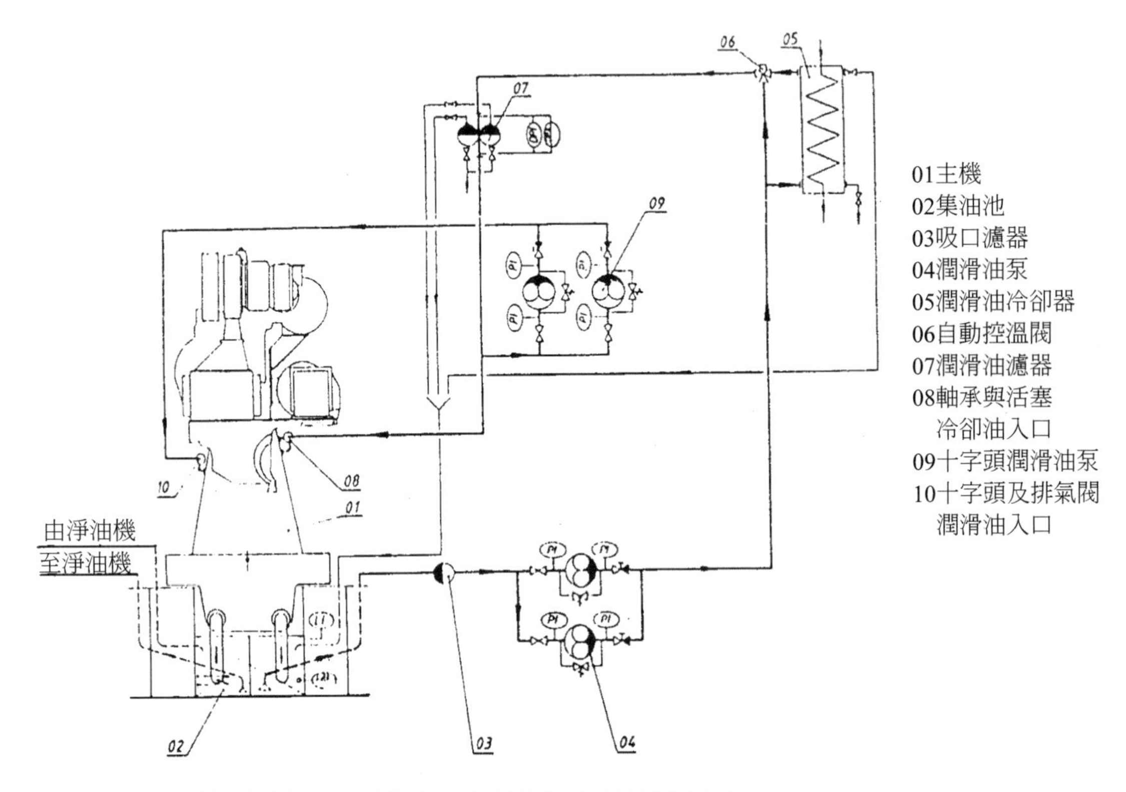

[註]：(1)04潤滑油泵與09十字頭潤滑油泵須連結使用，不能單獨使用。

(2)活塞如為水冷卻者，08直接連接軸承潤滑油系統。

圖8-5　柴油主機潤滑油系統（RTA 48, RTA38）

潤滑油之正常使用壓力約為1.5～2.5kg/cm^2，自行停俥壓力為0.8～1.1kg/cm^2（約27秒停止），視各主機設計而異，潤滑油之正常進口溫度為40～50℃，軸承進出口溫差以不超過10℃（最高限制70℃）為宜。渦輪增壓機油壓為1.5～2.3kg/cm^2，緊急停俥壓力1.2kg/cm^2，依機型而有差異，軸承進口溫度35～50℃，出口溫度75℃以內，警報設定80℃。十字頭軸承油壓，經每個十字頭附加搖桿式往復柱塞泵予以增壓，其出口油量隨俥速而增加，壓力很高，每次噴油時期約在活塞下死點前45°至90°左右。

對於潤滑油系統之管理，應注意以下各點：

1. 潤滑油冷卻器內的冷卻海水壓力，通常須較潤滑油壓力為低，以免因冷卻管漏洩時，海水進入潤滑油系統。為檢視海水內有無潤滑油漏入，可開冷卻器上部的空氣旋塞以視之。並應經常開啟此旋塞以放出空氣，對潤滑油冷卻效果有益處。
2. 系統中之過濾器，因潤滑油中污物附著，而增加其進出口壓力差。故運轉時，應經常注意其壓力差，若壓差超過其限定值時（一般濾孔之孔徑在0.1～0.2m/m時，壓差約為0.3kg/cm^2）即表示有過多污物堵塞，應拆開清洗。過濾器清洗時應注意防範空氣進入，以免失壓而停俥，故清洗後須放出濾油器內部所有空氣以備用。
3. 在主機之集油池（Sump Tank）內，潤滑油泵吸入管位置約離池底10cm～20cm，故每隔半年（指筒型活塞機器，十字頭活塞機器約每隔一年）須設法清潔其內部，以免污泥堵塞吸口，造成失壓或污泥被吸入系統。另在清潔油池時，須將全部潤滑油駁出，並更換新油，務必注意除去系統中之空氣，最好使系統預行循環數小時，設法除淨系統中之空氣。
4. 潤滑油淨油機應不斷地運轉循環以清淨系統潤滑油，並按照規定之溫度及流量運轉之。
5. 由於柴油機之潤滑油系統無法做到絕對油密，因此，當機器運轉，潤滑油自會消耗的，但在機器運轉時，應注意其消耗量是否正常，以調查統計結果，標準耗油量：小型機器0.3～0.5g/ps・h；筒型活塞機器者，不超過1.2 g/ps・h；十字頭型約不超過0.8 g/ps・h。通常低速大型馬力柴油機每天平均耗油量為8.0～8.5升／氣缸／日，即每天機器約耗油50公升。倘若耗油量超過此數值，則應特別留意潤滑油是否由活塞桿帶入活塞下部空間、燃油凸輪潤滑油的濺洩、渦輪增壓機的油封損害、排氣系統潤滑油等的損失。
6. 主機暖機時，應起動潤滑油泵，使系統潤滑油循環，並保持潤滑油的溫度約30～40℃，通常利用集油池加熱盤管來加溫，但須注意蒸汽壓力不可太大，以免加熱管表面溫度過高而使潤滑油碳化變質。
7. 渦輪增壓機轉速與溫度均高，一般渦輪增壓機採用外置滾珠軸承（Roller Bearing）利用自行給油方式的油泵，噴射冷卻潤滑，無須管路系統。對此種潤滑油系統在運轉時，應經常注意其油位及油溫，並檢查有否產生泡沫現象，按規定時間更換潤滑油。又有採內置平軸承者，必須採用外部潤滑油系統；有採用獨立系統的，亦有與主機潤滑油系統結合的。從潤滑油的清淨及運用效果來講，以獨立式為優；從經濟觀點來看，聯合式省錢，但故障較多。對於外部潤滑油系統，應隨時注意重力油櫃之油位，並按規定清潔系統中之過濾器。

8. 潤滑油經使用約三個月後，須取油樣送油公司化驗，檢送之油樣約需一公升，予以密封並貼上標籤，寫明船名、公司名稱、地址、取樣日期及來源、機器馬力、型式、轉數、油料品名規格、使用總時數、使用油壓、油溫及其它所需資料。潤滑油之化驗結果，可了解潤滑油系統維護情況是否正常，以作為改善之依據。

第七節　潤滑油之劣化與再生

一、潤滑油之劣化

（一）潤滑油劣化的原因

潤滑油經過長時間使用，其潤滑性能、冷卻性能均有退化現象，此乃因潤滑油在系統內，經溫度升降的變化，並在大氣內作長期的攪拌後產生劣化作用。通常潤滑油在60℃以上而與空氣和水混合時，酸化和乳化便同時發生，結果產生溶解性和不溶解性油泥；又潤滑油不能避免氧化的發生，特別是經過不同軸承之合金，加速氧化作用之進行。此外，潤滑油因雜物的混入，諸如水分（凝結水、淡水或海水）、燃油、碳渣、氣缸內燃燒生成物，金屬屑或其它油類等，皆是造成潤滑油劣化的主要物質。潤滑油劣化以後，則其化學與物理性質均隨之改變，化學性質以酸化為最重要；物理性質則使潤滑油之表面張力、電氣絕緣、熱傳導性等降低，而破壞原有的潤滑效果，不但對於金屬沒有保護作用，反具有侵蝕性。劣化油呈暗黑色，有刺激味，在曲軸箱內容易產生油泥層。

使用中之潤滑油劣化變質的原因如下：

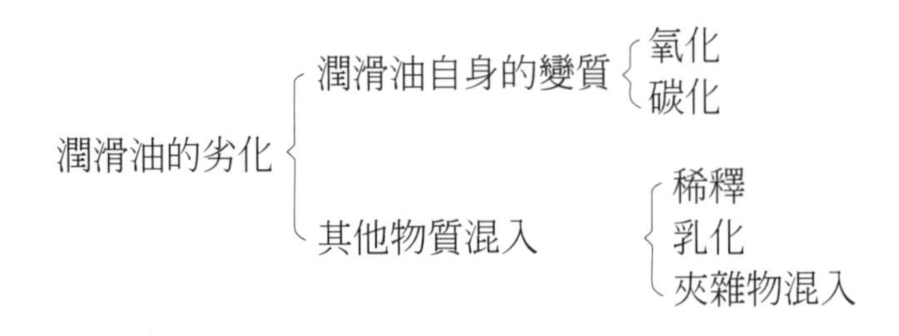

1. **氧化**

(1) 在較低溫下，不論氧化時間長短，氧吸收量微少，幾不成問題，但油溫超過130℃時，將引起急劇的氧化。

(2) 金屬類對潤滑油的氧化有觸媒作用（催化作用），銅、鐵、鉛等活性金屬所致的影響很大。惟用於引擎的潤滑油很少只受單一金屬的觸媒作用，而承受混合觸媒作用，該作用反可收互相抵消之功。

(3) 更換用油時，劣化油殘留循環系統內更換新油，或劣化油與新油混合使用時，劣化油中所含各種不純物引起觸媒作用，油氧化所致的劣化速度增快。因而，更換潤滑油時，將劣化的油殘留在循環系統內反而不經濟，最好將劣化油再生，洗淨後再補給油。新舊油混合使用時，也常縮短使用壽命，原因是混合油會減低安定度。

(4) 潤滑油中含有海水或清水等水分時，宛如添加助氧化之觸媒，會引起急劇氧化。

(5) 潤滑油夾雜雜質及淤渣，助長觸媒作用，並促氧化。

(6) 潤滑油中若含有某程度的硫化合物，可加強氧化防止作用。

2. **碳化**

潤滑油在高溫時，因高溫而乾餾、碳化，發生大量的殘碳，例如柴油機氣缸內之碳渣。

3. **稀釋**

這是在潤滑油中混入燃料油及較多量水分時發生的現象，特別易發生於下列場合：

(1) 所用燃料油品質不良，噴射狀態不良，因而成為不良燃燒，如其一部分漏入潤滑油中時。

(2) 燃料油加熱溫度不適，噴射壓力過低，噴射裝置不良等，致使噴射狀態欠佳而漏入潤滑油中。

(3) 引擎的保養不良，導致燃油或水分混入潤滑油中。

4. **乳化**

潤滑油產生乳化之可能原因：

(1) 與水分接觸時。

(2) 油經相當氧化後。

(3) 油劣化而增加淤渣及成為高黏度後。

(4) 引擎運轉失常，碳化氫變質時。

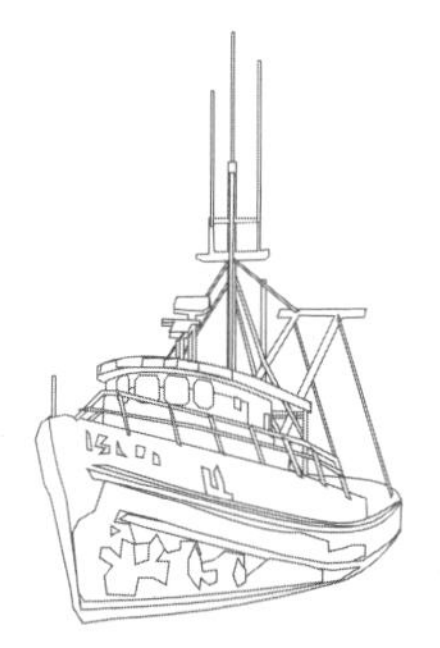

5. **雜質之混入**

混入潤滑油中的雜物有塵埃、鑄物砂、金屬磨耗粉、鏽、塗料片、石棉、破布類等，原因在於引擎保養、處理、管理不當等。

（二）潤滑油的劣化防止法

為防止潤滑油之劣化，延長使用時間，宜注意下列各項：

1. 引擎出口的潤滑油溫度保持在60℃以下，並須提高油壓，增加給油量以增進冷卻效果。
2. 避免混合使用潤滑油。
3. 須立即除去混入之金屬磨耗粉、鏽類，防止觸媒作用。
4. 利用淨油機，分離混入之水分及各種夾雜物。
5. 使用氧化防止劑，清淨分散劑等添加劑。
6. 實施船內或現場再生法。
7. 引擎潤滑油量應保持定量。
8. 致力引擎的保養、管理、防止水分、燃油、燃燒殘渣及各種夾雜物之漏入。

（三）船用主機系統油之使用基準限度如表8-4。

表8-4　主機系統潤滑油使用限制標準

種類／項目	渦輪機油	柴油機油		
		軸承用	系統油	氣缸油
反應	酸性	酸性	酸性	酸性
閃點℃	－	170min	170min	170min
黏度	新油的max ±15%	新油的max ±25%	新油的max ±25%	新油的max ±25%
水分%	0.2max	0.5max	0.5max	0.35max
全酸價KOH mg/g	2.0max	2.5max	2.5max	－
強酸價KOH mg/g	－	1.0max	1.0max	1.0max
全鹼價KOH mg/g	－	－	－	0.5min
殘留碳分%	－	2.5max	2.5max	2.5max
灰分%	0.01max	0.3max	0.3max	
沈澱價	－	－	－	0.3max
稀釋度%	－	5max	5max	5max

二、劣化油的再生

從劣化油分離除去各種夾雜物及變質物而再生的一般方法，有機械方法、物理方法及化學方法三種：

（一）機械方法

此法係用各種機械及裝置除去劣化油中的不潔物，較普遍的是離心式分離機。

用這些機械式劣化油再生時，為了減低油的黏度而提高分離的清淨效果，通常要加熱至60～80℃，處理油中多量淤渣時，可注水使之清淨。

其他的方法是將劣化油加熱而直接過濾，諸如有木炭、棕櫚、砂類過濾的原始方法，以濾紙、濾布及壓濾器等方法。

機械性方法可除去油中較大的粒子——例如鑄物砂、碳化物、淤渣、磨耗粉、鏽及水分、輕質油分。但極難除去可溶於油的變質物質，即不能使劣化油在本質上再生。

（二）物理方法

此法係利用物理現象使劣化油再生，計有以下數種再生方法：

1. 沈澱法：將劣化油集中於油櫃內，加熱至80℃，降低油黏度，使不潔物沈澱。
2. 白土處理法：係用活性白土、酸性白土等，這些白土對水分有吸溼作用，對各種夾雜物有吸著凝集作用，因而白土類使油中的碳化物、塵埃、固形淤渣，各種夾雜物吸著、凝集、沉降而分離，並將油中水分、乳化物、有機酸鹽吸溼、吸著後而除去。
3. 電氣法；此法係在高壓電極間堵棉，使劣化油通過此處，將油中微細固形物、膠體狀分散粒子等吸引至電極而分離。

（三）化學方法

此方法係用適當的裝置處理，可使油在本質上再生，通常有以下兩種方法：

1. 進行酸處理，然後施行鹼中和或白土處理。
2. 僅用鹼液處理。

實際上將劣化油再生時，很少只使用一種方法，組合各種方法處理，才可得到良質的再生油，特別是柴油機系統劣化油的再生處理，須併用硫酸處理、鹼洗淨處理、白土處理、離心分離法及減壓蒸溜法等。

在船上用有限的機械裝置及處理劑的再生法，主要係用離心式分離機，另有利用油櫃之沈澱法，利用溫水或蒸氣的洗淨法，添加鹼溶液而中和酸分等。

第八節　潤滑油管理事項

一、柴油機系統潤滑油之管理及注意事項如下：

（一）系統潤滑油之補給量，以引擎運轉時，集油池內保持六成之油量為準。如油量過多時，容易產生攪拌乳化，因流體摩擦使油溫上升，如油量過少時，容易積存不潔物及產生油泥，提早酸化。

（二）潤滑油應按規定之規格使用，不可任意更換。潤滑油性能各有所別，切忌滲和使用。若兩種不同潤滑油需混合使用時，事先必須了解其基油（Base Oil）一定要相同，並將油加熱，降低黏度而混合，充分攪拌。

（三）由於潤滑油會消耗，須經常補充，而使劣化程度減輕；但是新油和舊油混合使用，會影響新油的壽命。例如90%新油和10%之舊油混合，則新油之壽命將減低至原來的75%。為保持潤滑油系統內之均勻油質，油量之補充，一次以不超過10%為宜，否則，會產生油泥沈澱。

（四）潤滑油與酸素，金屬與異物接觸後，產生觸媒作用，為潤滑油劣化之根源。因此，須嚴格防止水分、金屬屑、塵埃、牛油等侵入潤滑油中，應儘量求其清潔。

（五）潤滑油應避免長時間處於高溫狀態，因高溫會促進氧化，如潤滑油之運轉條件經常在65℃以上，則潤滑油之劣化必然加速。

（六）換新潤滑油時，曲柄室內部、過濾器、細濾器及所有管路內殘留之潤滑油，應儘量清除，以延長新油之壽命。

二、對各種機械設備潤滑，必須注意下列五項重點：

（一）適油：選用適當的油料或潤滑劑。

（二）適時：在適當的時間加油、檢查或換油。

（三）適量：加用適當分量的潤滑劑。

（四）適位：加潤滑劑到需要潤滑的部位。

（五）經濟：潤滑工作必須考慮經濟實用。

習　題

一、硫分在柴油機運轉中如何造成高溫腐蝕試述之。

二、殘留碳（CCR）為何是燃料油燃燒性能之基準？它與燃料油的黏度有何關聯？

三、當主機油門不變之情形下，由A油切換為C重油時，主機轉速為何會上升？試述其原因。

四、詳述船舶加油（Bunkering）時應注意之事項？

五、試述燃料油公證化驗之效力？

六、船舶加油（Bunkering）時，如何採取油樣？試列述其油樣之來源。

七、試列舉潤滑油之功能？

八、如何將潤滑油之油樣送交油商鑑定，化驗內容包括哪些項目？

九、潤滑油之清淨處理方法有幾種？試述之。

十、柴油機之潤滑油系統在管理上應注意哪些事項？試述之。

十一、試詳述潤滑油劣化之原因？

十二、潤滑油產生乳化之可能原因為何？試列述之。

十三、試述潤滑油劣化後之化學處理方法？

十四、簡述柴油機系統潤滑油之管理及注意事項？

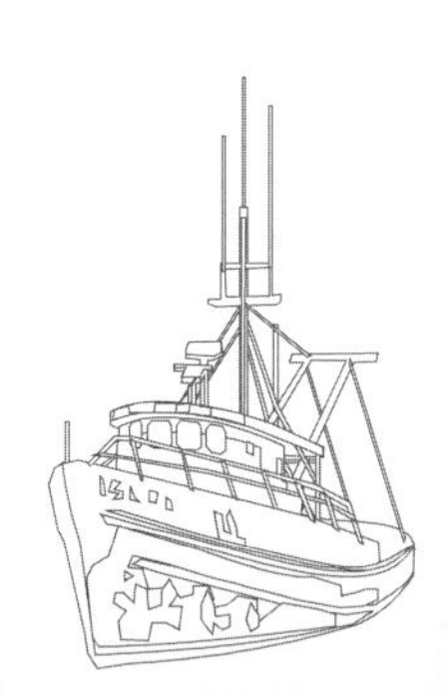

第九章 輪機檢驗與試俥

第一節 概說

當新造船舶接近完工階段前，須實施一系列的檢驗與試俥，以證實與原始設計一致且符合造船契約之要求。為了確保所使用材料的特性、鑄造件的完整以及正確的尺寸等，必須作材料實驗，以判定品質之可靠性。廠試（Shop Tests）與安裝試驗分別須在製造工廠於組合完成後實施。當船上的機器與裝備裝妥後，又須於塢邊進行船上試俥。這些檢驗與試俥的目的，均在證明裝配的正確性如何，同時也可證實所採用的控制與安全裝備均已經過適當的調整，且都能發揮正常的功能。

當船舶完工前之各項試驗完成後，須進行繫泊試俥，檢查推進裝置與各種輔機的工況是否正常，以作為出海公試前之準備。海上公試主要係補充港試未完成的部分，以顯示船舶的各種主要性能。海上公試分主機試俥與操船性能試驗二大類。

本章針對造新船時之各項輪機檢驗，如一般之材料試驗，主、副機廠試、船試以及海上公試等概述之。至於詳細之規定，應參閱各船級協會之鋼船建造規範。關於現成船之各種檢驗，將於第十章船舶檢驗說明之。

第二節 柴油主機測試與海上公試

船舶監造人員應按時參加各項試驗與試航等工作。船舶柴油機從製造到裝船使用，需經過5個階段的試驗，即重要部件的材料試驗、構件檢驗、出廠試驗、繫泊試驗和海上公試。

一、材料試驗

重要部件的材料必須進行材料成分的分析和機械性能的試驗，以保證工作的可靠性。以柴油機為例，需要進行材料試驗的重要部件有：(1)氣缸蓋(2)機座(3)氣缸套(4)主軸承橫梁(5)曲拐軸(6)活塞頂(7)活塞桿(8)連桿(9)十字頭(10)連桿螺栓(11)凸輪(12)高壓燃油管(13)渦輪葉片(14)渦輪轉子(15)起動空氣管。

二、構件檢驗

重要構件在裝配之後，應根據其工作條件進行水壓試驗、表面檢查、平台修正等。需要檢查的部件有：(1)機座水壓試驗、(2)活塞水壓試驗、(3)氣缸套水壓試驗、(4)噴油器冷卻水側壓力試驗、(5)氣缸安全閥壓力試驗、(6)示功閥壓力試驗、(7)曲拐軸檢驗、(8)軸拐軸中線測量、(9)十字頭導板間隙測量、(10)增壓機轉子動平衡、(11)燃油泵試驗和調整。

三、廠試

（一）試俥前的準備工作

1. 對柴油機的燃油、潤滑油和冷卻水系統的管系進行清洗，各系統測試。
2. 低速運轉2小時，檢驗柴油機各運轉部件的機件是否正常。

（二）性能試驗

1. 起動試驗：正倒俥連續交替起動各6次，記錄空氣瓶每次起動的空氣壓力數值，檢驗柴油機的起動是否迅速、靈活和可靠。
2. 倒俥試驗：柴油機在最低穩定轉速下進行倒俥試驗，從倒俥操縱開始到柴油機已在相反方向工作，開始供燃油為止，其倒俥反應時間應不超過15秒。
3. 最低穩定轉速試驗：柴油機稍帶負荷緩慢降低轉速，測定柴油機最低穩定工作轉速，運轉15分鐘，記錄最低穩定工作轉速。
4. 超速試驗：柴油機空負荷或帶一定負荷（為使轉速穩定）緩慢增加轉速，測定超速限制裝置起作用切斷燃油供給，而使柴油機停俥時的轉速，該轉速不應超過額定轉速的115%。
5. 低壓安全切斷裝置試驗：柴油機以最低穩定轉速運轉，分別逐漸調低氣缸冷卻水、活塞冷却水、主軸承潤滑油的壓力，記錄低壓安全切斷裝置切斷燃油供給時的壓力。
6. 進行特性試驗：柴油機按25%、50%、75%、90%、100%、110%負荷進行特性試驗每百分比負荷各進行運轉1小時，其中110%負荷運轉時間為0.5小時，100%負荷進行運轉時間為4小時，記錄其主要參數，並測示功圖，繪製運轉特性主要參數的曲線。標定功率運轉特性試驗是連續性的，如在特性試驗過程中，柴油機發生失靈須停俥修理時，則標定功率特性試驗應按驗船規範重新試驗。標定功率是在標準環境狀況下，在額定轉速（標定轉速）下所規定的有效功率，一般用途柴油機的標準環境狀況下，其大氣壓力為P_0 = 0.1MPa，相對濕度 ϕ_0 = 30%，環境溫度 T_0 = 298°K或25℃，其中冷卻器冷卻介質進口溫度 T=298°K或25℃。船用柴油機應按國際船級協會的規定，即P_x = 0.1 MPa，ϕ_x = 60% T_x318°K或45℃，Tcx = 305°K或32℃。

7. 調速器性能試驗：柴油機功率100%負荷突降至0%負荷，記錄柴油機轉速變化，最高轉速不應超過額定轉速的115%。
8. 停增壓機試驗：將其中一台增壓機以盲板封死後，柴油機從低負荷起，按推進特性漸漸增加負荷，以柴油機的排氣溫度和爆發壓力均不超過正常規定數值為限，記錄工作參數和輸出最大功率值，並持續運轉15分鐘。
9. 減缸試驗：任選一缸停止工作，柴油機從低負荷起，按推進特性漸漸增加負荷，以柴油機的排氣溫度和爆發壓力均不超過正常規定數值為限，緩慢增加負荷時不能有劇烈振動，記錄工作參數和輸出最大功率值。
10. 倒俥試驗：柴油機在空負荷的情形下，倒俥轉速為額定轉速的70%左右，並運轉30分鐘。

（三）試驗後的拆檢

試驗結束後，任選一缸拆卸進行檢查，並記錄情況。

（四）試俥之注意事項

1. 測試每種負荷時，轉速應保持穩定。
2. 機器運轉溫度穩定後，始可開始測量工作。
3. 試俥前，應徹底清潔機器及管路，確保試俥進行時，無故障發生。
4. 潤滑油、燃油及冷卻水之溫度與壓力應盡量調整與說明書所註者相同。
5. 軸承溫度若直接測量，則應在最大連續負荷或過負荷試驗之後測量之。結果之顯示，不應有不正常之情況，記錄應記載之。
6. 若潤滑油及燃油之過濾器為轉換型式者，試俥進行中，應作轉換試驗。
7. 若機器自高負荷突然停俥時，應有適當之措施以防機器溫度升高。
8. 若試俥進行中發生中斷，有關單位應予協議如何繼續進行試俥。

四、繫泊試驗

船舶在建造完成或修理結束後，為了確保船舶具備出海試驗的條件，對船舶動力裝置在驗船師監督下進行一次安裝及功能的試驗。如在繫泊試驗過程中發現有不正常現象，應由船廠重新修復後再作繫泊試驗。

（一）主機起動試驗：對修理的船舶主機連續起動3次；對新建造的船舶主機，利用起動空氣瓶的容積，在一次充滿空氣後要能連續起動12次。

（二）主機正倒俥試驗：連續換向4次，包括遙控操縱主機在內。

（三）主機負載試驗：〔大於2205kW(3000PS)〕繫泊試驗的最高轉速為額定轉速的80～85%。如果螺槳露出水面而影響主機功率時，應盡可能壓載或適當增加試驗所用的轉速。試驗要求如下：

正俥50%，連續運轉0.5小時；

正俥70%，連續運轉1小時；

正俥80%～85%，連續運轉2小時；

正俥70%～85%，連續運轉0.5小時；

在各種轉速下要測取主機各種參數。

五、海上公試

繫泊試驗合格後才能允許進行海上公試，海上公試是為了進一步保證船舶動力裝置各系統的安裝品質，及運轉的穩定性和可靠性，測試有效功率及經濟性能等，驗證各項試驗結果的性能是否符合規範要求，以保證船舶航行安全。

（一）主機的試驗

1. 扭轉振動試驗，測量主機的扭轉振動臨界轉速。
2. 進行特性試驗：（大於2205kW）

   正俥80%，連續運轉0.5小時；

   正俥90%，連續運轉1小時；

   正俥100%，連續運轉4小時；

   正俥103%，連續運轉0.25小時；

   倒俥80%～85%，連續運轉0.25小時。

   各種轉速下所測取的參數要均勻，即：

   各缸壓縮壓力的差值不超過±2.5%；

   各缸爆炸壓力的差值不超過±4%；

   各缸排氣溫度的差值不超過±5%；

   各缸指示功率的差值不超過±2.5%。
3. 最低穩定轉速試驗。

4. 緊急倒俥試驗：從全速前進到緊急停俥，到緊急最大倒俥轉速。
5. 航速試驗。
6. 調速試驗。
7. 減缸試驗。
8. 減增壓器試驗。

（二）**其他試驗**

1. 錨機試驗。
2. 舵機試驗。
3. 起貨機試驗。
4. 鍋爐蒸汽量測定及安全閥試驗。
5. 泵的自動交換試驗。
6. 機艙無人化船舶的海上試驗。
7. 有關海上試驗期間進行特殊的運轉試驗要點如下：
   (1) 駕駛室操俥，在可能的所有功率範圍內進行正俥及倒俥運轉試驗，同時還要進行正倒俥試驗和應急停俥試驗。
   (2) 在主機正俥及倒俥中進行操縱部位的切換以及在所有操縱進行運轉試驗。
   (3) 在駕駛室操縱時，主要泵的自動起動試驗，以及限於自動起動功能狀態下進行停止試驗（檢驗警報及安全裝置）。
   (4) 一台常用發電裝置處於斷電狀態時，確認緊急發電機能自動起動，備用機組按指定順序起動。兩台常用發電裝置有一台停止，確認能選擇切斷及備用機組自動運轉，而且，這些試驗要在正常航行下進行。
   (5) 各機器都試驗完成後，應在與正常海上航行相同的狀態下進行6小時連續的無人機艙運轉。

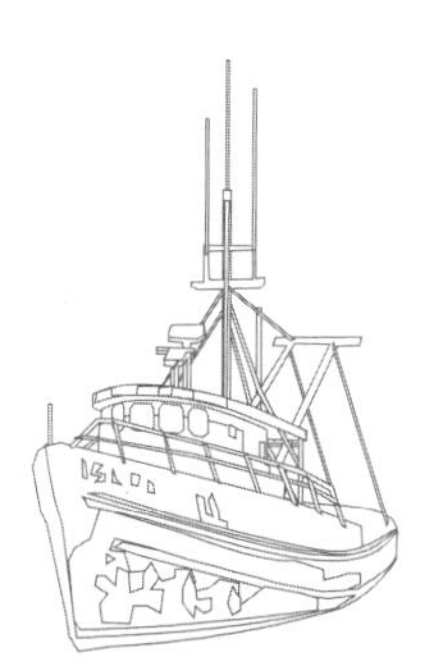

第三節　錨機檢驗

一、廠試

（一）耐壓試驗

1. 液壓式錨機泵及動力機1.5W或W+70kg/cm^2（以其低值為準）。
2. 蒸汽往復式內燃機或錨機引擎均應按驗船規範標準測試之。

（二）如屬可行，需在兩倍於其額定速度下，作連續運轉30分鐘，並作煞俥及離合器之操作試驗。

（三）開放檢查。

二、船上試驗

（一）下錨試驗：該處海水深度不得低於30公尺，但亦不需超過70公尺。測試煞俥效能。

（二）起錨能力（Lifting Power）試驗：一般之起錨能力應能揚起錨重之5倍、4.5倍或4倍之重量，倍數之遞減係依錨鍊材料為普通強度鋼、高強度鋼或超高強度鋼等而定，在提起上述重量時之平均速度應為每分鐘9公尺，獨立起錨機所需之起錨力量，可按上列70%計算，如錨鍊筒（Hawse Pipe）上端製有錨鍊滾筒（Anchor Chain Roller）者，則其所需之起錨力量，可減少5%。

第四節　操舵裝置（Steering Gear）檢驗

一、廠試

（一）液壓式舵機之泵本體及氣缸應作耐壓試驗：1.5W或W+70kg/cm^2（以其低值為準）。

（二）運轉及安全裝置試驗。

1. 舵角使用範圍多為自一舷35°至他舷35°，但設計時留有裕度則以37°×2為基準。
2. 在操作桿上有限制梢（Stopper）限制，在此情形只須暫時移限制梢，利用人工操舵推向另一端之終點後，便會使安全閥作用而跳開（如迴轉式等）。

3. 沒有上述之限制梢者，可利用油壓作用之。如撞擊式（Ramtype），將舵置於中央位置，則將不試之各缸停止閥關閉，將油壓作用於測試之液壓缸，則安全閥因而跳開。
4. 人工操舵係利用輪值手輪（Trick Wheel）直接來控制油壓泵之控制桿，同時將遙控馬達（Telemotor）的連接桿拆開，換用數個插梢。
5. 安全閥跳開之壓力，為最大工作壓力加5%。

二、船上試驗

（一）操舵試驗：於船舶最高航速前進時，需能轉動舵位自其一舷35°至他舷35°。所需操作時間，自一舷35°至他舷30°，不得超過28秒鐘。

（二）人工操舵試驗：於船速減半或7浬，以較高者為準，自一舷15°至另一舷15°不超過60秒。

第五節　主軸系及螺槳之檢驗

一、主軸系及螺槳之廠試

（一）艉軸管（Stern-tube）需施行水壓試驗，壓力為2kg/cm^2。

（二）軸及軸系附件需作材料試驗，收縮配裝及完工檢驗。

（三）艉軸及螺槳，需作裝配檢查。

（四）螺槳需作完工檢查，核對尺寸及作靜態平衡（Static Balancing）。

（五）螺槳帽蓋經加工後，需按2kg/cm^{2}之壓力作液壓試驗。

（六）如為可控距螺槳系統，則需作壓力試驗、油密試驗及操作試驗。

二、主軸系及螺槳之船上試驗

（一）艉軸如係採油封壓蓋（Oil Sealing Gland），則在船上裝妥後，需作油壓試驗，以證實其緊密不漏。

（二）艉軸及螺槳安裝時，應作裝配（Assembling）檢查。

（三）軸系需作中線校正檢查。

（四）聯軸節螺栓需作拂緊（Fitness）檢查。

（五）施行扭矩圖試驗（Torsiongraph Test）*。

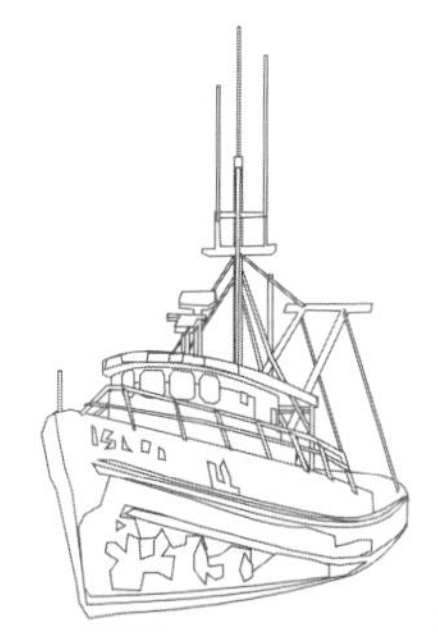

1. 應於試航時，施行該試驗。
2. 藉扭力振動計算推定使用之禁制轉速範圍（Barred Range）。

[註]：原動機連接發動機或主要輔機者，應於廠試時，施行本試驗。

習　題

一、船舶柴油機從製造到裝船使用，需經哪些階段的試驗？
二、船舶柴油主機進行廠試之性能試驗有哪些項目？試列舉之。
三、船舶柴油主機進行廠試時，應注意哪些事項？
四、何謂繫泊試驗？應測試哪些項目。
五、試列舉柴油主機海上公試之試驗項目。
六、詳述操舵裝置於船上試驗之有關規定？
七、試述主軸系及螺槳廠試之各項規定？

第十章 船舶檢驗與監造

第一節 概說

船舶之檢驗，包括船級與法令規定之檢驗。船級檢驗係針對船舶保險之需要，屬船舶所有人與保險公司間之商業行為，而法令規定之檢驗，係屬強制性之檢驗，由船籍國政府，或其授權之驗船協會執行，或兩者劃分項目共同執行，船級與法令規定之檢驗，兩者之間，項目多有重複，需要相互配合並劃分檢驗權責機構，使檢驗不致重複。

船舶之船體及機器（例如主輔機、鍋爐、主要設備、泵、管路布置及電器設備），必須符合建造與入級規範之規定，方能取得船級。

對規範內未包括之事項，如穩定度、俯仰差、船體之震動或其他技術上之特性，驗船機構不負任何責任，對規範內未包括之有關客貨船、國內或國際安全規章或其他規定，該機構將提供意見協助。

近年來，造船技術不斷的改進，海洋環境不斷的改變，各海事國為保障海上財產與人命安全，以及維護海洋環境，先後通過並接受各種國際公約，使船舶構造及設備愈趨精密複雜。為使船舶檢驗專業化，各國相繼成立本國之驗船機構，由於各國國情與工業標準不同，所訂船級規範亦不盡相同。如何達成統一，有待國際驗船協會之協調與努力。

第二節 驗船機構

一、驗船協會之緣起

近百年來由於造船工藝與航海技術之演進，使海難事故有遞減趨勢，然而常年航行於海上之船舶，往往因缺乏保障，損毀於航行途中者，為數頗為可觀。此種損失， 牽連船東、貨主、買主、船員及旅客。於是有人發起類似互助金的辦法，以平時極少的負擔，積成鉅額的保險資金。使被保險之船舶，一旦遭遇海難蒙受損失時，可獲得賠償，俾使少數航商不致獨自承擔風險而危害海運事業的發展。此種保險事業，發展迄今，不但成為海運事業根深蒂固之基礎，而且使海上保險作業更趨完善。

在十八世紀中葉，歐洲貿易商及海運業，鑑於國際海運的日趨頻繁，都已感覺對船舶的結構及設備，應訂有客觀之檢驗標準，於是，在1760年，英國成立了勞氏驗船協會（Lloyd's Register of Shipping）。這就是世界上第一個驗船協會的組織。其英文原名一直沿用到至今，中文現譯為勞氏驗船協會，有時稱之為英國驗船協會。當初成立之主要目的為決定船舶結構及設備之等級（Class），提供資料給海運業界，故以船級協會（Classification Society）稱之。但隨時間與海運環境之改變，目前已肩負起船舶與海上人命安全之檢驗工作，故又稱驗船協會。

二、國際驗船協會（International Association of Classification Societies, IACS）

（一）緣起

各驗船協會成立之初，對於辦理船舶檢驗工作，均自行訂定檢驗標準。彼此間之標準，各不相同，更無關聯可言。及至海運事業逐漸發達之後，海難事件層出不窮。世界各海事國為求海上人命安全、財產之保障及海洋環境之維護起見，遂召開國際會議，統一制訂海事安全法規，如最早之1914年海上人命安全國際公約。後因第一次世界大戰爆發，惜未付諸實施。但自此以後，海事安全法規，開始走向統一之路。於是各國驗船協會為求對海事法規之解釋及作法統一起見，需要彼此相互磋商，遂有國際驗船協會之成立。該協會成立之歷史，可回溯到1930年國際載重線公約，由該公約第九條，建議各海事國政府認可之驗船協會，彼此之間，應經常商議並盡量對船舶強度之適用標準，作統一之規定。1939年，義大利驗船協會於羅馬首次召集各驗船協會代表開會。參加代表計有美國、法國、挪威、德國、英國及日本驗船協會，會議之結論，同意各驗船協會間，須更進一步合作與技術交流。1968年9月11日在奧斯陸由挪威驗船協會主持，是次會議，決議正式成立「國際驗船協會」。基於國際驗船協會與國際海事組織（International Maritime Organization, IMO）相互間有重要關係，為求對國際海事組織有進一步之貢獻，於1976年指派一永久代表駐於該海事組織。並與其他國際組織如國際標準化組織（International Standardization Organization, ISO）、船舶保險業、造船業、船東、大石油公司等保持密切關係。

（二）主要任務

1. 促進船舶海上安全標準之改進及統一。

2. 與相關之國際組織及海事組織相互諮商及合作。
3. 與世界海運產業保持密切合作，訂定統一船舶技術標準。

（三）工作內容

目前國際驗船協會設有永久性小組及特別小組專案負責：
1. 致力驗船協會會員間規範（Rules）及法規（Regulation）之統一。
2. 對海事組織國際公約、決議案、章程等，作統一的解釋。
3. 從事專題研究，將結果提出報告並建議因應之道。

三、驗船協會的任務

驗船協會是一個非營利事業機構，網羅專門技術人才，從事維持船舶航行安全的技術專業服務工作。使船舶保險公司對船舶構造安全有關技術性的問題，憑藉驗船協會專門人員之檢驗報告而予信賴、認可。不必再自行浪費人力、物力、重新審核船舶結構上之安全，即可進行保險公司之保險作業。

由於時代的演進，無論在造船理論及技術上，都在不斷的求進步，因此船舶結構也隨著時代在演進。例如，船舶由小型逐漸演變成大型，材料由木材進而改良為金屬材料，船殼外板由軟剛材質改進為高張力鋼；在結構方法上，由鉚釘改為電焊；推進系統由風力進步為機器動力；機器動力由蒸氣機演變為內燃機、燃氣渦輪機，甚至核子動力堆進器等等。科學愈進步，就愈需要專業人才，同時也更需要各技術團體組織的合作，才能從事驗船協會專業化的工作，以達成保障船舶航行安全的目的。故驗船協會在海運事業上扮演著重要之角色，其主要任務如圖10-1，並說明如下：

（一）制訂鋼船構造規範並簽發船級證書

驗船協會最主要的任務在於辦理船舶入級檢驗。要辦理入級檢驗就必須制訂鋼船構造規範，凡船舶依船級規範入級檢驗合格後，取得船級證書，船東據此向保險公司投保時，可獲較低之保險費率。

（二）接受本國或他國政府委託，執行船舶國際公約之檢驗並簽發國際公約規定之證書。

（三）提供海事法規問題之研究及技術諮詢服務工作

海運事業之發展必須配合有關國際海事公約之實施，因此對於海事法規及技

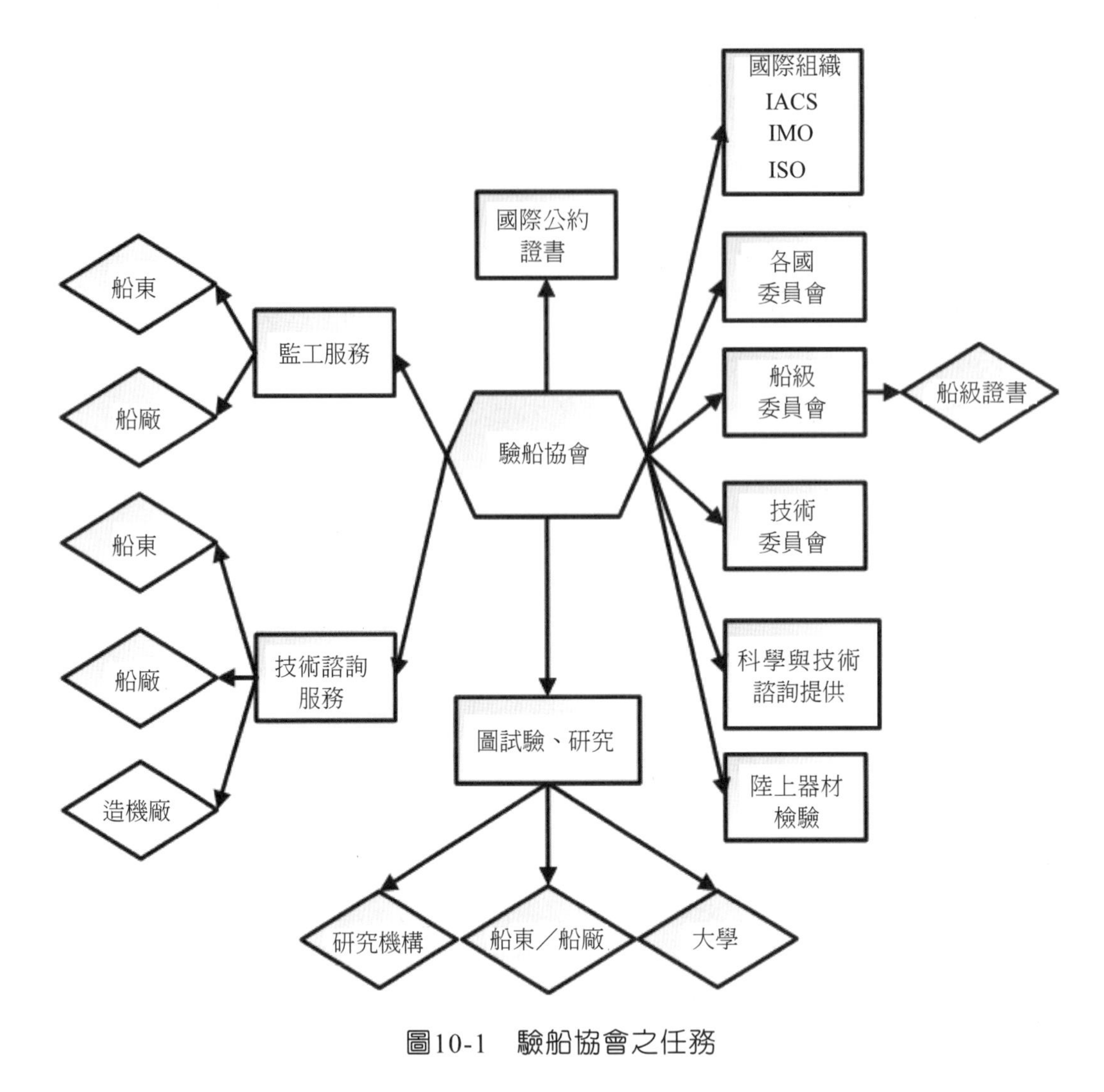

圖10-1　驗船協會之任務

術性法規之制訂，驗船協會可提供專題研究，以供政府制訂之參考。

（四）提供有關造船技術之規劃、審核與諮詢

船東對於新造船舶或改裝船舶時，由於人手不足，常委託驗船協會代表作造船技術之協助、圖樣審核與諮詢工作，並配合政府政策，協助辦理船舶汰舊更新計畫，提供各項技術服務，並參與國內造船技術之研討，使海運事業有整體性之發展。

（五）與國際組織保持密切關係，相互諮商。如與各國驗船協會，互相委託船舶檢驗工作，使檢驗技術相互交流，提升造船及驗船技術，以利海運之發展。

（六）提供船舶科技資訊，發行技術通報、參考書及舉辦學術研討會。

（七）與研究機構、船廠、學校作理論及試驗研究。

表10-1　各國驗船協會之名稱及成立時間

成立時間	國名	驗船協會名稱	簡稱
1760	英國	Lloyd`s Register of Shipping	LR
1828	法國	Bureau Veritas	BV
1861	義大利	Registro Italiano Navale	RINA
1862	美國	American Bureau of Shipping	ABS
1864	挪威	Det Norske Veritas	DNV
1867	德國	Germanischer Lloyd	GL
1899	日本	Nippon Kaiji Kyokai	NK
1919	希臘	Hellenic Register of Shipping	HRS
1932	蘇聯	USSR Register of Shipping	USRS
1946	波蘭	Polski Rejester Statkow	PR
1949	南斯拉夫	Jugoslavenski Registra Brodova	JR
1950	東德	DDR-Schiffs-Revision Und-Klassifikation	DSRK
1951	中華民國	China Corporation Register of Shipping（中國驗船中心）	CR
1952	保加利亞	Bulgaski Koraban Register	BK
1956	中國大陸	Registeroof Shipping of the People`s Republic of China	CCS
1958	捷克	Czechoslovak Register of Shipping	CS
1960	韓國	Korean Register of Shipping	KR
1964	印尼	PT.(persero) Klasifikasi Indonesia	KI
1966	羅馬尼亞	Registral Naval Roman	INR
1967	巴西	Bureau Securitas	BS
1973	伊朗	Radah Bandi Company	RS
1973	墨西哥	Sociedad de Registroy y Clasification Mexicana	MR
1975	印度	Indian Register of Shipping	IRS
1977	西班牙	FIDENAVIS	

附註：英國在1880年另有英國驗船協會（British Corporation Register of Shipping, BC）之成立，當初成立之目的在防止LR之獨佔，經過58年競爭的結果，無法繼續維持，在1948年併入LR。

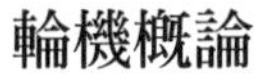

第三節　造新船之入級檢驗

船東在建造新船前，均與造船廠簽訂造船合約並附詳細建造規範（Specification）。規範內詳細載明新船須取得指定驗船協會之船級證書（Classification certificate）。造船廠即依合約之規定，向指定之驗船協會提出申請。並將建造之主要船圖及資料，提送驗船協會審查。驗船協會即依其制訂之鋼船構造規範，審查所送船圖及資料，經審查通過後，將該船圖及資料退回船廠，同時將船圖及資料送交現場（駐廠）驗船師，以便現場驗船師依圖監造。船廠在收到認可之船圖及資料後，即可開始建造。在建造時，舉凡新船所使用之材料、機器及設備等，均應於安裝前，經驗船師至製造廠檢驗合格，並於船舶建造階段中，再按進度依序逐步檢驗，直至全部安裝竣工。新船竣工後，即安排海上正式試俥（Official sea trial）以測試船舶之性能及安全。在經驗船協會驗船師證明該船之性能可達鋼船構造規範時，該船即完成建造中之入級檢驗。一艘新船之建造，由造船廠之圖樣設計開始，經驗船協會之圖樣審查，現場驗船師對材料、機器及設備等在安裝前之檢驗及船舶建造過程逐步查驗，直至安裝完工並試俥，需要經過相當長的時間，始能順利完成。有關新船建造之流程圖如圖10-2，茲將主要過程內容列述如下：

一、主要圖樣或資料送審內容

（一）船體

1. 一般布置圖。
2. 船舯斷面圖。
3. 縱剖面結構及甲板圖。
4. 外板展開圖。
5. 容積圖。
6. 泵及管路圖。
7. 單層底及雙層底圖。
8. 水密或油密艙壁圖。
9. 軸道圖。
10. 機艙圍蔽圖。
11. 船體縱向強度計算。

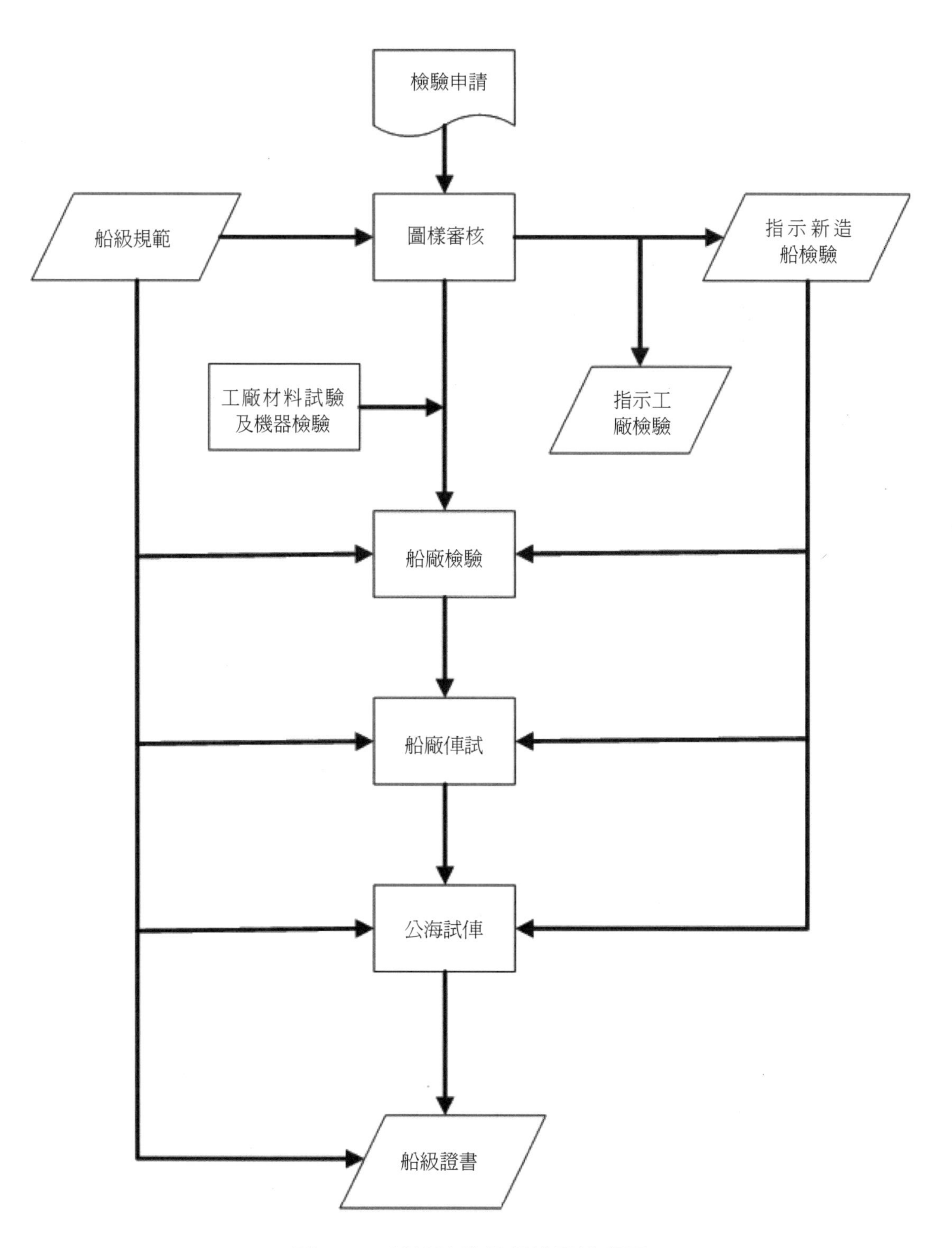

圖10-2　新船建造船級檢驗流程圖

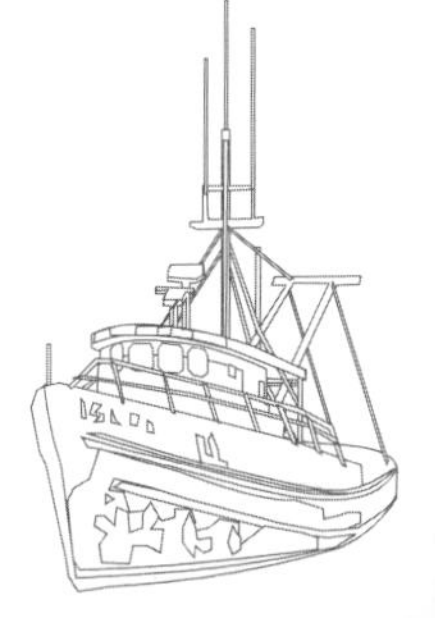

12.船艛、甲板室圖。
13.其他。

（二）**輪機**

1. 機艙布置圖。
2. 主、輔機圖及資料。
3. 主軸系及推進器。
4. 軸系扭轉振動資料。
5. 鍋爐及壓力容器圖。
6. 機艙管路圖。
7. 舵機圖。
8. 自動及遙控圖。
9. 備品表。

（三）**電機**

1. 電機及設備資料。
2. 電力負荷分析表。
3. 短路電流計算書。
4. 電機設備線路與布置圖。
5. 主電路布置圖。
6. 機艙、甲板測試及控制系統圖。
7. 主、輔機控制系統圖。
8. 主配電盤、緊急配電盤、發電機、電動機及其控制器圖。
9. 備品表。

二、建造前造船廠以外之檢驗

造船廠與船東簽訂合約後，在購買材料、屬具、機器及設備而與供應廠商簽訂購買合約時，必須指明須經其船級協會檢驗合格，並持有合格證書。供應廠商在生產製造材料、屬具、機器及設備時，即將各別向船級協會申請製造中及/或製造完成之檢驗。合格後，船級協會即打鋼印（Stamp）作標記（Mark），並簽發證書給製造廠。製造廠連同材料、屬具、機器及設備等，向造船廠交貨。如此，則新船建造所需材料、屬具、機器及設備等，均符合驗船協會之規定。茲將檢驗之主要項目，逐項列舉如次：

（一）**船體及材料**

1. 船體、屬具、機器、鍋爐、壓力容器及管路使用之材料。如軋鋼（Rolled Steels）包括鋼板、形鋼、鋼條等，鋼管（Steel Pipes and Tubes）、鑄鋼（Steel Castings）、鑄鐵（Iron Castings）、鍛鋼（Steel Forgings）、不銹鋼（Stainless Steels）、非鐵金屬（Non-ferrous Materials）包括銅、銅合金、鋁合金等。
2. 船體結構使用之銲條（Welding Electrodes）及銲線。
3. 電銲工資格檢定及管理。
4. 錨（Anchor）及錨鍊（Anchor Chain）。
5. 鋼索（Steel Wire Ropes）及繩索（Manila Rope and Synthetic Fibre Ropes）。
6. 艙口帆布蓋（Hatch Tarpaulins）。
7. 舷窗（Side Scuttle）。
8. 其它。

（二）**機器與軸系**（Machinery and Shafting）

1. 蒸汽與燃汽渦輪機（Steam and Gas Turbines）。
2. 內燃機（Internal Combustion Engines）。
3. 往復式壓縮機（Reciprocating Compressors）
4. 甲板機械（Deck Machinery）：如舵機（Steering Gear）、錨機（Windlass）、繫纜機等。
5. 重要輔機（Essential Auxiliary）：如泵、油水分離機（Oil Purifier）、通風機（Fan）、艏推進器等。
6. 機器及鍋爐控制設備（Machinery and Boiler Control Equipment）。
7. 主軸系（Main Shafting）。
8. 齒輪及聯結器（Gearing and Coupling）。
9. 推進器（Propellers）。
10. 鍋爐及壓力容器（Boiler and Pressure Vessel）。
11. 機器備品（Spare Parts for Machinery）。

（三）**電機設備**（Electrical Installation）

1. 發電機（Generator）。

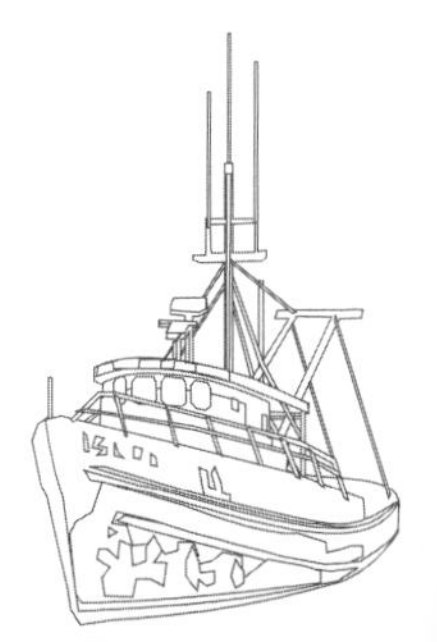

2. 電動機及其控制器（Motor and Motor Controller）。
3. 主配電盤及緊急配電盤（Main Switchboard and Emergency Switch- board）。
4. 蓄電池（Battery）。
5. 變壓器（Transformer）。
6. 電纜（Cable）。

第四節　現成船入級檢驗

現成船入級檢驗，俗稱舊船入級檢驗，視各船具有船級情況之不同，而入級檢驗之內容亦不相同。茲按下述三種情況，分別說明：

一、具有效船級之現成船，轉換其他驗船協會之入級檢驗

船舶因買賣而改懸國旗或船東為船舶營運利益，或為配合船舶國際公約之檢驗，使檢驗一元化，或為安排船級檢驗方便起見，船東欲更換原有船級時，可向欲入級之驗船協會，以書面連同主要圖樣及資料，申請入級檢驗。驗船協會於接到入級檢驗申請書、資料及圖樣後，在經審查該船過去船級檢驗均依規定實施，同時船舶之狀況及性能經確認良好時，一般均接受或承認原船級協會之檢驗而准其入級。

二、再入級檢驗

持有效船級之現成船，因未按期接受驗船協會規定之檢驗，而被驗船協會撤銷船級或船舶因虧損無法營運而停航，致使檢驗過期船級失效時，船東如因營運需要，欲再恢復原來船級時，必須以書面向原驗船協會申請再入級檢驗。原驗船協會可實際斟酌船齡、船舶狀況及船級中斷期間，而定再入級檢驗之範圍。一般船級如失效超過六個月以上時，船舶將按驗船協會規定之特別檢驗內容，作再入級檢驗並經現場驗船師檢驗合格後，始准入級。

三、原無船級之現成船入級檢驗

部分船舶在建造時，未申請驗船協會之檢驗，僅依政府法令建造，此種船舶一般屬沿海航行，若船東欲由沿海航行改為遠洋航行或保險公司要求船舶需要入

級時，船東將向船級協會申請入級檢驗。申請時，應以書面申請，並將主要圖樣、資料及政府檢查之紀錄或報告送審。經審查通過後，再派驗船師登輪作全盤之檢驗，經檢驗合格後，始准入級。

第五節　維持船級之檢驗

新船或現成船，經驗船協會通過入級檢驗後，驗船協會即簽發船級證書。船東憑此船級證書向船舶保險公司申請投保時，易為保險公司接受且保險費率較低。故在國際海運上，一般船舶之保險，具有有效船級，乃為投保條件之一。海運事業，在本質上，就是一冒險事業，所謂海上保險，正是分散風險、消化損失之制度。亦即保險公司對於承保船舶因在海上一切事變及災害所發生之毀損、滅失或費用，負責賠償。故站在船東立場而言，必須維持有效之船級，保險才具備效力。為達此目的，船舶必須依照驗船協會規範之規定，按實施行檢驗。茲就各國驗船協會之規定，對於維持船級（Maintenance of Class）船舶應接受之檢驗名稱、時間及主要內容分述如下：

一、歲驗（Annual Survey）

船舶經建造完成之日或定期特別檢驗完成之日起，每屆滿一年之前後三個月內，應實施歲驗而與國際公約之規定互相配合。檢驗之目的，主要對船舶作一般狀況之驗証，以確信船舶及其設備處於良好狀況，因檢驗內容之不同，可分為下列各種歲驗：

（一）船體歲驗（Annual Survey of Hull）。

（二）機器歲驗（Annual Survey of Machinery）。

（三）自動及遙控系統歲驗（Annual Survey of Automatic and Remote Control System）。

（四）冷藏設備歲驗（Annual Survey of Cargo Refrigerating Machinery Appliances）。

（五）惰氣系統歲驗（Annual Survey of Inert Gas System）。

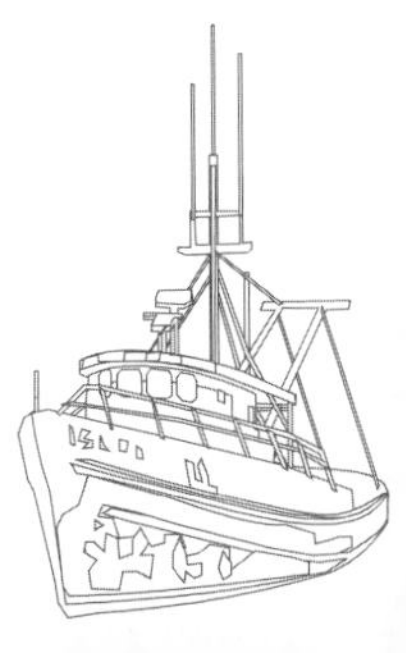

二、中間檢驗（Intermediate Survey）

船舶視其船齡及用途，在兩個定期特別檢驗之間，應實施中間檢驗。油輪、木材搬運船、散裝船及礦砂船，在第二次或以後之定期特別檢驗後，約兩年半但不超過三年，實施中間檢驗。前述以外之船舶，則在第三次或以後之定期特別檢驗後，約兩年半但不超過三年，實施中間檢驗。

三、定期特別檢驗（Periodical Special Survey）

船舶應於建造完成之日或前次定期特別檢驗完成之日起，每隔四年，實施定期特別檢驗。若船東無法於四年完成時，可事先向驗船協會申請延期。在經延期檢驗合格後，最長可延期一年，亦即定期特別檢驗之期限，最長不得超過五年，而與國際公約之規定，互相配合。又因檢驗內容之不同，可分為下列各種定期特別檢驗：

（一）船體定期特別檢驗（Periodical Special Survey of Hull）。

船體定期特別檢驗內容，隨船齡與船舶用途不同而有差異。船齡愈大，或船體較易被腐蝕者，檢驗項目也愈多且愈深入，以確保船舶結構之安全。過去船舶之使用年限（Life Spen）較長，一般在二十年至三十年。目前造船技術之提升，主機節省能源方面的措施日益改良，船舶使用年限，以經濟的眼光來衡量，現已大為縮短。以一般大型油輪、散裝船而言，約為十五年，貨櫃船等約為二十年。若以每五年實施特別檢驗，則油輪、散裝船在實施第二次特別檢驗或一般貨櫃船在實施第三次特別檢驗時，必須對整個船體強度重新評估，以確定船體結構強度能達船級規範之要求。而最直接的評估方法為測試船體外板之厚度及檢驗各艙內部並作水壓試驗，若發現外板厚度低於標準或是艙內結構損壞、變形等足以影響船體結構安全時，應及換新。船體定期特別檢驗，因船齡愈大，檢驗項目愈深入，可分為下列各種特別檢驗：

1. 第一次定期特別檢驗（Periodical Special Survey No.1）。
2. 第二次定期特別檢驗（Periodical Special Survey No.2）。
3. 第三次定期特別檢驗（Periodical Special Survey No.3）。
4. 第四次定期特別檢驗（Periodical Special Survey No.4）。
5. 第五次定期特別檢驗（Periodical Special Survey No.5）。
6. 第六次定期特別檢驗（Periodical Special Survey No.6）。
7. 第六次以後之定期特別檢驗（Periodical Special Survey After Periodical Special

Survey No.6）。

（二）機器特別檢驗（Periodical Special Survey of Machinery）。

（三）自動及遙控系統定期特別檢驗（Periodical Special Survey of Automatic and Remote Control System）。

（四）冷藏設備定期特別檢驗（Periodical Special Survey of Cargo Refrigerating Machinery and Appliances）。

（五）惰氣系統定期特別檢驗（Periodical Special Survey of Inert Gas System）。

四、連續檢驗（Continuous Survey）

船體及機器實施定期特別檢驗時，欲一次全部完成，需花費較長時間而影響船期的調派。因此各驗船協會均同意以連續檢驗來代替。即以五年為一循環，在五年內，將船體或機器定期特別檢驗規定之項目，每年約完成20%。可由船東提出連續檢驗計畫表，依計畫表按期檢驗。目前採用機器連續檢驗之船舶已普遍化，而船體連續檢驗之船舶較少。因為船體需考慮整體的強度，局部的修理或換新，無法判斷強度是否足夠，特別是船齡較高的船舶。

一般船級協會對機器連續檢驗之內規，較重要者摘述如次：

1. 一半之連續檢驗項目可由輪機長自行檢驗並提出檢驗報告，但檢驗報告之有效期限為自檢驗日起三個月內有效。
2. 驗船師對輪機長自驗之機器或設備，可要求外觀檢查或做運轉試驗（Running Test）。
3. 輪機長所提之自驗報告，應包括輪機長執業證書資料、檢驗日期與地點、測量記錄及換新配件之名稱與數量等。
4. 輪機長具有自行檢驗資格之條件為：(1)具有本國籍或船旗國之輪機長證書者，(2)同型機器之輪機長海勤資歷（Sea Service）至少一年以上。
5. 主機之主軸承、曲軸軸承、十字頭軸承等其他特定項目，輪機長不得自行檢驗，而須由驗船師開放檢驗。
6. 輪機長僅能於海上或在沒有駐埠驗船師之港口，自行驗船及提檢驗報告。

五、塢驗（Docking Survey）

船舶須於每兩年左右，但不得超過兩年半，入塢或上架做塢驗一次，檢查船體、外板、艉架、舵、推進器及海底門等，經驗船協會認可之水中檢驗，可視情形，替代塢驗。

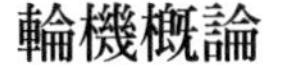

六、艉軸抽驗（Propeller Shaft Survey）

艉軸抽驗之目的，在於檢驗艉軸軸承間隙及艉軸與推進器接觸是否有裂痕，以便及早檢修，以確保機器之運轉安全，檢驗之期限視各艉軸之形式而不同。

（一）鐵梨木軸承、水潤滑並具有連續襯套艉軸：

若為單具推進器者，每三年抽出檢驗一次，多具推進器者，每四年一次。若艉軸使用情況良好，船東可申請延期檢驗，在經驗船師檢驗合格後，最多可延期為五年檢驗一次。其他型式之艉軸則每兩年半檢驗一次。

（二）潤滑油潤滑，合金軸承之艉軸：每五年檢驗一次。

若艉軸使用情況良好，船東可申請延期檢驗，在經驗船師作延期檢驗合格後，可延期一年。

（三）船舶推進使用可控距螺槳時，則其檢驗間隔與上述（二）相同。

（四）船舶推進使用可變方向之推進器（Directional Propeller）時，則其檢驗間隔不得超過五年。

七、鍋爐檢驗（Boiler Survey）

（一）主推進用水管鍋爐，超過一座時，每兩年半檢驗一次。僅有一座時，每兩年半檢驗一次，但使用年限達七年半後每年一次。
（二）火管式主推進用鍋爐，使用年限達四年及六年時各檢驗一次，以後每年一次。
（三）輔助鍋爐，每兩年半檢驗一次。

八、臨時檢驗（Occasional Survey）

船舶遇有下列情事者，應申請臨時檢驗：
（一）遭遇海難者。
（二）船身或機器須修理者。
（三）船舶設備遇有損失者。
（四）適航性發生疑義者。

第六節　自動及遙控系統之檢驗

一、歲驗

（一）該系統應於裝置完成之日起，每十二個月檢驗一次。

（二）自動及遙控系統需施予一般性之檢驗，此檢驗需於船上發電機在運轉中及控制系統在使用時施行之，以便隨意查驗功能指示器；警報器及控制作動器為可動作的。另包括主輔機的安全保護裝置（Safety Devices）及鍋爐之自動燃燒系統。

（三）驗船師需檢查自上次檢驗以來整個期間之機器記錄，以查驗控制系統之性能及證實有關不正常之作用或故障，以及為防止其再發生而所作的修正程度。

（四）機艙之火警探測及水艙位警報器需查驗其功能。

二、定期特別檢驗

（一）定期特別檢驗，應於裝置完成之日時，每四年檢驗一次。

（二）需依照所有歲驗之規定及下列之規定：

1. 控制作動器：所有機械、液壓及空壓控制作動器，及其動力系統，如認為必要，均需檢查及試驗。
2. 電氣：電氣控制馬達或作動器，其線捲之絕緣電阻均需測量，且所有高於地線之不同電壓電路均需分別試驗之。而其需在至1百萬歐姆之間。
3. 無人化裝置：無人化機艙控制系統，需在其推進引擎減低馬力時，施行塢內運轉，以查驗所有自動的功能，警報器及安全系統之適當性能。

第七節　無人當值機艙（Unattended Machinery Space）之特別規定

機艙無人當值之船舶，應符合自動及遙控系統之要求。推進系統之設計及安裝應能在遠洋航行機艙無人當值之情況下運轉。推進機器之主控制室可至於機艙鄰近或在機艙內或遠離機艙。若主控制室為無人當值時，應設有船橋控制。依規定聲力或獨立動力式電話通信系統應包括輪機員住艙之通信，且與控制、監視或警報電路無關聯。

一、機器情況監視（Plant Condition Monitoring）

（一）主控制室應依規定監視推進器之所有情況，及船舶運轉安全所需之所有重要輔機之操作狀況，並備有依規定之監視用顯示警報裝備。

（二）為監視起見，副控制室至少備有依規定之顯示及警報裝置。

（三）在輪機員住艙區，至少應備一警報監視站，每一警報監視站應分別備有可目視及耳聞之下述警報：

1. 火災。
2. 機器危急狀況（Machinery Plant Critical）。

警報應可連續作響直至由主控制室抑制為止。機器臨界警報應依規定所示之警報作動之，如各輪機員房間備有選擇開關之警報監視站，至少應有依警報監視站可在任何時間作動。

二、警報器（Alarms）

（一）警報器及指示器應依規定裝置。

（二）當推進軸預備（Stand-by）或停止操縱（Stop Maneuver）之狀態下，停留時間太長，控制系統應使主推進渦輪自動轉動（Roll-over），並在主控制室及輔控制室示警。

（三）低速柴油主機（約300rpm及以下）各缸溫度相差超過設限時，應在主控制室示警。

三、自動安全動作（Automatic Safety Action）

柴油主機船舶之控制系統在下列情況，應能自動切斷柴油主機船舶之燃油：

1. 超速。
2. 主機潤滑油失壓。

四、電力之連續性（Countinuity of Power）

（一）發電設備之布置在供電之發電機運轉失效時，應備輔助發電機，能自動啟動並能以足夠之暫時電力確保船舶繼續運轉。主推進機器及重要輔機之運轉應減低出力並由緊急發電機供應以滿足規定。備用電力應在不超過45秒前自動供應。

（二）緊急發電機僅容許短時間使用，以待備發電機（Stand-by Generator）起動供電。

五、機艙火災滅火站（Fire Fighting Station for Machinery Space）

（一）滅火站應位於機艙外面，可在主控制室內。並有一保護通道從滅火站通至暴露甲板（Open Deck）。

（二）當控制室之結構及玻璃材料等均能防火，從控制室至機艙之門為自閉及防火式，且有一保護通道至暴露甲板時，滅火站始可設於機艙主控制室圍壁內。

六、滅火控制（Fire Fighting Controls）

滅火站應備遙控手動控制，以操作下列事項：

1. 停止機艙通風機及關閉有相關之開口。
2. 停止所有燃油泵及強力通風機。
3. 關閉機艙天窗。
4. 關閉水密門及防火門。
5. 關閉燃油澄清櫃及日用櫃出口閥。
6. 起動緊急發電機或連接緊急電源，除非備有自動操作。
7. 滅火泵運轉。
8. 釋放機艙之滅火媒介。此釋放操作應為手動而非火災探測系統之信號自動操作。

上述控制，其試驗結果應能令驗船師同意。

七、手提滅火器（Portable Fire Extinguishers）

除依規定置於機艙之手提滅火器外，在滅火站或其他適當地點應置有等數量之手提滅火器，作為滅火之用，以保持船上滅火系統之能力。

習　題

一、驗船協會的主要任務為何？試列述之。

二、試述國際驗船協會之主要任務？

三、試述具有效船級之現成船，轉換其他驗船協會之入級檢驗之過程為何？

四、何謂再入級檢驗？如何申請辦理？

五、原無船級之現成船如何申請入級檢驗？

六、何謂中間檢驗（Intermediate Survey）？

七、何謂船舶機器連續檢驗（Machinery Continuous Survey）？試詳述之。

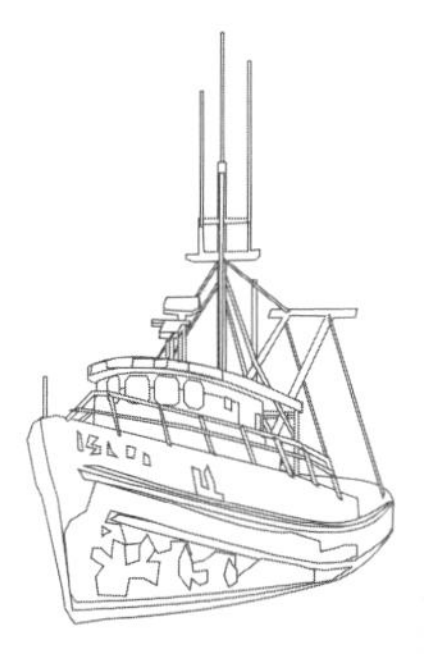

八、船舶在何狀況下可申請臨時檢驗（Occasional Survey）。

九、運轉中之柴油主機在何種狀況下會自動切斷燃油供應？

十、機艙火災滅火站應如何操控滅火？

第十一章 船舶安全管理及應急措施

第一節 概說

船舶為海上運輸服務之載具，其適航能力對於運送人、船舶所有人、託運人及其他參與海上企業活動之團體或個人等之利害關係甚鉅。自十九世紀以來，英美先進國家，為擴張其海外市場，莫不盡力發展其海運。然而伴隨著船運的激增，海難事故亦逐年增加。為策海上人命財產之安全，由英國為首之海運先進國家，遂制定法令規章，簽訂國際公約，以規範船舶建造、航行安全及船員素質，期能減少海難事故。

船舶適航能力在法律意義上，包括船體結構之安全與航行能力，船舶之運行能力和船舶之適載能力等，是故使船舶具有適航能力，實為運送人最主要的義務。倘若運送人怠於必要之注意及措施，致船舶無適航能力而遭致損害，將不得主張免責事由，而應負損害賠償責任。再者，設若運送人對於適航能力之欠缺而有實際過失或知情，則將喪失其主張船舶所有人限制責任之權利。為維護船舶之適航能力，就機艙方面而論，其重要操作管理及在海上人命安全國際公約中，有關機艙之安全及應急規定；包括機械裝置、電力裝置及機艙空間定時無人當值之附加規定等，皆應確實執行。為達到機艙主副機的安全運轉，對於其安全操作與管理必須深入了解，並且對於各項裝備的安全及應急裝置，皆須保持永遠有效，並能發揮其最大功能，且對於其安全及應急裝置，應定時加以測試，確認其安全及可靠。

第二節 輪機的安全措施

輪機安全的意義，指能確保船舶機械之正常運轉與安全，並加強各級輪機員對工作安全之認知與需求等，進而維持船舶可靠的適航性能（Seaworthiness）。

關於確保輪機安全工作的實施，列舉重要事項者如下：

一、徹底清潔

船舶清潔工作是多方面的，除應經常維持符合船上員工與旅客衛生原則之生活環境與美觀外，同時對船殼、艙間、裝具以及推進機械等內外部之防蝕與防腐措施應特別加強。

至於船上各種油／污水之處理，以及廢物之清除與投棄等，不僅影響員工旅客之衛生，亦為導致各種意外事件發生之因素之一，諸如火警、爆炸及其他各種災難等。因此，船員須遵守各種國際公約與規章等規定，以確保人員及船舶之安全。

船舶輪機最易污穢及腐蝕，宜注意清潔、除鏽及油漆之部位者，列舉如下：

1. 艙底空間。
2. 陰暗潮濕之處。
3. 水密門窗及其附蓋。
4. 木材與鐵材之接觸處。
5. 不同類金屬之接合處。
6. 排水及垃圾堆積處。

二、注意檢查

（一）定期性檢查

主機與各種輔機除按期配合施行各項船級要求之檢驗外，同時輪機人員亦應參照機器與裝具說明書之規定，依照使用時間，完成各種檢查與修護，以維持機器運轉之安全。

（二）臨時性檢查

船舶於航行或短暫停泊中，常因船體或機械某部分突然發生異常現象，而急需了解其究竟，以謀補救與處理，例如推進軸發生劇烈振動，以及某艙壁漏水等。

三、及時修理

當輪機各部分，發現有磨耗或故障時，須立即予以維護及修理，切勿拖延時日，以免故障或損害日益擴大，最後導致不可收拾。船舶修理可分二類，一為由船員實施的日常維修與發生損害時之應急修理，另一類則為由修船廠實施之定期或臨時修理。茲將該二類維修之實施原則概述如下：

（一）**船員自行檢修之原則與一般項目**

航行中，在無礙當值之原則下，由各所屬部門自行派員檢修。

1. 停泊中，按輪機長或大管輪所規劃進行之保養或維修工作，分項完成之，一般之檢修項目如次：
   (1) 排除污水與疏水，並清潔各種濾清器（Strainers）。
   (2) 更換或補充油脂（Grease）及潤滑油。
   (3) 更換各種接頭（Joints）之襯墊。
   (4) 換包各種管路之包紮物。
   (5) 機器零件之拆裝與更換。
   (6) 其它臨時檢修項目。
2. 應急修理包括堵漏、支撐、包紮、代用機械之使用等，設法保持船舶之浮力、機動力及控制力等。

（二）**配合修船廠施工之要領**

1. 船方應以無法自修之項目申報檢修，例如，船員不易達成之水線下工程或需更換整部機體者。
2. 船方應盡量提供機械過去所發生之有關故障資料，以便作最適當調整及修理之參考。
3. 應派人巡視修理之現場，預防「水」及「火」之災難。
4. 記錄各種導致故障之原因，以為日後之參考，避免重生故障。

四、應變準備

船舶停泊港內或航行海上，隨時有發生意外事故或遭受損害之可能，如能保持高度警覺性，則許多因疏忽而引起之船舶災害，將可避免或減少，同時輪機之使用壽命與運轉效率，也將因此而增加。由此可知，輪機之運轉效能與船員平日之應變準備有密切之關係。正確之應變準備，應包括下列各項：

（一）**精神上之準備**

1. 高度之警覺性。

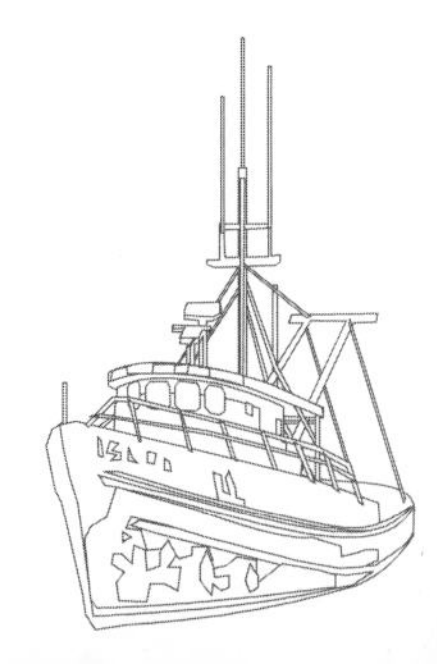

2. 災難時之鎮靜性。
3. 協同工作時之合作性。
4. 利害關係時之犧牲性。

（二）技術上之準備

1. 能將錯綜複雜之情況單純化。
2. 能選擇最適當之代用品及代用方法。
3. 能判定已遭受之損害程度及未來可能之發展。

（三）物質上之準備

1. 滅火、求生及急救器材等。
2. 機械所需之材料與配件。
3. 堵漏與支撐用器材。

上述各種準備，無論係屬於精神、技術或物質者，其準備程度必須符合海商法、海上人命安全國際公約及船級協會之規定與要求標準。

第三節　進入圍蔽或密閉空間

一、概言

在未經持續充分通風之圍蔽空間，諸如貨油艙、貨艙、船上其他艙櫃、泵房、隔離艙或貯物房等，其內空氣可能含有毒或易燃氣體，或其他含氧程度未足以維持人體所需，個別例子如下列所述：

1. 載有或前次載有可燃或易燃貨品之空間。
2. 載有或前次載有有毒、腐蝕性、吸氧性或刺激性貨物或物品之空間。若干散裝貨物可能會散發出有毒氣體。
3. 載貨間、壓載艙或任何其它經過燻蒸或惰氣化作用之空間。
4. 裝有熱爐、鍋爐或內燃機之空間。
5. 裝有直接膨脹設備之冷凍貨間，冷凍劑可能會自其間漏出。
6. 曾經進行燒焊工作遺下殘餘煙氣之空間。
7. 曾經發生火警之空間，通常會消耗氧氣及產生有毒之易燃物體。

二、氧、各種氣體及蒸氣之測試

目下用以測試圍蔽空間內空氣成分之儀器通常有三種，即可燃氣體指示器、化學吸收探測器以及氧含量測量表。

（一）可燃氣體指示器（或爆炸測量表）是用以探測空氣中有無碳氫蒸氣存在及測定其含量，惟不宜用以偵察低濃度之氣體或蒸氣。該儀器不能指示出缺氧情況或可靠地指出氫氣的存在，亦不能測量空氣中的毒性。

（二）化學吸收探測器係探測是否含有若干特種氣體或蒸氣，以閾限值為測量基準，非常有用。閾限值（通常在有關氣體方面所使用的單位為PPM，即每百萬分中的單位含量）是以每日八小時之接觸率計算，惟此種氣體之可接受濃度平均值實為於圍蔽空間中控制危險之有效指標。此種探測器可以準確測出所存在之氣體或物質中包括苯及硫化氫。在使用任何一種測試儀器前，有關製造商就儀器性能極限提出之指示及說明，必須首先詳閱及了解。

（三）氧測定器於任何船舶上均應置備，如懷疑可能會有缺氧情況發生時，應立即檢查，以測定所存之氧含量。

三、缺氧

（一）某空間若被圍蔽一段時間，其內空氣之含氧量會因為鐵和氧結合之鏽化過程而減低。缺氧情況在使用吸氧化學品以減低鏽化作用之擱置鍋爐或其他儲存器內亦可能會發生。在載有吸氧貨物之艙間，例如開始腐爛或發酵之蔬果及木屑，或開始生鏽之鐵物等，氧氣亦可能耗盡。

（二）氫氣可能會在設有陰極防蝕設備之貨艙，當用作壓載時而產生，但通常皆會在艙蓋打開時迅速消散。惟部分氫氣仍可能積存於艙間之較高部分，從而將若干氧氣排出，甚至會造成爆炸之危險。

（三）倘若曾經噴射二氧化碳或蒸汽，例如用以撲滅或防止火災等，則受影響之空間含氧量將會降低。

（四）於油輪之貨油艙內使用惰性氣體以永久性惰氣化該等空間，將會造成該等空間之含氧量減至極少成分。

四、進入圍蔽或密閉空間時應注意之事項

（一）當需要進入圍蔽或密閉空間時，下列各基本要點應加留意：

1. 認定有何潛在危險。

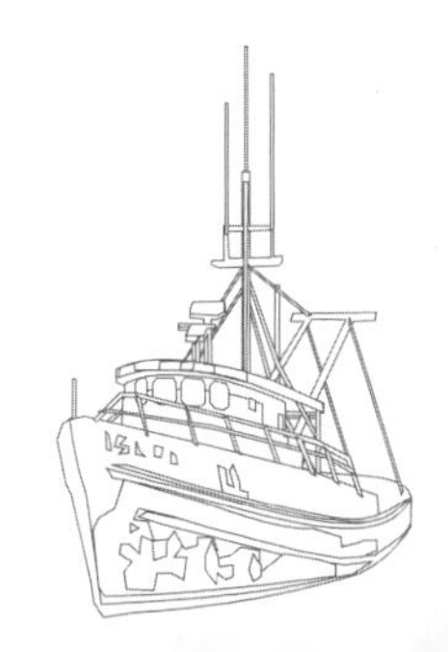

2. 制定嚴謹之「工作許可證」制度及依循此制度進行各事項。
3. 確保空間不會有任何有害物質入侵。
4. 清除空氣中之其它氣體，及在必要時移去沉積泥濘或其他可能產生氣體來源等物。
5. 測試空氣中有無有毒氣體或缺氧之情況。
6. 指導及訓練相關人員有關安全操作程序。
7. 供應充分之安全設備。
8. 組織應急救援隊伍或救傷隊。經常安排定期演習，可以落實各項必須之安全措施及確保人員安全。

（二）船長及甲級船員必須全面明白任何有關危險及所有可能涉及之問題。應規劃進行審定各種情況及確保所有之安全措施。並能以「工作許可證」之方式行之。倘在操作進行中發生未能預見之困難或危險，最好停止工作，以便能全面重估當時之情形，「工作許可證」應作相應之修訂。

（三）在未得船長或甲級船員之事先批准前，任何人員均不得進入一圍蔽或密閉空間。船長及甲級船員須確保如（一）項所列之各項安全預防措施均已執行無誤。

（四）在有人員進入此等空間前，該空間必須作全面之通風換氣，以天然方法或機械方法均可。在空間被佔用及作短暫休息諸如進膳期間，通風換氣程序應繼續進行。倘通風系統發生故障，該空間內所有人員應立即離去。

（五）在可行範圍內，當人員進入空間前所作之空氣缺氧情況或有害氣體或蒸氣存在之測試，應於不同之層面進行。此外，在空間被佔用期間，應定時在適當層面再作測試，使在情況惡化時，能立即採取必要之行動。

（六）倘船長或甲級船員自所得資料判斷，而懷疑空間內之空氣流通或氣體安全性是否足夠，則進入場地之人員應戴上呼吸器，以策安全。

（七）在任何情況下，救援設備應於該空間之入口處置備待用。如有復甦器，亦應置於該處備用。

（八）在空間被佔用期間，須有一名負責人於該空間入口處駐守。

（九）所有從事有關工作之人員，應商議使用一種有效之通訊系統，且予以試用，以確保進入該空間之人員及駐守於入口處者能保持聯絡。

（十）倘在空間內之人員不論在任何方面開始感覺受到蒸氣之影響時，則應向駐守於入口處之人員發出預先安排好之訊號，並且立即離開。

（十一）在任何艙櫃或艙間行將有人進入前，應事先通知機艙內當值之負責人員。

（十二）應採取預防措施以確保呼吸器具所須之空氣供應仍持續無斷，特別是供氣來源是來自機房時。適當之警告告示，應於適當場所張貼。

（十三）當一緊閉空間無人看守時，則其入口處在可能範圍內應予關閉或加上欄柵，並張貼告示禁止所有未獲批准之人員進入。

（十四）前往空間之通道及場地內應有充分及良好之照明。在未能肯定確屬安全前，除認可之種類外，任何其它手提燈具或電氣設備均不得被帶進或放置艙櫃中。

五、進入空氣屬可疑或已知不安全空間時應注意之事項

（一）任何人均不應進入空氣屬不安全或不能維持生命之空間，但為了人命或船舶之安全而必須進入時除外，但應戴上認可之呼吸器。

（二）當佩戴呼吸器工作時，應有兩個獨立供氣來源供佩戴者使用，以備其一失效時另一可替用，惟如因救援而緊急使用時除外。兩個或兩個以上佩戴氣喉呼吸器之人員，而氣喉連接於同一供氣來源之做法不應許可。

（三）有人尚在空間內時，使用中之器械絕不得移去。

（四）佩戴呼吸器之人員均應全面熟悉所使用之配備。

（五）需要進入空間之人員在進入前，應與船員或負責該項工作之人員對其所使用之呼吸器進行下列各項檢視：

1. 供氣壓力。
2. 自給式呼吸器低壓警示器之可聽度及操作壓力。
3. 面罩之氣密度及供氣之充足度。

（六）在進入任何個別空間前，應注意佩戴此等呼吸器所可能引起之行動困難，以及在此等情況下，救援人員所可能遇到之問題。

第四節　船舶發生火災之原因與防火要領

一、船舶失火之原因

船舶失火原因固然很多，但一般可歸因於下列各種情形：

（一）由於電氣設備或機件之損壞

海上含有鹽分的濕空氣，使船上電器設備容易腐蝕；航行中船體的震動；裝在船艙鋼板上之電器設備，易發生過熱漏電，或是絕緣破壞等都能引起火花。

1. 電器工具損壞破裂，形成短路。
2. 保險絲使用不當，或增加電器用具，多接臨時插頭或電線。
3. 在熱電燈泡附近掛衣物，或電熱器附近有可燃物品。
4. 在氣密之電器內或太熱之艙間，絕緣易於破裂。
5. 船上使用的電馬達未注意保養，將引起漏電、過熱，且有火花等現象。
6. 機艙引起的電火，如機件損壞，波及電路短路。漏水、漏油、影響電器或配電板，可能因之點燃油氣。
7. 電瓶充電間因有氫氣，如通風不良，積存氫氣和空氣混合在4.1%到74.2%間，都可能發生爆炸。

（二）由於不同物質產生自燃現象

在某種情況下，浸有亞麻仁油、魚油、花生油或其他非石油類物質，會發生自行燃燒。

1. 破布纖維和油污或油漆混合，在潮濕和高溫下，亦會自燃。
2. 植物類貨品在潮濕下，最容易自燃。
3. 裝載有機貨物如乾草、麥桿、木屑、麵粉或煤炭等塵埃，如溫度足夠，可能爆炸燃燒。

（三）由於錯綜複雜而發生爆炸

爆炸係由可燃瓦斯、蒸發氣體、爆炸物，在密閉空間所發生的劇烈燃燒作用，船上通常分為船艙和機艙兩大類，茲分述如下：

1. **船艙方面**（Hull, Tanks, or Compartments）**由於：**
   (1) 可燃性氣體在封閉空間中點火。
   (2) 不同的或不能相合的氣、液、固體，在封閉空間，發生急劇化學反應，如貨艙內貨物。
   (3) 可燃瓦斯被電火花點爆，如油輪之貨油艙內。
   (4) 由於微爆炸而引起的二次爆炸，如蒸氣進入有熱瀝青的封閉空間，初引起低級爆炸，再造成大壓力爆炸。
2. **機艙方面**（Boiler, Main and Aux Machinery）**由於：**
   (1) 鍋爐爆炸：由於超過工作限定壓力，機器材料等的潛在瑕疵，或不良的損壞機件等所造成。
   (2) 主副機方面：一般重要機械組件的毀損，是爆炸原因之一，但不常發生，通常由於可燃性瓦斯，在過熱機件或電火花點燃起爆者，約有下面幾點：

A.由於機件不合適的間隙、不良的潤滑、或中線磨損不正等，而引起軸承、軸系與齒輪間之過熱。

B.由於不良之活塞漲圈、或過分磨損、或組件折斷，使內燃機排氣衝出火花。

C.電器組件發生火花或二轉動組碰觸發生火花。

D.其它原因產生之火花。

上述各種火花或點燃而引起之爆炸，當然是最根本原因之一，例如不注意，不適當之操作，或機件修理或調整之錯誤而引起者。

（四）由於人員之疏忽

人員疏忽而引起火警，除上述對機件操作不慎外，尚有其他原因如：

1. 在床上抽菸，或菸頭亂丟而失火者。
2. 廚房廚具如瓦斯爐、熱電板或油炸食品等，不慎起火者。
3. 由於機件修理，電焊、氣焊燒割而引起者。
4. 在有油氣地方，因靜電火花而起火者。
5. 由於裝卸油不慎而失火者。
6. 由於裝卸貨物不慎而失火者。

（五）由於船舶發生海事案件所引起者

二、船舶防火要領

（一）船長之督導與船員之遵守防火要領

1. 防火工作不但是一種技術，也是一種普遍的意識形態，每一船員都要自動自願的對自己的安全負責。因為火水無情，一旦火災擴大後，誰也逃不了，只有小心謹慎，深切了解危機之嚴重性，繼續不斷的嚴格遵守防火要領，才是最徹底的保護自己，所以西方有句名言，防火是每一船員的職責。
2. 船長係由船東僱用，主管船舶一切事宜，為執行職務及保障船舶安全，當然要有效的推行一切船務，防火既是他重要職責之一，就要以高度的熱誠、堅毅明智的實施計劃，督導檢討，灌輸船員防火觀念，並協助各部門負責人，順利推行訓練操演工作。激發他們自動自發，培養良好的防火習慣，如香菸頭不可亂丟、對煙火的高度警覺心、經常的巡邏防範等。

3. 可能有少部分人員，對防火之警覺心不夠，故水手長或加油長應該親切和藹的藉機多予提示，並查問其明瞭程度、對滅火器材能否使用、在日常工作中如發生火警如何處理等，並勉勵遵守防火規則。

（二）日常船務管理

在船長的防火計劃中，通常包括四大重點：

1. 正式及非正式的滅火訓練。
2. 定期檢查。
3. 預防保養及修理。
4. 對防火成效的關注。

日常船務管理，最基本的就是保持乾淨，清潔一切點火起火的燃料油類等，茲列舉說明如下：

1. 應將所有清潔的抹布或棉紗、紙張等，儲放於金屬桶內。
2. 多油脂的抹布、棉紗等，應另儲放在有蓋的金屬桶內，盡快拋棄於焚化爐燃燒之。
3. 墊艙板（Dunnage）需儲放在規定的地方。
4. 積存的木鋸屑（尤其含有油質或化學品吸濕的鋸屑）、木條、木刨屑等，應予適當處理。
5. 船員及旅客住艙內，禁止儲存易燃品。
6. 油污的衣服，或其他可燃品，切不可儲置在衣櫃內。
7. 油漆、光面漆等，不用時立即放回油漆庫內，妥為保管。
8. 石油產品、燃油、潤滑油管路等如有洩漏出來，或是噴出來，其油脂等都要擦乾淨並修復管路之滲洩；如有油跡在船艙內，或油櫃上、地板上，也都要擦乾淨。
9. 輕質油或溶劑，需儲存於合適之容器內，並放置在規定位置。
10. 廚房爐灶間的油脂過濾網和蓋板等，需經常清潔。
11. 艙內不可堆積塵砂、雜物、寢具；在電燈泡上也不可積灰塵或放上布條等。

（三）防止點燃機會

火災成因，多在高溫熱源下點燃，除上述抽菸、電氣火花、一般機艙火種外，茲將貨艙、油艙防止燃點機會，簡列如下：

1. 各艙間所有易燃品，一定要與熱蒸氣管、電燈泡或有熱源的東西隔離。
2. 各貨艙裝貨前，應檢查清潔（有時一塊染油的破布，即會引起自燃）。
3. 注意每一包裝貨（尤指纖維布料），有時工人可能碰到艙口緣圍(Hatch

Coaming)、鋼板，或鈎破貨物，易致火災。

4. 夜間應注意貨艙加掛之照明燈（Cargo Lights），裝貨後應收回，並將該插座密蓋。
5. 注意貨艙中所裝載之化學或危險貨品，是否能引起自燃。
6. 至於油輪方面，甲板上或有油氣存在的空間，人員絕不能抽菸，油管、裝備應防靜電發生火花。
7. 裝卸貨物時嚴格的遵守防火要求，如貨艙、泵間、廚房、鍋爐間、電信室，不可有火花出現。
8. 教導船員有關預防火災發生的知識。

三、機艙滅火系統

（一）鍋爐艙或主機艙應有下列合於規定之一種固定滅火系統

1. 合於規定之高脹力泡沫系統。
2. 合於規定之壓力噴水系統。
3. 每一鍋爐間或升火間（Firing Space）應備有合規定之輕便泡沫滅火器，以及內貯砂、蘇打、木屑等混合物。

（二）內燃機空間

應備有至少45公升之泡沫滅火器，能直接用於燃油、潤滑油系統、傳動裝置與其他火災危險之任何部位。

（三）機艙之固定低脹力泡沫滅火系統

該系統應能於五分鐘內在燃油上噴灑150公厘厚之足量泡沫，該泡沫之膨脹比不應超過十二比一。

（四）機艙之固定高脹力泡沫滅火系統

該系統應能以每分鐘至少一公尺深度之速度，注入被防護之空間，可用量達該空間之五倍，但該泡沫之膨脹比不應超過一千比一。

（五）機艙之固定壓力噴水滅火系統

1. 該系統應能以每分鐘每平方公尺至少5公升之水量，均勻分配，該噴嘴可設在船艙底、艙櫃頂、燃油可流佈之上方、及其他火災危險之上方。
2. 該系統之水壓應經常保持，降低時，供水泵應能自動操作。

（六）**機艙內之特殊裝置**

1. 在機艙軸道附近之出入口，應有兩側操縱之輕便鋼質屏火門。
2. 在貨船須人員守值之機艙，要保持機艙防火之完整性，滅火系統控制器之位置應集中，於火警發生時，可連動關閉通風系統及燃油泵。
3. 以自動與遙控系統設備代替人員連續守值之機艙，應裝有核定之自動探火及警報系統。
4. 至於主推進器及其附屬機器，具有不同程度之自動或遙控，且在控制室連續有人當值者，亦應裝設核定之自動探火及警報系統。

第五節　船上火災之應變措施

船上發生災難之應急情況複雜多變，需要船長、現場指揮和各隊負責人依應急計劃統一指揮，服從指揮能使全船的應急行動忙而不亂，步調一致，若不服從指揮、各行其事，致使恐慌情緒迅速蔓延，導致災難之擴大。因此只要接受應急訓練和參加應急演習，熟悉標準應急程序，就能沉著冷靜地判斷和處理應急事宜。

本節就各種可能危及人身安全的緊急情況及緊急情況的應變措施介紹如下：

一、貨艙火災之應變措施

1. 航行途中貨艙著火，通常應關閉機械通風及該艙之所有通口，然後利用固定滅火系統灌二氧化碳、惰性氣體或蒸汽等以隔絕氧氣滅火。當隔絕氧氣將滅火劑灌進之後，縱或還有數天航程，進港之前仍不宜開艙。
2. 艙內裝載爆炸性或硝酸鹽、氯化合物類物質，不可用水蒸汽隔絕氧氣法以撲滅火災，因為熱浪可使其產生氧氣。這種火最好用大量的水去灌救，甚至用水淹沒。
3. 如果船在港內貨艙起火，除非該艙原來開著而且確認用水龍帶灌救有效，通常應關閉艙蓋，打開通往該艙之固定滅火系統。並將該艙艙口蓋關緊，將通風口關閉或堵塞，艙中貨物如為黃麻或棉花等貨品，則最少要保持48小時之久。其它非纖維物質，時間可以減半。

4. 如果需要開艙滅火，則現場指揮人員一定要等水龍帶已展開充水備便使用，及俟配戴呼吸器人員備便就位後，才可將艙蓋打開。
5. 盡速關閉船艙所有通口（裝貨門、舷窗等），避免不必要的空氣進入火艙，並避免船體傾側，使海水湧入船內。
6. 噴水要經常掃動涵蓋整個火區，才能有效降低溫度，並可避免周圍的物質被火波及。
7. 以「低姿勢接近火源」遠較「高姿接近」為佳，此因熱氣及煙係向上擴散，下部溫度較低。
8. 滅火工作在最初階段最為困難，因為當噴射水流觸及燃燒物，立即產生大量蒸汽及煙，使滅火工作倍感艱巨。
9. 為防金屬艙壁或甲板之「熱傳導作用」而使火蔓延，應派守值人員到各有關鄰艙看守。如發現某處溫度過高，即需用水冷卻。此等冷卻以水霧為佳，因其細微水粒吸熱快，分布平均，艙壁不易變形，且用水量較少並能遮蓋較大面積。

二、住艙火災之應變措施

住艙與貨艙之滅火措施不盡相同，住艙火災需要講求滅火的速度。因住艙位置高而通暢，艙區連接通道，很容易將煙火飄散各處。尤其通風管路密佈，電線輸管又長，極易將熱浪與煙送至遠方，使火災不易控制。所以，滅火速度快是防止火災蔓延的最重要因素，住艙多為易燃物陳設之場所，易燃物包括艙壁上的油漆等受熱即產生可燃性油氣，極易引起爆炸而使火災蔓延。

由經驗得知當住艙火災達到火勢爆炸蔓延階段，手提式輕便滅火器已無法將火撲滅，非得借助一根或數根水龍帶加以滅火不可。由此推知，凡是有大量空氣供應的地方發生火災，滅火的速度就十分重要。

處理或撲滅住艙火災應注意事項如下：

1. 必須關閉通風系統。
2. 關閉附近地區所有的防火或防煙門窗。
3. 當進艙時機成熟，持水龍帶噴嘴及其後續人員均應保持低姿，甚至匍匐爬行，以免熱浪及煙之侵襲，被迫退回走廊而失去滅火時效。進入火區後直接向近前之甲板面噴水，冷卻周圍溫度，防止火焰自進門處往外竄。
4. 若住艙區所有房間均已燃燒並構成大火，根本辦法是設法將火困住不讓其發展，而非向一個方向去滅火，因為那樣做的話，只會將火從一區趕到另外一區。

5. 將火困住以後，要接近且有系統地滅火，方可將其撲滅。
6. 在任何情形下，切不可無計劃地打碎門、窗、通口等，除非現場指揮認為有絕對必要時例外。
7. 當住艙火勢撲滅後，應慎防餘燼復燃，故應徹底冷卻火災環境後，始可清理復燃物。

三、機艙或機器間火災之應變措施

機艙或機器間內存有大量的油品，而且往往處於加熱與加壓情況之下，一旦發生火災，將致快速蔓延，油火會產生高熱或爆炸，所以機艙失火較為嚴重而危險。

撲滅機艙火災應注意事項如下：

1. 大部分的油料如溫度超過（255℃）時，則無需裸火點燃，即會自行燃燒，而機艙中如過熱蒸汽管、柴油機排氣管、過熱的軸承、鍋爐前面等部位，都有可能達到該溫度，以致著火自燃的機會較多。
2. 油料燃燒時不但高熱而且煙霧極濃，宜迅速採取滅火行動，方可免其爆炸。滅火方法可採用輕便泡沫滅火器、水龍帶水霧，或固定滅火系統，盡量於火災初期予以撲滅。
3. 撲滅機艙火災，如超過輕便滅火器能力範圍，可採兩個主要方法：一為關閉所有通風系統，及通往該艙的水密門等，然後以固定滅火系統以隔絕氧氣方法撲滅。另一為使用水龍帶及噴嘴所產的高速或低速水霧滅火。
4. 比較起來，以「水霧撲滅」機艙之火災較以「泡沫」為優。此因泡沫之產生比較不便，恐失去滅火時機，同時機艙內環境複雜．泡沫能否涵蓋整個燃燒區域，構成所需隔絕氧氣滅火之厚度，頗有問題，故用水霧反而方便有效。
5. 假使已決定用水霧撲滅機艙火災，所有通往該艙的水密門窗皆應關閉。水龍帶之進入時機，需俟一切準備妥善之後，將機艙最高處的通風筒或天窗打開，使艙內的熱氣與煙衝出；否則當滅火人員進入時將被熱浪與濃煙包圍，工作十分困難。

四、船邊油火之滅火措施

船邊油火多由於碰撞後漏出之油浮在船邊水面燃燒，泡沫為最好之滅火劑，將泡沫沿船邊噴下，可流動而覆蓋燃油表面滅火。但如油火速離船邊時，則將泡沫噴在船邊與燃燒區之間，使其隔離。

第六節　對意外事故之處置與因應措施

一、油料外洩時應採之行動

船舶除因碰撞、觸礁、擱淺等海難事故外，其它洩油，諸如：人員過失、裝備破損等，均對海洋環境或水產動植物產生重大危害，故平時對船舶設備、器具應詳加檢點、嚴格遵守作業程序，則可防止因失誤所造成之污染，當發生油污時，其應急之處理程序，則有賴平時之演練。

茲將油料外洩時應採取之行動列舉如下：

（一）通知船長

1. 停止一切加油、壓艙水作業及輸油作業並小心可燃氣體及失火之風險。
2. 召集油污處理人員。
3. 確認油污的來源與產生原因。

（二）船長收到油料外洩通知後應即採行動如下：

1. **按照「船上油污染應急計劃」向下列有關單位報告。**
   (1) 國家應變中心。
   (2) 當地港口主管機關當局。
   (3) 當地船務代理。
   (4) 船公司。
   (5) 清除油污契約商。
   船長應擔任現場指揮官直到船公司指派之現場指揮官抵達現場。
2. **油污染處理人員於接到召集通知後應採行動如下：**
   (1) 立即採取控制洩油步驟，防止油料溢出船舷外。
   (2) 關閉所有的輸油閥。
   (3) 檢查及密封排洩出口。
   (4) 降低艙內油位。
   (5) 將油料轉輸至空艙、油駁、岸方或空艙區。
   (6) 密封油艙。
3. 使用化油劑清除甲板油料，去油劑或化油劑的使用必須依規定小心使用。
4. 甲板上溢出之油料決不可沖洗至海域中。

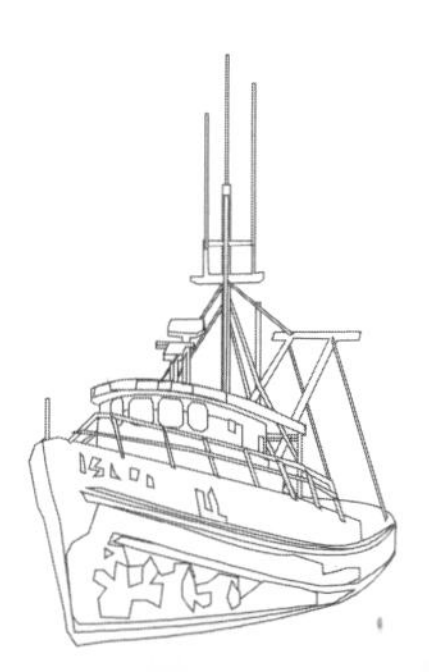

5. 去油劑或化油劑絕不可用於海域上的油污。
6. 與油污清理契約商及當地主管機關密切合作，以減少對環境進一步的破壞，處理過程應詳載於航海或輪機記事簿中。

二、主機故障應採行之措施

除人為操作失誤外，一般主機故障可分為機械故障與監控系統故障兩類，兩者均可能造成主機停俥，無法啟動或遙控失效等。

主機故障或有異常現象可能造成停俥時，當值管輪應立即通知當值船副並通知輪機長。

（一）駕駛台應採行動

1. **當值班船副收到機艙通知後應即採取以下行動：**
   (1) 通知船長。
   (2) 懸掛「操縱失靈 」信號標與號燈並使用汽笛信號。
2. **如果有擱淺之可能，船長應考慮：**
   (1) 拋錨。
   (2) 被拖救。
   (3) 通知沿岸國主管機關並警告附近船舶。
   (4) 通知船公司。

（二）機艙應採行動

1. 輪機長於收到當值管輪通知後應立即下機艙。
2. 如果發生電力跳脫應立即設法復電。
3. 輪機長在主機故障時應依主機之操作說明書處理並注意下列事項：
   (1) 檢查主機啟動連鎖裝置未發生作用之原因。
   (2) 檢查主機各系統運作。
   (3) 重新啟動主機。
   (4) 回復正常航行。
4. 分析及確認作動的警報系統。
5. 如自動操俥系統失效時，則應先轉到機側操俥，俟船舶靠泊完成或於安全海域下錨後再行處理。
6. 如果主機故障，短時間無法修復，駕駛台應使用舵或艏推進器操船將船駛往安全海域，如在港區附近則應召請拖船協助。

7. 必要時錨機應備便並在安全錨區拋錨。
8. 如遇主機故障而船上人員無法自行修護時，輪機長應研判相關資料，並通知船公司請求協助。

三、舵機故障應採之行動

舵機故障除人為操作失誤外，一般可分為：舵機機械或油壓系統故障、馬達或控制系統故障、舵本身之機械故障等三大類。

當值人員發現舵機故障後應立即分別通知駕駛台與機艙。

（一）駕駛台應採行動

1. **當值船副收到舵機故障通知後應採下列行動：**
   (1) 通知船長。
   (2) 懸掛「操舵失靈」信號標與號燈並使用汽笛信號。
   (3) 通知機艙停俥。
   (4) 切換並用手操舵。
   (5) 測試舵機室／駕駛台通話系統
   (6) 回復正常航行
2. **如果有擱淺之可能，船長應考慮：**
   (1) 緊急操船。
   (2) 拋錨。
   (3) 被拖救。
   (4) 通知沿岸港口國主管機關並警告附近船舶。
   (5) 通知船公司。

（二）機艙應採行動

1. 輪機長於收到當值管輪通知後應立即巡視舵機室。
2. 確認故障位置。
3. 確認電力供應正常。
4. 檢查油壓系統及油位。

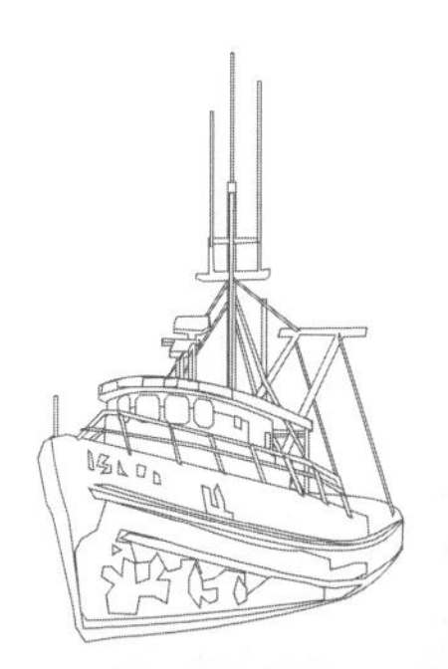

四、海盜或恐佈份子入侵後應採之行動

（一）船舶遭受破壞、人員遭受傷害、財產遭致洗劫等時有所聞，為了船舶人員之安全，不論在港內、港外或航行中，船長對於較具危險之海域或港口必須考慮偷渡、海盜或恐佈份子入侵等船舶保安問題。

一般船舶裝有反劫船警報系統裝置（Auxiliary Alarm System），常裝置於駕駛台、機艙控制室、輪機長室、船長室、舵機及報房等位置，於實施戒備前，船長應要求有關人員測試該項警報系統。

必要時船長召集船上人員組成保安巡邏隊加強全船之保安措施，及增派駕駛台之目視瞭望及雷達觀測人員。

（二）**當值人員如發現有異常情況時應採下列行動：**

1. 通知船長。
2. 發出船舶遭受攻擊之警報。
3. 封鎖所有進入船艙之通道以防禦船舶安全。
4. 確保無線電台保持備便。
5. 以特高頻無線電話與信號台、警察、海岸電台及周圍水域上的船舶建立通訊接觸。
6. 請求當地沿岸國之港口主管機關協助。
7. 如屬可能，則加速航行並採取迴避操船。
8. 甲板消防水總管送水、高壓消防水龍帶備便，以防止海盜登船。
9. 向船艇入侵方向發射降落傘信號彈。
10. 使用探照燈直接照射，影響入侵小艇上人員之視覺。
11. 打開全船室外燈光。
12. 確認受攻擊之時間與位置。

（三）**遭受攻擊時應採行動**

1. 避免暴力。
2. 嘗試以消防水柱、放置障礙物或其他類似行動阻擾或延滯盜匪進入艙間之時間。
3. 將船員集中在駕駛台或機艙控制室、並攜帶手提式特高頻無線電話維持機艙與駕駛台之聯繫。
4. 停留在安全地區內直到危險情況消失。

第七節　天候惡劣時之航行安全措施

惡劣天候為船舶遭難的重要原因之一，但此種災難所形成之損害，有時可以設法避免，亦可能設法減輕其損害之程度。其主要關鍵，完全取決於船員對於惡劣天候之應變能力。現在雖然船舶噸位日增，設計周密，機動力強大，助航儀器完備，操縱簡單而靈巧，但在惡劣天候下，仍然需要具有老航海家之真本領，否則，噩運將與惡劣天候結伴而至。所謂惡劣天候者，必屬下列情況之一：

1. 濃霧。
2. 大風浪。
3. 颱風。
4. 海嘯（Seismic Wave, Tsunami）。

不論何種情況之惡劣天候，凡遭遇之船舶，除實施各種不同之航行安全措施以外，尚須完成下列各種準備工作，以資應變，藉以減少各種損害：

1. 關閉大小窗口、蓋緊天窗、收起天幕，並略鬆繩索。
2. 管事部門應將各客房艙之門窗關閉，固定室內各種家具，如桌椅等活動物。
3. 機艙部門應注意可移動之機具，半滿狀態下之油水櫃，為使船舶平穩之原則下，應盡量減少過多之自由液面。
4. 艏方面之錨、錨鍊筒、導筒、起錨機等，皆須穩固，有蓋者皆須蓋好。
5. 露天甲板上經常往返之走道，需架設扶索，以確保船員之生命安全。

一、船舶在海上霧中航行的安全措施

當船舶在航行中，發現將進入霧區，或已在霧區中，則應立即採取下列各種措施：

（一）將船速改為適當緩速（Moderated Speed）

（二）派人值班瞭望

（三）每隔二分鐘發霧號（Fog Signal）一次、鳴笛或打鐘。

（四）連續測深。

（五）臨近陸地時，應準備拋錨。

（六）甲板上保持肅靜。

（七）注意潮汐之影響。

在霧中航行，利用連續之測深數與航向，以及時間和所測得底質，可求得大

概船位之所在。如船舶航行沿海地區，附近有島嶼或峭壁，突過大霧，則可利用島嶼上之高山與峭壁對船舶所放霧號之回聲方向與時間，計算其與船舶之相對位置，以助航行及避免撞及。

又當船舶在霧中緩慢前進時，若發現前有一水平黑影，則前面可能有島嶼或山岸。又如船舶緩慢前進之水花聲變輕，或船之操縱不靈，則船舶可能已駛入淺水區，均應避免撞山或擱淺之可能。

二、船舶在大風浪中航行的安全措施

在大風浪中航行之船舶，應特別提高警覺，準備隨時應變，其一般之安全措施如次：

（一）熟稔船舶之特性，以利於危險時之控制。

（二）搖俥鐘於備便位置，使主機能隨時機動變俥。

（三）轉航向頂風頂浪。

（四）注意船長與浪長之比例，如船長間距在兩浪峯之間，船體易遭損傷。

（五）船舶上浪後，宜緩速頂浪。

（六）船在順浪或橫浪中，轉向舵角宜小，主機轉速宜慢。

（七）夜間應增加瞭望人員，並注意航燈。

此外機器之運轉，應加倍注意，機動力與控制力，千萬不能喪失，如在大風浪中，主機發生故障，操舵裝置失靈，則此艘船之命運，將不堪設想矣。

三、船舶被陷入颱風中之安全措施

船舶按規定收聽氣象廣播，對於颱風之中心位置、風向及其強度等，自然瞭如指掌，可以及時迴避，但有時因不得已而被陷入颱風內時，則不得不作緊急處理以應變，除實施如大風浪時應行之安全措施外，尚須實施下列各項：

（一）暢通各排水管，以免積水溢流。

（二）必要時實施棄物，將甲板上之物件投諸海中。

（三）各級水密門窗按規定確實關閉。

（四）各種備用機械，必須切實在「備用」狀態。

（五）主副機加強備便，切忌喪失動力。

（六）機艙當值人員在機艙內，應謹慎應付可能隨時發生的災難及其他意外事件。

四、船舶遇海嘯時之安全措施

海嘯之形成，係由於大颱風、火山爆發、地震等所引起，海嘯發生時，海水狂嘯，海面提高，水流沖至陸地上，江水大漲，狂風巨浪，船舶往往為之斷鍊、傾覆、擱灘或觸礁等驚險災難發生。所以船舶如遇海嘯，除按大風浪時之各項安全措施施行之外，港內船舶最好避至海面上，然後主機緩速頂浪；至於正在航行的船舶，則其主機尤應減速頂浪前進，機艙人員亦應集中全力，隨時聽候駕駛臺的通知，以便應付。

第八節　港口對船舶安全及輪機檢修等規定

一、船舶輪機在港區水面作業之有關規定

（一）船舶如須執行下列有關作業時，應先向港務單位報備獲准：

1. 船舶舉行下水典禮或試俥。
2. 船舶進出船塢。
3. 船舶停泊中須熄爐或機器拆卸檢修。
4. 船上救生艇下水操練。
5. 舉行各種演習。

（二）在港需進行重大檢修時，應經船公司或代理行於事前向港務單位申報，經核准後始得進行。

（三）在港檢修時，為維護港區安全，須派輪機員在場負責監修，並採取各項安全措施，載有危險物品之船舶或油輪，在出清及除去內部油氣前，嚴禁檢修主機或使用電焊或氣焊，如涉及冷凍設備者亦同。

（四）停泊港內，機艙不得冒放濃煙，其濃度不得超過林格曼二號（臺灣各國際港之規定）。

（五）自領海基線起向外延伸之五十浬水域內，船舶不得排洩油料或含油混合物；並不得在港區或離港岸二十浬水域內，排洩有毒物質、污水、廢油或投棄垃圾。

（六）在港區內應將有毒物質、污水、廢油或垃圾置於自備容器內，防止滲漏、散發腥臭氣味，或予以適當之處理或排洩於港區之收受設備內。

二、油輪在港區之安全與防護規定

（一）在油輪警戒區域內，絕對禁止吸菸，有關船上禁止煙火之規定，列舉如下：

1. 油輪到達油碼頭附近及停靠碼頭裝卸油，或調整壓艙水與洗艙時，絕對禁止在露天甲板上吸菸。
2. 船上准許吸菸處所，由船長指定在有掩蔽之房間使用。
3. 須在艏艉最顯著之處所，懸掛「禁止吸菸」之牌示，及將有關吸菸規定與許可吸菸房間公示周知。
4. 無論何時，不准將菸頭及火柴擲出門窗外。
5. 不准使用打火機或非安全之火柴。
6. 船上所有人員，均有責任隨時協助船長，執行有關煙火之各項安全規定。

（二）船舶停靠油碼頭期中，不准使用暴露之燈火，亦不得作清理鍋爐、敲剷鏽鐵、切割鐵板，及其他可能引起火花之工作，並嚴禁使用鐵器。

（三）船上烹飪爐灶，限用電爐或汽鍋，並以港務單位審查合格者為限。

（四）油輪停靠碼頭時，鍋爐不准吹灰，並應盡可能於排氣管口裝設滅焰器，並應防止煙囪冒出火星。

（五）廢油布及棉紗頭，易引起自燃，不得隨處拋棄，如當時不能立刻清除，應暫時放置於艉部金屬容器內，俟機出清，所有船上廢物之堆積，應予特別注意，以消除一切可能引火之物。

（六）可能燃燒或爆炸之船用物品，必須儲藏於安全地點，並繫縛牢固，一概不准在甲板上溶化、加熱或堆積。

（七）機艙使用之輕便電燈，必須特製配有護罩者，並應於使用前詳查其裝配是否得當，絕緣是否良好。

（八）船員之雨衣、雨帽，應備專室懸掛，不可積壓一處，以免發生火災。

（九）空氣面罩及照明燈，必須放置於適當處所，以便急需時可立刻取用。上項空氣罩及照明燈，應由大副指定專人保管，每月至少試驗一次。

（十）泵室及機艙內，應經常保持良好通風，減少油氣及其他可燃氣體之積聚，在裝卸油料、洗艙或打壓艙水時尤宜特別注意，又在開始使用泵室前30分鐘，應即開動通風器，以至工作完畢為止。

（十一）卸油泵如因潤滑不良，填函間鬆緊調節不妥、或泵打空過久，均易發生危險，負責泵室之操作人員，必須特別注意，隨時查察防止此類危險之發生。

（十二）凡密閉或油氣積聚或通風不良區域（例如雙層底艙、前尖艙、隔艙及貨艙等），因可能存有毒氣，或缺氧，均足致人死命，故凡進入上述區域之前，必須先行通風清艙，並採取其他必要之安全措施，諸如清除油氣、使用測氧器、可燃性氣體指示器，必要時，進入人員須戴上氧氣面罩或防毒面具等，否則應嚴禁任何人員進入。

（十三）船上如發生火警或其他緊急事項時，除以自備之消防設備施救外，應即時發出信號，或連鳴短笛、警鐘，並用一切可能方法，通知陸上警戒人員及港務局輸油站或信號所，以便施救。

（十四）油輪當值駕駛員及輪機員，應隨時保持警覺，注意安全規則並切實執。

三、港區油污處理之規定

（一）壓艙油污艙水，船方應負責在港務當局所劃定之禁止排油區以外排棄。排水管線、泵與其他設備須同時滌洗乾淨。為操縱安全所需之壓艙水，不得含有油污，否則港務單位得通知該輪，駛出至上列地點，重行清理後，再行進港。

（二）油輪在港期間，船方應負責不得使油料外溢或漏入港內。

（三）船舶在港內，禁止排卸油料及油性混合物，如屬必要時，應通知港務單位指派專人或告知處理辦法。

（四）如屬船舶損壞或無法避免之滲漏，而污及港區者，船舶所有人應負責賠償此項清除油污之費用，及一切連帶之損失。

習　題

一、輪機部門應注意清潔、除鏽及油漆之部位有哪些？試列舉之。

二、詳述輪機人員自行檢修之原則並列舉一般檢修項目？

三、輪機人員如何配合修船廠施工之要領？

四、試就精神上、技術上及物質上之各項備便，詳述輪機人員平日對輪機工作之應變準備？

五、測試船舶圍蔽空間內空氣成分之儀器有哪幾種？簡述各種儀器之測試要領？

六、詳述進入圍蔽或密閉空間時應注意之要點？

七、試述進入空氣屬可疑或已知不安全空間時應注意之事項？

八、試列述由於電氣設備或其機件損壞造成船舶失火之原因？

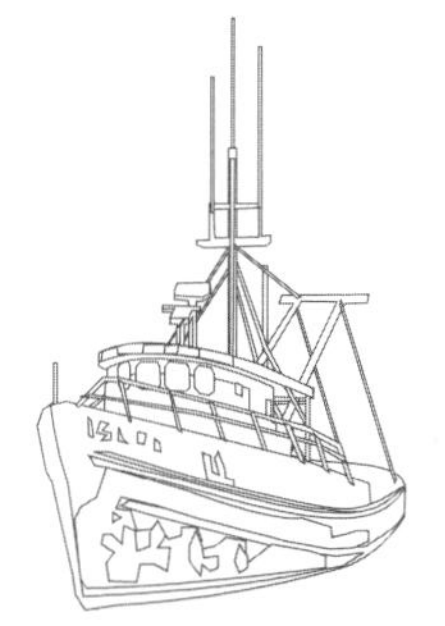

九、試列舉由於人員疏忽所造成船舶失火之原因？

十、試述貨艙火災之應變措施？

十一、試述住艙火災之應變措施？

十二、詳述機艙或機器間火災之應變措施？

十三、試述當船舶油料外洩時應採取之因應程序與應變措施？

十四、當船舶主機發生故障時，在機艙之輪機人員應採行之措施為何？試述之。

十五、當航行中之船舶陷入颱風中，輪機人員應採行哪些安全措施？

十六、當船舶遇海嘯時，輪機人員應採取哪些安全措施？

十七、輪機部門在港區內執行哪些作業時，應先向港務單位報備獲准？

第十二章　船舶節省能源與廢熱回收利用

第一節　概說

節省能源並非近年因石油危機後才發生的課題。自從蒸汽機發明後，工程師們已不斷的為改善熱機效率而努力，希望盡量減少燃料消耗率以節省經營成本。例如加諾有關可逆機效率之研究，及以後熱力學的第一定律與第二定律之制定，均為改善熱效率而產生。近年來燃料費的高漲與燃料來源的困難，對於節省能源與選用燃料種類的研究似乎達到了高潮。各行業對於節能所作的投資都希望在短期內因節省燃料費而回收，繼之在節省燃料費的妥善經營之下得到最大的利益。

船舶的節能問題牽涉多種複雜因素，並非單憑燃料費的節省就能得到船舶運航的最大經濟效益。在初期投資成本、利息、船舶折舊率與使用年限、航運景氣、燃料價格及船員費用等之總費用均需詳加考慮。船舶所用能量主要目的在於船舶推進，船速的決定，端視於運轉效益，故節能並非要盡量減少燃料，因為燃料節省到某一程度時，船速過低，不但不合乎經濟利益，而且失去節能的意義。

燃料價格高漲時最主要的對策為減速運轉，因單位噸浬（排水量×航程）所需的主機出力（PS-Hr）與速度的平方成比例。減速航行的目的是降低燃料的成本，至於減到何種程度則視經濟效益狀況而定，其次為開發阻力最小的船型，除將肥大轉為瘦長的船型與開發最適線型外，船殼使用優良塗料，如自磨塗料，令其表面光滑清潔，減少磨擦阻力，以期在單位馬力下得到最大的船舶推進，採用大直徑低轉速的螺槳以改善推進，燒用價廉的低品質燃油，利用餘熱回收，提高設備熱效率等都是當前節能的主要措施。

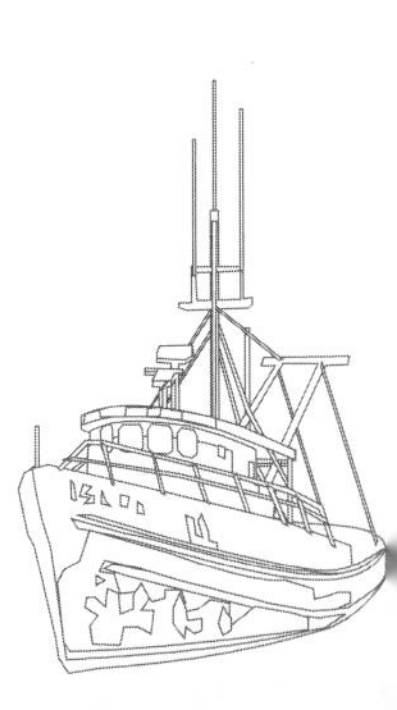

第二節　研發與對策

一、節能船舶之研發途徑

（一）在預定的運送條件下，決定適當的船型及主要尺寸，須檢討船舶噸位及速度之匹配，以求得最經濟的運送成本。

例：運送量一定時，10萬噸2艘，20萬噸1艘（取同一船速），20萬噸者可節省20～30%之能源。又15萬噸14節與14萬噸15節之兩型船舶比較，前者比後者節省10%之能源。

（二）船舶主要尺寸決定後，盡可能設計節能之高速率船舶。

1. 盡量提高船體之推進效率。
2. 盡量增進主輔機之節能效率。
3. 盡量裝置節能的系統。

（三）運轉效能優良之船舶，應檢討並掌握其實績，反映到基本設計，以發展更能節省能源之優良船舶。

二、主要尺寸的選定

特別在考慮船舶之大小及速度時，應注意下列各項：

（一）船舶推進所需之動力，約和船之全重量（排水量）之1/3次方與速度之3次方之積成比例。

（二）由燃料消耗觀點來看，船型大型化，速度選擇較低者，較為有利。

（三）若欲保持輸送能力，則船速和船舶大小與船舶建造費用成反比例。

（四）船速在零和無限大之間必定有一最適之經濟船速存在。

（五）燃料單價提高則上述最適點向船速低的方向移動。

例：13～26萬載重量噸船型，依不同之燃料單價演算如下：

燃料單價180～250美元/噸；

最適速度約下降1節；

燃料單價250～400美元/噸；

最適速度約下降2節。

實際上，1973年石油危機以前具代表性如VLCC、ULCC之大型油輪，其速度約為16節左右，此後速度均減為較節能之12～13節。

（六）實際的船型計劃工作，須根據港灣、航路、建造設備能力等，以配合此等條件之最適切的尺寸。

（七）主機出力的選定，應能確保在各種海況中，維持一定的船速。操船性能須選靈活安全，對尚不確定之各要素，應保留相當的餘裕。

三、提高推進性能

藉改善推進之整體效率和減少船殼阻力，以削減推進所需之動力，並達成節能之目的。

（一）減低船體阻力

1. 艏部

主要針對造波阻力影響，從造波理論及船模試驗結果解析，研究釐算最佳之球型艏，以減少造波阻力。

2. 艉部

船尾之粘性阻力，影響較大。螺槳性能及推進效能有密切的關聯，採大直徑螺槳，艉部球型化均能顯著改進推進效率。

3. 船體表面平滑化

採用船底自磨漆（Self-polishing）及高性能水中清掃機，以減低船殼阻力。

（二）水面構造物

宜採小型化及流線形化，附屬物之阻力，依其形狀有時會意外的變大。若稍微犧牲其性能，亦可減少其阻力。例：螺槳後配裝反動舵（Reaction Rudder）可利用螺槳之擾流而產生前進推力。

四、改善推進效率

（一）低轉速大直徑螺槳

在螺槳設計階段，為配合提高推進效率，常採低轉速及大直徑之螺槳，但須考慮下列各因素：

1. 螺槳直徑加大，則圓蝶面積擴大，跡流因而減少。
2. 空載狀態，螺槳浸水率減少，導致須增加排水量及推進馬力。
3. 螺槳重量趨大，艉軸潤滑及振動應特加注意。

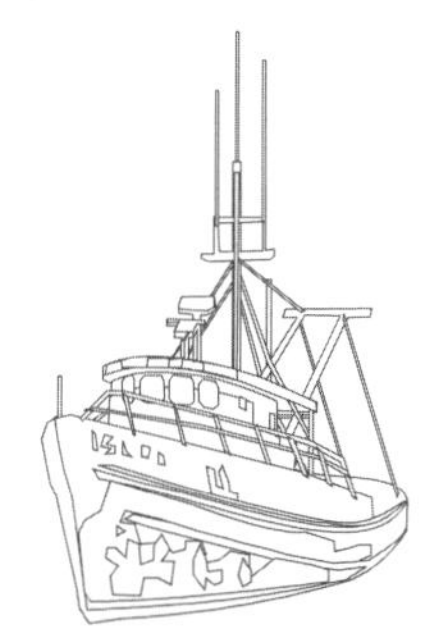

（二）導管螺槳（Duct Propeller）

Duct可以適控螺槳之進入水流，以減少船殼阻力及螺槳空蝕，節省約10%之推進馬力。

（三）對轉螺槳（Contrarotating Propeller）

螺槳能量損失減少，並提高效率。一般商船之使用，由於螺槳軸機構之複雜，實用性小。

（四）二軸螺槳

由於螺槳之荷重減少，理論上提升螺槳單獨效率，但跡流變小，推進效率下降，正好抵消其好處。現有搭接螺槳（Overlapping Propellers）可避免跡流降低，進而節省推進馬力。

（五）可控距螺槳（Controlable Pitch Propeller, CPP）

推進負荷變化時，可藉螺距之調整，使其運轉達最佳效率，充分發揮動力。因此，當一艘船在原設計速率以下運行時，可減低至最適當之主機出力，使符合最佳燃油消耗率。

五、船體之輕量化

（一）船體之主要材料以高張力鋼代替通常用之軟鋼。並檢討構造方式，溶接法，工作法等以節省材料。

（二）附屬之裝物及輔機等搭載機器宜採小型及輕重化。

六、輪機裝備的高效率化

節省船舶能源，除推進主機外，應考慮船上輔機及其他機械裝置，包括船員之起居設備，貨物裝卸機具等。

（一）主機之選定及其額定出力之決定

1. 貨物種類和載貨形態可限定主機種類，如Ro-Ro、汽車專用船、LNG船等。
2. 基於配合船舶貨載之營運及主機節能，主機使用之燃料應加以選擇，例如重油、煤炭、LNG船等。
3. 目前主機種類繁多，以使用重油之低速柴油引擎最為經濟可靠。設計選用主機時，可選擇比船舶推進所需馬力較高之主機，使其運轉在較低負荷，較低轉速之大氣缸壓力範圍內，對主機負荷而言，是為降低負荷，亦即所謂之低額定出力（De-rating），可達省油目的。

（二）廢熱回收利用

1. 主機排氣及冷卻水之廢熱回收。
2. 利用氣缸冷卻水之餘熱製造淡水。
3. 排氣鍋爐及排氣節熱器（Economizer）及渦輪發電機等。關於輪機之廢熱回收利用將於本章第六節詳述之。

（三）減少船內所需動力

1. 一方面節省船上消耗之電力及蒸汽量。另一方面開發廢熱回收率較高之系統。
2. 不需要或不急用之輔機，可停用或改低速運轉。
3. 船內所需動力之平衡，除考慮航行動力外，亦應考慮裝卸貨及停泊時之所需動力。例如甲板機械如只為繫船或裝卸貨使用，則其使用效率可謂偏低。
4. 雜貨船及散裝貨船所使用電動油壓之貨物起卸機，低壓定量出力泵與高壓可控出力泵之使用比較，前者所需動力較小且效率較高。
5. 壓艙泵（Ballast Pump）之容量應能配合一般的裝卸時間，尤以散裝貨船，卸貨時間比裝貨時間短。裝貨時盡可能多用重力排水即Top Side Tank可加大；相反的二重底及Hopper Tank可減小，因此壓艙泵之容量可遞減，其輸水管徑及配管重量均可縮減，電力負荷亦因而削減。
6. 船上照明設施採用省能源之螢光燈，及廚房用具之配合省能源措施，均可積少成多，達成節省能源之目標。

七、船舶運轉效能之提高

（一）壓載航行狀態的最適宜狀況

壓載狀態中盡可能減少排水量，考慮螺槳潛水（Propeller Imersion)、波浪中船體運動及操船性能，利用船模實驗加以檢討，訂出最適吃水及俯仰差（Trim）之狀態，如此可節省部分之推進馬力。

（二）減少舵板阻力

採用自動舵控制系統（Auto-pilot Control System），改善阻力增加的可能。

（三）最適航路，最適速度的檢討

航路航法的選定，可利用潮流、海流並考慮海象、氣象，選定燃料消費量最少之航路及速度。

（四）自動操船系統之開發

第三節　節能措施實例

為因應節省能源之措施，造船界與航業界莫不挖空心思研發新的省油技術。據現有的成果措施並為同業共同體認者，林林總總計有數十種之多，適用項目，取捨之間因船而異，而且尚待不斷的實踐與引證，自難一概而論。此外，新的理論，新的技術，尚待我們再接再勵去開發運用。茲將目下開發成功的節能方法，分輪機、航海及造船等三方面加以說明：

一、輪機方面之省油措施

（一）柴油機推進系統

1. 渦輪發電系統（Turbo-electric Generating System）

   利用柴油主機排氣為熱源在排氣鍋爐內產生蒸汽以推動渦輪發電機之系統。在主機出力較小時，回收廢熱量無法驅動所需要之電力，故主機出力在15,000PS以下時，最初被認為不能構成這種渦輪發電機系統。但今日技術水準的提高和經驗的迭增，以新的構想，削減船用電力，即使8,000PS的柴油主機，其排氣餘熱仍能滿足此系統之成立；即可有效控制柴油主機之排氣溫度，利用主機冷卻水和空氣冷卻器冷卻水加熱排氣鍋爐之給水及改善蒸汽條件。

   利用柴油主機廢熱回收之低壓渦輪發電系統可節省巨額燃料費，故各主要造船廠紛紛開發這種系統，在1980年NK敍級的船舶就有二十艘裝設這種設備。各造船廠所開發的系統設備大致相似，如圖12-1所示為一般柴油主機廢熱收回低壓發電系統。

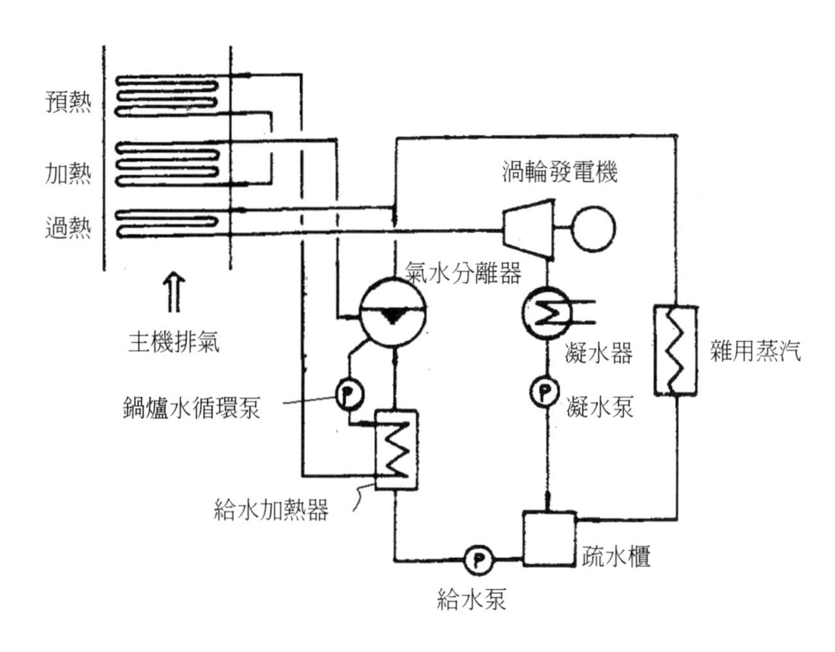

圖12-1　柴油主機廢熱回收與低壓渦輪發電系統

2. **軸發電機**

所謂軸發電機係以柴油主機為驅動動力而沒有專用原動機之發電機之總稱。該部分於本章第四節詳予介紹。

3. **整體動力系統的協調**（Plant Tunning）

柴油機應特別注意改進動力系統的協調，裝設燃燒分析系統長期監視引擎之工況，並分析其燃燒情況或噴油波狀以促進協調。可使引擎之耗油量，磨損程度以及維護工作減至最低程度。

4. **船用燃油一元化**（One Fuel Onboard）

為減少機艙各種油櫃之裝置及簡化燃油管路的安裝，如果將主機、輔機及鍋爐均使用同一種燃油，則非但可以減少油櫃，簡化管路及節省安裝費，同時，可以減小機艙空間，增加貨艙容量。尤對機艙操作及自動化不無幫助。

船用新型四衝程柴油發電機，從起動到停俥，在各種負荷下均可使用重柴油，但須具下列各項特性：

(1) 燃油系統須有良好的噴射裝置，即燃油需完全霧化燃燒。

(2) 為節省燃油消耗量，宜按各種負荷自動調整噴油時間。

(3) 確保燃油保溫裝置，使噴油時間準確，並須設安全閥防止回壓爆炸。

(4) 渦輪增壓機（Turbo-charger)宜採用脈動式（Pulse-charging），以配合在各級負荷均有過剩空氣，促成完全燃燒。

5. 主機傳動泵（Main Engine Driven Pumps）

為盡量減少船上電力負荷，以達成軸發電機或渦輪發電機之電力負載，倘將噴油閥冷卻泵、燃油增壓泵、凸輪冷卻潤滑油泵，及其他小型之泵，由主機傳動，則將達成機艙輔機由主機傳動。其他所需電力予以獨立以防止航行中可能之電力失效，則自能增進航行安全，促進省能源的目的。

6. 蒸汽主機換裝低速或中速柴油機

換裝低速柴油主機後，比蒸汽機可省油25%，對於船齡不大的船舶，值得投資。換裝中速柴油機與換裝低速柴油機規範相同。中速柴油機雖然需使用較高品質的燃油，但其換裝成本則比低速柴油機低廉10%。

7. 絕熱壓縮

中速柴油主機如採用絕熱壓縮，可使油與空氣的混合油氣在氣缸溫度800℃下燃燒。如再能充份利用廢熱回收，據估計約可省油25%。

8. 燃油粘度控制器

由於燃油品質良莠不齊，供油規格不詳實，燃油粘度控制器對於燃燒情況扮演了非常重要的角色。粘度是決定燃油霧化的重要因素，對於各種省油方案，均有決定性的影響。

9. 輕、重柴油之混合

使用輕、重油的混合燃油，可節省高級柴油的消耗量，亦可節省燃油成本。

10. 燃油添加劑

燃油添加劑雖非萬靈藥，但如使用得當，對於燃燒卻大有幫助。至於應使用何種添加劑、添加份量多寡以及如何添加，仍需詳加研究分析，方能解決實際問題。世界各名廠均經常提供研究資料，以供使用者參考。省油程度隨各輪情況而定，其省油率亦難一概而論。

11. 使用劣質燃油

船舶使用燃料之品質，漸趨劣化，以樽節營運成本，然對低品質重油之淨化方法，以及使用之加添劑是否有效減低腐蝕與消除殘存酸化物等，尚待致力研究，以收實效。

（二）蒸汽機推進系統

1. 降低產汽率

降低產汽率減速慢行是能源危機聲中最先的反應，但減速必須考慮整個公司船隊所受的影響。燃油上的節省是否可以平衡其他的成本增加與財源損失。在不躭誤船期的條件下，開航之初應即減速慢行，待認為有必要時再酌量加速。船長務需密切合作、細心盤算，節省燃油，以降低燃油費用。

2. **冷凝水當冷卻劑**

在減速航行下，以冷凝水冷卻潤滑油及供蒸發器使用，可省油0.2～0.5%。凝水所得之廢熱回收，可減少給水加熱所需之低壓抽汽（Bleeding Steam）。因此，進入凝水器之排汽量將略有增加。需特別注意者是冷卻器絕不得有洩漏發生，在此情況下，如以真空泵代替抽氣泵（Air Ejector），當更為有效。

3. **換用較小蒸汽泵**

在減速航行時使用較小的蒸汽泵，約可省油0.7～1.8%（包括主、輔給水泵）。給水泵一般多為電動式，可幫助渦輪發電機發揮其增加輪葉長度或進汽弧度（arc）的優點與更多的膨脹級數。

4. **增加給水加熱次數**

在蒸汽渦輪機船舶，增加給水加熱層次，可省油1～3%。新加熱器由於邊際性報酬（Marginal Returns）的低減，省油不多，唯有增設加熱器才能改進給水循環。

5. **氧氣監視系統**

可有效控制爐內的燃燒空氣過剩率，以促進燃燒。氧氣監視系統比之一氧化碳監視系統更為經濟。假如某一現成鍋爐，其空氣過剩率為15%，可獲更為經濟的燃燒。

6. **一氧化碳監視系統**

連續監視排煙中的一氧化碳，控制燃燒空氣量，以改進動力工況。使用自動調整要比人工調整快達七倍。此外，採用變速的強力鼓風機馬達控制器，尚可更進一步節省燃油。

7. **增加抽汽（Bleeding）**

假如大多數的航行，均不在全馬力操作時，可改裝透平機另增抽汽，以供給水加熱。選用較低的過熱溫度與壓力，可獲致6%的省油。

8. **串流式抽汽系統**

串流式透平機抽汽系統之安裝成本約等於另一高／低壓透平的基本布置，可趁在透平機拆開檢修時機加以改裝，不過該系統僅適用於設計馬力20～60%間之連續工況。約可省油1～5%。

9. **換用電動給水泵**

蒸汽動力船舶在入港後，可停用一鍋爐，並換用電動給水泵，以增進蒸汽動力循環效率。據估計可省油約15%。

10. 新型風門調整系統

據新型燃燒器調風門系統的研究設計，顯示出選用適當的鍋爐燃燒器調風門，可顯著降低爐內的燃燒空氣過剩率。

11. 雙重節熱器與蒸汽式空氣加熱器

局部改裝雙重節熱器、蒸汽式空氣加熱器，並不困難，其省油程度約1.5～3.5%，隨所需馬力之減少而增加。使用迴轉式的再生空氣加熱器，同樣也可省油，但其系統成本比之煙道內的板式熱交換器要高出30%。

12. 降低主機排汽之過冷

裝置銅－鎳小孔板（Copper-nickel Orifice），減去25%的主循環水流量，可降低主機排汽的過冷狀況。最高約可省油1.2%。

13. 改良過熱器

過熱器之改良與維護，可省油0.5～1.5%。增加過熱器與降熱器之面積，可增加蒸汽溫度及其容積與熱效率。此外，還可降低蒸汽中的水汽與減少蒸汽渦輪機的輪葉遭受沖蝕。

14. 僅用一隻鍋爐

當慢速航行或港內停泊時，僅用一隻鍋爐，可使工況更接近其正常的定額燃燒。較高的過熱蒸汽溫度，可獲致省油效果。公司在政策上應鼓勵船員採用適當的安全步驟與正規操作，相互配合。據估計約可省油3%。

15. 換裝燃煤鍋爐

採用燃煤爐，據估計約可節省燃料成本28%。換裝燃煤鍋爐並非易事，不過可趁船體改造（Conversion Layups）時機換裝燃煤鍋爐。其鍋爐體積、儲煤艙、處理場地約需增加2～3倍的空間。

16. 煤／油混合液及石油焦漿

蒸汽鍋爐燃用混合煤／油、石油焦漿（Petroleum Coke Slurry）、燃用煤或其他石油副產品，均可代替燃油。石油焦漿可用泵輸送，也可裝艙（Bunkerable）。除了在儲存中的高溫外，其它都很穩定，燃燒效用亦與石油相同。約可節省燃料成本15～40%。

（三）電氣與其他系統

1. 功率因素修正

船上電氣系統的功率因素修正可省油1～2%。其投資報酬率可在一年內收回成本。

2. **使用一部發電機**

全負荷運轉一部發電機以代替啟用兩部發電機之同時供電，可節省柴油消耗量，並可減少引擎運轉時數及引擎之維護工作。

3. **可控量冷卻水泵系統**

使用可變速馬達驅動泵來調節冷卻水量可減少驅動泵所需的電力。如圖12-2所示，為一種可變速運轉之柴油主機冷卻水泵之速度控制，IM為感應馬達，依渦電流聯軸器（Eddy Curent Electric Coupling, EC）而改變泵轉速。柴油主機所需冷卻水量是因主機負荷及海水溫度的變化而不同，故從海水出口溫度所檢測的溫度信號控制泵的轉速時，可得到適當的冷卻海水。另外變速機構也有用三相感應馬達的變速與渦電流聯軸器所組合者，控制勵磁電流即可適當的控制傳達轉矩。採用PID（比例、積分、微分）控制回路時，冷卻海水之出口溫度幾可控制到恒值。採用變速控制不但可節省電力而且可穩定全系統的運轉以提高信賴度，如此泵的出口量由閥的開度或馬達的開停（ON－OFF）控制而進步到Y－△切換，二段速度切換及使用渦電流聯軸器的可連續性變速控制與矽控子變流（Thyristor Inverter）為主的電動機可變速控制。表12-1為定速與可變速泵消耗電力之比較。

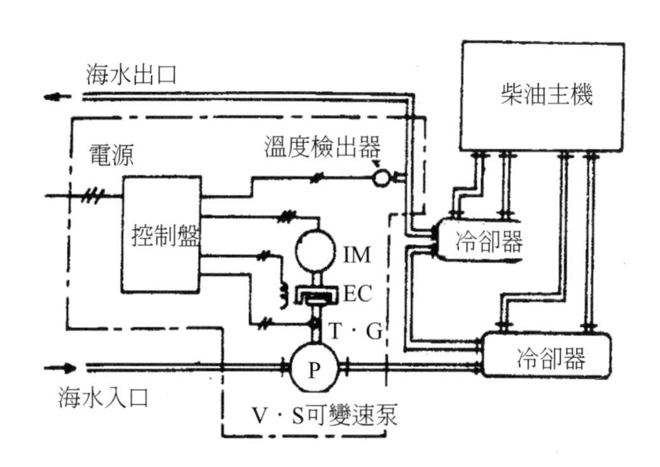

圖12-2　柴油主機冷卻水泵之可控速裝置

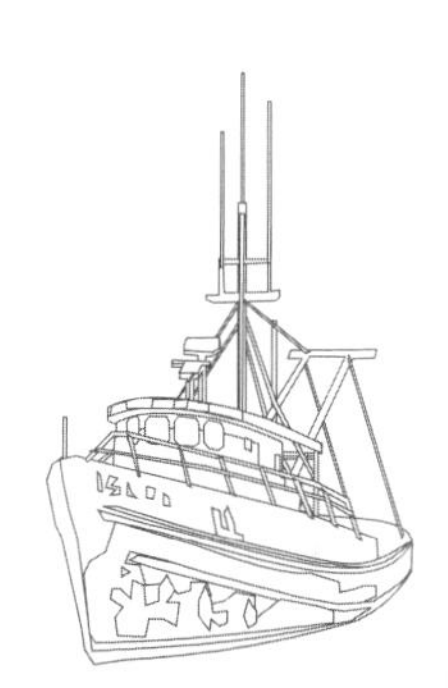

表12-1 定速與可控速泵消費電力之比較

運轉條件		主機：100%MCR 海水溫度：32℃		主機：85%MCR 海水溫度：20℃	
冷卻海水泵		定 速	可變速	定 速	可變速
冷卻海水量	M^3/H	450	450	450	220
泵揚程	m	24	24	24	5.7
泵回轉數	rpm	1750	1550	1750	855
泵效率	%	83	83	83	80
泵軸馬力	kW	37.8	37.8	37.8	4.4
聯軸器效率	%	—	85	—	39
電動機出力	kW	37.8	44.5	37.8	11.2

4. **利用燃油滲水器（Water Emulsifiers）**
   將燃油乳化，可促進劣質燃油的燃燒能力，因每一油粒子間均混有水粒子，使燃油粒子更趨微細、更易燃燒。
5. **吸收式冷氣系統**
   採用吸收式冷凍機替代傳統式壓縮冷氣機削減冷氣所需電力。利用排氣節熱器後段的廢熱或柴油主機冷卻水之廢熱（85℃～90℃之熱水）為熱源作為驅動吸收式冷氣機的能量，可節省電力達45～60kW之巨。這種冷氣機是以水作為冷媒，因只有保持高度真空為目的之溴化鋰吸收液，且由循環水泵及熱交換器所組成，故可動部甚少，運轉時幾無振動與噪音，不但可節省電力而且信賴度也甚高。

二、航海方面之省油措施

（一）預先訂定航行計劃

凡船舶航行運輸，必先作好航次計劃；將航運目的地、距離、載運物品、裝載過程所需時間、船隻本身性能、航前檢查、氣候狀況與變化，及多次應變準備，都要深入計算、釐定航程，據以遂行，才易達成航行任務，樽節人力物力。

（二）探究航海術

航海是一種藝術，現代航海人員在決定距離和方向時，通常均直接在海圖上量之，因該方法能給一實際精確，而又迅速之解答，但有時亦有需要用表或計算法來求得解答者，用多種方法來求方向與距離，在航海學上謂之航法。船舶航行海上，最主要的要盡量縮短航程，配合經濟航速，以節省油料。為此極宜採用「大圈法航海」；其特點——球面上每個大圈，必平分其他大圈，所以每個大圈航跡，如予以延長並繞球一周，將有一半在北半球，一半在南半球，兩半圈之中點，均距離赤道最遠，在該點，大圈已達最高度，故此點謂之頂點。簡言之，便是採取直線航法，兩點間以直線為最短。

（三）利用衛星導航設備（Satellite Navigation）

改進航路的準確度，以縮短航程。同時可利用衛星連絡，對於傳送氣象航路（Weather Routing）、機艙或緊急醫療等資料，頗有裨益，可減少燃油耗費。

（四）提高操舵效率

配裝適當的自動操舵系統（Auto-pilot），提高操舵效率，減少舵板偏差的拖累，也可獲致省油效果。

（五）看氣象定航路

船長應切實審視船期、航速、裝載、氣候等因素，規劃最適當的航路。在惡劣的氣候中，所定航路是否得當，對耗油量約有−3～+3%的影響。

三、推進系統與船殼之省油措施

（一）低轉速大直徑螺槳與隧道型船艉（Tunnel Stern）

降低轉速與螺葉面積之比值，據估計約可省油0～10%。在設計上應求最大的螺葉直徑與最適當的轉速，以獲最佳的螺葉推進效率。

中速柴油主機船舶的螺槳直徑加長，轉速經遊星減速齒輪減低而運轉的結果，可較中速同型船舶在同一航速下節省9%的燃料費。

目前所發展的超長衝程低速柴油主機裝大直徑螺槳也有同樣的效果。但使用大直徑螺槳船隻，在荒天大風浪航行時可能增加葉尖露出水面的機會，同時增大了螺槳在船尾誘起的變動水壓，也容易引起螺槳與船體間的空蝕（Propeller Hull Vortex Cavitation），這些現象均增加了船尾振動的原因。因此對船尾形狀的設計必須慎加考慮。有多種適用於大直徑螺槳的新形船尾。如T形、P−T型、BV型，這些新形船尾的工作原理大致相同其形狀從船體中央附近向船尾安裝螺槳處沿伸作成隧道形狀，這樣不但能夠改善已往肥大型船船尾水流不良問題，即使在輕載淺吃水時螺槳也能充分浸沒。此新形船尾已被74,000DWT散裝船採用，若將螺槳由轉數114rpm降到70rpm運轉時，則在船速為16.6knot的情形下比較，傳統式船需要20,500馬力的主機，但使用新形船尾者祗要18,000馬力即可。如此同噸位、同速度、同效果而採用不同直徑的螺槳與轉速及船尾形狀，無形中可節省2,500馬力的推進力。若主機耗油量以最近的130gr/PS-Hr計算，每天可節省7.8噸燃油。新型油輪、散裝船的節能措施正朝此方向發展。

（二）**噴嘴式或導管式螺槳**（Nozzle or Duct Propeller）

已往具有螺槳荷重度甚大的船舶，如肥大型船或拖船等，在螺槳外圍裝有加速型噴嘴（如圖12-3），提高螺槳效率，但這種噴嘴通常有下列問題：

1. 在噴嘴內面因會發生空蝕（Cavitation）故需用特殊材料或裝設空氣射出（Air Injection）設備。
2. 噴嘴與螺槳之間需保持正確的間隙，故需甚高的精密度與強度。
3. 對現成船要裝噴嘴時有裝換螺槳的必要。

如要解決上列問題且要有導管式螺槳（Duct propeller）相同的效果，可採用MIDP或HZ Nozzle，如圖12-3②、③。在裝上這種噴嘴（Nozzle）的數十艘現成船或新造船在其航行結果報告，可節省6%馬力（如圖12-4及表12-2）所示。又依船型之別，節省馬力亦有高達10%者。這種新式導管的理論效果，經試驗結果不但與傳統式導管（Conventional Duct）同樣，至於水流的加速與導管的推力分擔（10～20%）所造成的螺槳荷重度的減輕，以及隧道型船尾的整流化與均一化亦有甚大的效果。

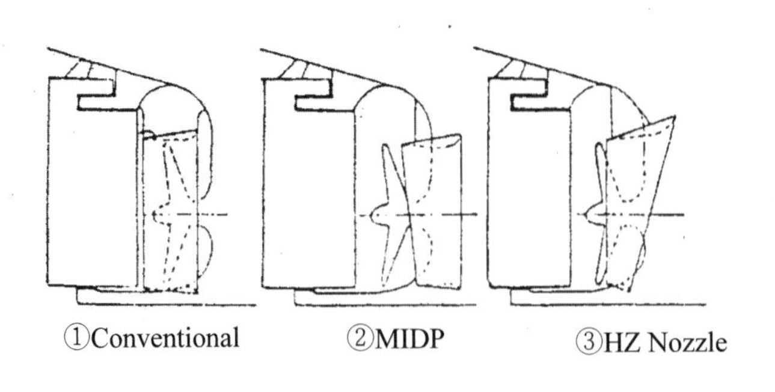

圖12-3　各種噴嘴式螺槳（Nozzle propeller）

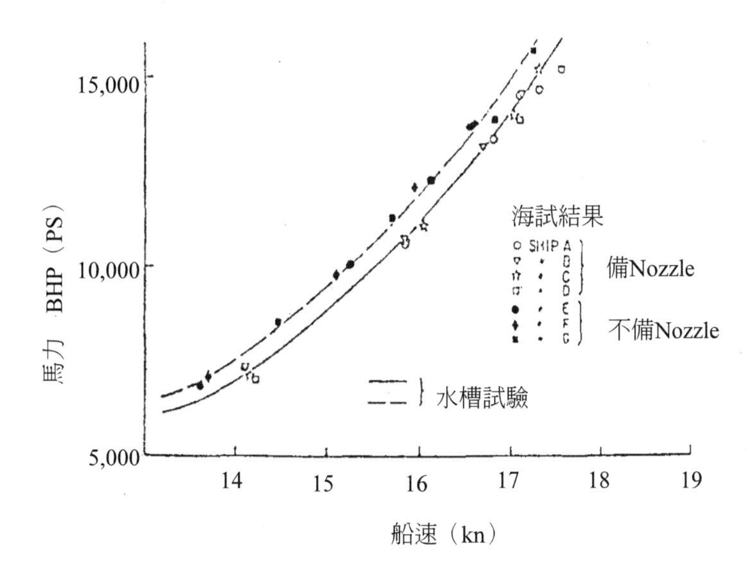

圖12-4　裝設噴嘴式螺槳船舶之航速增加效果

表12-2　各型船舶螺槳裝設HZ Nozzle的效果

船舶大小（DWT）		60,000噸	80,000噸	130,000噸	170,000噸
增加船速（knots）	重載	0.18	0.33	0.35	0.35
	空船	0.25	0.17	0.30	0.25
節省推進力（%）	重載	4.0	7.0	8.0	8.0
	空船	6.0	4.0	6.0	6.0
燃油	耗油量（噸／日）	47.9	51	65.7	101.9
	節省（%）	5.0	5.5	7.0	7.0
	每年節省燃油（噸）	600	700	1,150	1,780

（三）**可控距螺槳**

可控距螺槳操作方面，無論在何種船舶負載情況，均可達成其最高效率。同時，俥軸上亦可配帶發電機，更有助於船舶動力的整體效益。但其螺距設計調定（Design Pitch Setting）之效率不及定距螺槳，因含設計點外之螺距（Off-design Pitch），在直徑與螺距之分佈上不再相互配合而有損其效率。高螺轂／直徑比值（High Hub Diameter Ratio）之可控距螺槳效率降低約有2～3%。在新柴油機船舶，據估計約可省油3～10%。

（四）反轉雙螺槳（Contra-rotating Propellers）

快速船舶的螺槳直徑，因受船艉結構吃水以及高轉速的限制，採用反轉雙螺槳頗為有利。再者，推進負荷由雙螺槳分擔，可削減空洞現象（Cavitation）與沖蝕、振動與噪音。裝用於新造船估計可省油0～13%。

（五）重新設計或經螺距調整之螺槳

對於粗糙船體、低產汽率、引擎工況欠佳，新的引擎傳動布置或船艉設計，均有助於節省燃油。船體海生物增加，有如螺槳遭遇船跡（Wake），如再加上引擎老化，輸出轉速所得之轉矩減少，則需更大的馬力以維持其定額轉速。為了減少馬力損失，可削減螺槳直徑〔但螺槳直徑仍應盡量維持其最大程度，以符合船舶吃水與其洞徑（Aperture)〕或調整螺槳後緣（Trailing Edge）之角度，以改變其螺距。換裝加大直徑7%之螺槳，即在25～35%及以下之低速運轉，仍能減少所需之馬力，並可省油9～10%。假如，因調換螺槳（Prop Swap）後而船速下降，則應重新分析主機之效率。

（六）螺槳作定期修理或磨光

螺槳不論是全部或僅在其外緣部分，作定期修理或磨光，均可防止效能損失。據估計約可省油0.25～0.5%。無論是定期船或大型油輪，粗糙的螺槳葉片表面均將增加燃油消耗，故螺槳葉片表面的品質極為重要，不可任其毀損。

（七）反導向舵板（Contra-guide Rudder）

在美國的WWⅡ自由輪，按政府提供的研究資料施行，計可省油0.5%。

（八）球型艏（Bulbous Bow）

該型船首可減少造波阻力，對於新造船或舊船改裝均頗為有效，但應考慮船舶的大小、船型及吃水，並非對任何船舶均能產生實效。

（九）球型艉（Stern-end Bulb）

該型船尾是最近發展的省油船型，據第一艘裝置球型艉的船舶，在20節的航速下，約可省油5%。

（十）反應翅翼（Reaction Fin）

加裝反應翅翼利用旋水，以反螺槳旋轉方向流向螺槳，可得向前推力。根據初期的研究結果，發現反應翅翼的推力比導管型螺槳（Duct Propeller）更為有效。對於大型油輪尤為適合。其省油量的多寡，深受船體流體動力特性之影響，還需要進一步的實驗、分析和探討。

（十一）銅／鎳覆套（Sheathing）船體

該特殊措施可有效防止船體海生物的長成，以及海水腐蝕。但所需成本非常昂貴，在新造船之水淺下船體部分採用該材料，或以銅／鎳包層（Clading），可大幅削減船殼阻力，以收省油效果。

（十二）自磨性、抗海生物油漆

船殼使用該油漆、對溫水區域航行或兩年半的塢期安排均大有幫助。在油漆前，將船體噴沙清潔至金屬光亮程度，對省油最為有效，約可省油2～7%。尤以慢速的大型船舶更為顯著，因自磨作用（Self-polishing）的時間增長，可使船體表面更為平滑。

在船首1/4船長部份塗以自磨油漆，可獲致40%的省油程度，倘能普遍施以船體清潔，則更能發揮成本效益。在船體側面上長成的海生物遠比船體底面者為多，因此，有些船東則僅油漆船體之兩側面，以求更能節省成本。

（十三）保持船體表面的平滑

船體外板的變形，諸如外板凹陷、龍骨扭曲、龍骨板彎曲等將增加船體阻力，即輕微的船體撞損，亦將構成耗油量的增加。工程人員應作定期檢查與維護，盡量保持船體表面的平滑與原型相同。

第四節　主機軸附發電機

西德DR. Droste於60年代初著手研究發展軸附發電機，經試驗成功後，於1967年應用船上，因當時之原油價格與沙烏地之淡水價格相差無幾，雖然它能以重油取代輕柴油節省能源，及其種種優點，如節省維護費用（與Diesel Generator相比較幾乎等於零），及油、水、空氣、管路舖設之工料費用，噪音小等，但被採用者仍不多，一直到1973年世界第一次能源危機，油價直線上揚後，軸發電機之經濟價值始被重視。軸發電機除可以重油取代輕柴油並節省能源外，如能匹配主機排氣節熱器（Economizer）驅動渦輪發電機（Turbo Generator），則省油效果更加顯著。

一、軸發電機之種類

軸發電機雖然名稱繁多，但經常被採用，亦被認為可具代表性的主要為以下兩大類：

（一）可控距螺槳軸發電機：主機之軸轉數為常數，利用增速齒輪（Step-up Gear）驅動發電機供給船電系統，所輸出之週率不變。

（二）定距螺槳軸發電機：主機之軸轉數隨時間而變動，其發電機輸出週率亦隨時間而變動，此類發電機之轉子（Rotor）直接架結在主軸上，為主軸的一部份。

以上兩大類典型軸發電機之優劣點略作比較如下：

第一類軸發電機不但變更主機操作方式，同時價格較昂貴，因除了必須要設有增速齒輪外，尚須備有C.P.P油壓裝備及遙控系統，維護費用亦較高，最重要的是雖然它能以重油取代輕柴油，但是不能與利用廢熱驅動之渦輪發電機匹配運用，以達充分利用廢熱，節省能源之目的。

第二類軸發電機不影響主機原來操作方式，僅被主機動力軸轉動（Power Take off），操作簡單，維護費甚低，整個發電機系統成本價格較低，其主要優點是能輔助渦輪發電機（由主機廢熱驅動）充分利用了主機排出之廢熱，以達節省能源之目的。

二、定距螺槳軸發電機理論簡介

因此類軸發電機可與廢熱驅動渦輪發電機搭配成一船上供電系統組，達成節能之最佳設計。

軸發電機因受主機直接驅動，其輸出交流電之頻率隨主機之RPM變化而變化（於RPM設限範圍內），為了要滿足船電之需求，達到交流頻率穩定之目的，所以先利用整流器（Rectifier又稱Converter）將頻率不穩定之交流轉變成直流，再經閘流體反流器（Thyristor Inverter）及週率設定裝置變成週率穩定之交流電（A.C.）供給船電系統。

主機排氣節熱器（Economizer）所推動之渦輪發電機，其輸出之電量不可能滿足於正常航行時所需求，其不足之電量可完全自動由軸發電機輸出之電量補充，其補充之電量大小則視渦輪發電機之輸出短缺電量（Lacking）之情況而定，其補充之範圍可由零瓩至船電整個需求電量。詳言之，如果渦輪發電機之輸出電力為350～550kW（Shaft Generator Rated Capacity = 650kW, Turbo-generator Rated Capacity = 550kW），其輸出隨主機排氣量而變化，如船電之需要量為660kW，而渦輪發電機之輸出電力為350kW，其不足之電力250kW，可由軸發電機如數補充供應，此時由主機傳給軸發電機之馬力亦以250kW之效應核算之。如果渦輪發電機輸出電力為零kW（完全故障中），則軸發電機之輸出為整個船需求電力600kW，如果渦輪發電機輸出之電力為550kW，則軸發電機之補充輸出電量僅為50kW。因而採用以上軸／渦輪發電機組，可以完全將排氣廢熱回收利用，以達到節省能源之目的。有關軸／渦輪發電機組之設施如圖12-5及圖12-6所示。

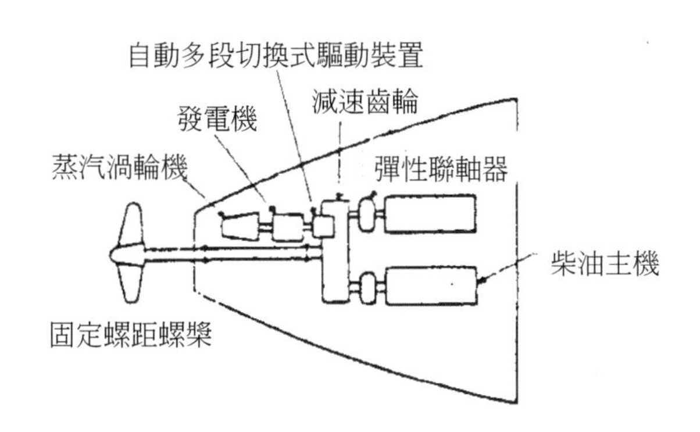

圖12-5　中速柴油主機之軸發電機系統

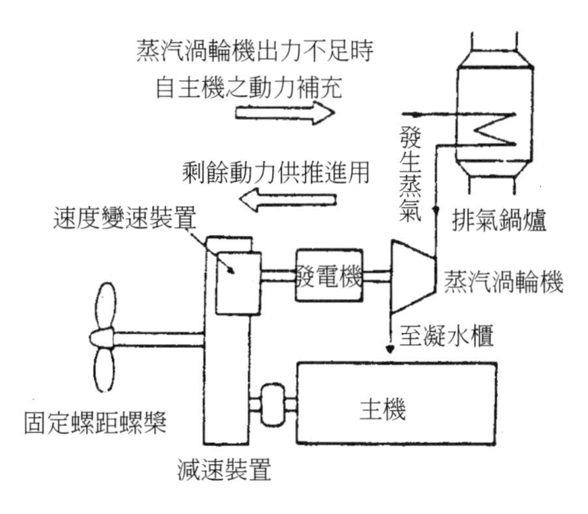

圖12-6　低速柴油機之軸發電機系統

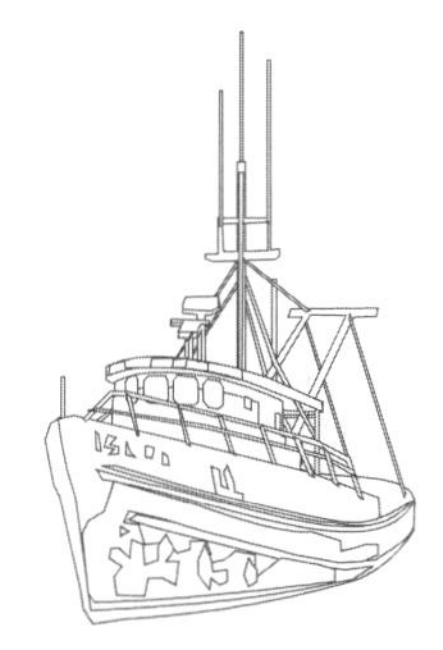

第五節　柴油機節能之因應措施

從柴油機的設計趨勢，以及所獲得的節省能源效果，歸納其主要有效改進措施如下：

一、增加行程／口徑比，使燃氣得以充分膨脹做功，減少排氣損失，並增加壓縮比，以及獲得較低的主軸轉速輸出。

〔增加行程／口徑比〕係屬柴油機設計問題，船上人員似乎無能為力，但因其目的是要讓燃氣充分膨脹做功以及增加壓縮比，對其有排氣閥的現有柴油機，就可調整排氣閥的開關設定（TIMING），延遲排氣閥的打開時間，同樣可以延長膨脹做功。至於增加壓縮比的結果，可促使壓縮壓力增加，如能勤加保養檢查活塞，就不至於使壓縮壓力降低，如果確定壓縮壓力及最高的燃燒壓力，永遠低於設計容許的額定壓力時，則可調整活塞桿上的壓縮比調整墊片，適度增加墊片厚度，就能提高壓縮比及壓縮壓力，但應密切注意，調整後運轉中的最高燃燒壓力，不得高於容許的最高額定壓力。

二、改善渦輪增壓機的功率，採用定壓渦輪增壓機及單向掃氣，增進掃氣及增壓給氣效果。

增進掃氣及增壓給氣效果，因礙於設備，僅依賴船上人員，亦不能將脈壓式改為定壓式渦輪增壓機，或將環流掃氣改為單向掃氣。可是如能勤加清潔保養渦輪增壓機的輪葉（Turbineblades），空氣過濾網，空氣止回閥，進、排氣口，以及排氣鍋爐或節熱器的燃氣通路，並盡可能的阻止掃氣的漏出（掃氣系統）或空氣的漏入（排氣系統），適當的使用輔助鼓風機或活塞下方的空氣泵（Aux.blower or Air Pump Under Piston）等，也能增進掃氣及增壓給氣（Supercharging）的效果，提高效率，達成節能效果。

三、增加燃燒壓力，可以提升平均有效壓力。

要適時的瞬間噴油、維持容許的最高燃燒壓力、提升平均有效壓力、提早終止噴油、提高熱效率，通常是調整高壓油泵的定時，近年來，此裝置即所謂的「可變噴射定時（VIT）」。除此之外，也增大高壓油泵的輸出流量，加大高壓油管及改善噴油閥的噴嘴，互相配合。不但用於新造柴油機，也適用於很多現有柴油機種的改裝，所費的時間及投資不多，所節省的燃料費用卻可觀。如果尚未裝有可變噴射定時裝置的蘇爾澤柴油機，長期減速航行時，可以稍微調整吸油閥的閥桿，在經常3/4負荷運轉時，開始噴射點約提前3度，1/4負荷運轉時，開始噴射點約延後1度左右，以能夠維持容許的最高燃燒壓力的調整為準，在全負荷或一半負荷運轉時，則不必調整。

四、適合燃用劣質燃料的柴油機設計

大型低速柴油機，目前多數可以直接燃用廉價的低質重油，只需充分的預先洗鍊處理和適當的預熱燃油、選擇適當鹹度的氣缸油即可，如能將開始噴射定時，稍微提前，以克服因劣質燃油延遲著火，所帶來之最高燃燒壓力的降低。如果燃用低質重油，而又長期低速航行，則應考慮使用噴孔直徑較小的噴油閥，提高氣缸冷卻水溫度，高於平常10℃左右，並把氣缸注油率調小，但不得低於正常的百分之四十。

五、經濟減額馬力輸出的使用

為因應航運市場降低航速，以節省能源的趨勢，主機常有減額馬力輸出(Derating)的調整，使主機處於新的經濟連續輸出馬力，仍能維持容許的最高燃燒壓力，而使定比耗油率減少。減額馬力輸出的經濟性調整，大致分為兩種：

（一）轉速維持在原設計之最大連續額定轉速，藉增加壓縮調整墊片（Compression Adjusting Shims）的厚度，增加壓縮比，同時調整高壓油泵的定時角度，而使減額馬力輸出85%時的最高燃燒壓力，仍能保持在容許的最高額定壓力，得以增加柴油機的熱效率，使耗油率減少，此種調整，稱為「經濟額定發電機定律（ERG-Economy Rating Generator Law）調整」。

（二）如果減額馬力輸出是依據螺槳定律調整，即維持容許的最高額定燃燒壓力，但是額定轉速亦隨輸出馬力的減少而降低，此種調整稱為「經濟額定螺槳定律（ERP-Economy Rating Propeller Law）調整」。此法也因轉速減少而增加螺槳效率。

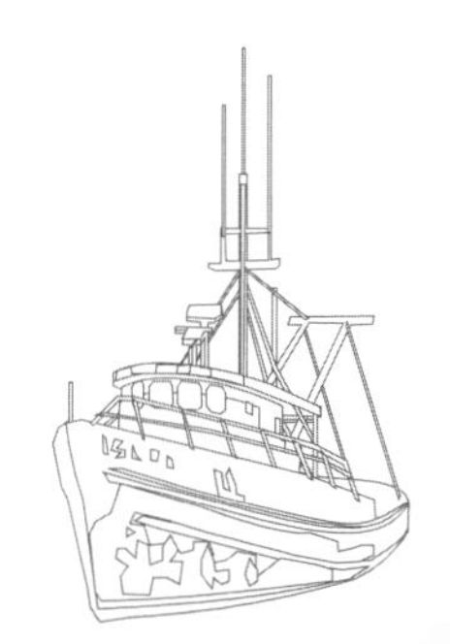

六、輪機之節能措施列舉如下

表12-3　柴油機船舶節省能源措施之主要項目

	修改設計方面	使用操作方面
燃料	1. 船上混合燃油。 2. 燃料品質控制、預先處理設施。 3. 直接使用廉價之重油。	1. 使用混合油代替柴油。 2. 使用更廉價之中間混合油。 3. 加強燃油的預先處理。
動力系統	1. 採用定壓式渦輪增壓機。 2. 增設輔助鼓風機、掃氣背壓控制。 3. 低速、長衝程、大口徑、缸數少。 4. 噴油系統的改進，採用可變定時噴射系統（VIT）及新的噴油器。 5. 增加冷卻水，排氣、掃氣之廢熱回收，改進廢氣鍋爐。 6. 軸發電機及電動機之裝設。	1. 提高渦輪增壓機（T/C）的功率。 2. 調合噴油系統定時。 3. 調合排氣開閉定時。 4. 性能量取、氣缸補給率控制。 5. 定期檢查，保養計畫。 6. 盡可能利用廢熱產生蒸汽，用於發電及加熱作用。 7. 減額馬力輸出（Derating）。
控制	1. 經濟負載控制。 2. 精密的情況偵測、記錄、警報。 3. 標準控制系統，全自動。	1. 經濟有效控制。 2. 情況計測。 3. 性能控制。
傳動	1. 用變速齒輪，獲得最適宜之轉速。	1. 使用強力較輕部件，減少磨擦。
熱回收	1. 增設掃氣、冷卻水之熱交換器。 2. 改進材料，更有效回收廢熱。	1. 有效延長使用熱回收設備。 2. 清潔保養熱回收設備。
推進器	1. 採用可變螺距獲得轉速的伸縮性。 2. 大直徑、低轉速、螺葉少。	1. 污髒（Fouling）粗糙控制。 2. 改良或換用經濟適宜的推進器。

第六節　廢熱回收利用

柴油機60%之熱量損失中，排氣損失約達30～40%，水套、潤滑油及掃氣冷卻等之熱能損失約為25%。吾人曾致力從是等低溫廢熱回收利用，雖已發展各種回收系統，但有待研發之處仍多。如淡水之製造、冷卻水餘熱之廣泛利用，以及慎用通風電能等，確值得考量改進。現有之高溫排氣回收熱量系統，確能自排氣及冷卻水回收熱能而轉換為推進軸系及輔機所需之機械能，提升輸出能量約4%。至於材質之研發，未來將足以抗衡由於排氣溫度降低，以及在酸性露點以下回收熱能所可能產生之鏽蝕情形。

一、如何決定可回收利用之廢熱

（一）廢熱回收可行性之因素

1. 有相當的廢熱量：能以熱力學第一定律予以估計。
2. 適用的品質：利用熱力學第二定律來處理有關熱品質及可用度的問題。
3. 廢熱能量必須能被傳送到所用的物質或工作體。
4. 廢熱之利用必須具有經濟效益的。

（二）熱力學第一定律

可用的廢熱量是由動力設備的熱平衡來決定，熱平衡方程式的根據就是熱力學第一定律，即能量不能被創造或毀滅。熱平衡是對一個程序的分析，而顯示所有熱能的來處與去處，這是一個必要的步驟，以便評估熱逸失所帶走的能量及廢熱利用計算所產生的效益。蒸汽鍋爐、柴油主機、空調機等等的熱平衡必須是導自實際操作期間所作的測量，為得一個完整的熱平衡而需要之測量包括：投入的能量、逸失到環境中的能量及輸出的能量。

（三）熱力學第二定律

熱力學第二定律說明一個隔離系統的熵不能減；亦即，在一個隔離系統內，力及溫度之差異將傾向於散逸其自身，並且不論如何均不會自然地增加。例如，熱力學第一定律使我們認為可以利用121℃之廢蒸汽中的廢熱來熔解鋼鐵，第二定律卻說不可以；除非我們將能量加入此系統，否則就整體而言，熱能將由熱的鋼鐵流向溫暖的蒸汽，而非反其道而行。

二、何種廢熱具有利用價值

目前商船新裝之低速柴油機其熱平衡值大約如下：

產生有用機械能（Mechanical Power）：約45%

廢氣排出能量（Exhaust Gas）：約30%

空氣冷卻器（Air Cooler）帶走熱能：約13%

油、水冷卻器帶走熱能：約10%

其他（輻射及磨擦損失）：約2%

按熱平衡百分比顯示，廢氣及空氣冷卻器帶走之熱能，具回收利用之價值，至於油、水冷卻器中之廢熱，因其本身溫度較低，除已被利用作為製造淡水之熱源外，尚無其它更適合利用之處。

三、排氣中廢熱回收之應用

排氣中廢熱回收，並非是一項新技術，因為很早就有利用廢氣鍋爐產汽發電的作法，以前的機器耗油率高，隨廢氣排出的熱能多，故廢氣鍋爐產氣所發電力，足夠航行時需耗電力之用，廢氣鍋爐系統增設費用，很快可從渦輪機單獨發電項目下補償回來，具絕對的利益及增設價值。在低速柴油機不斷改進的今天，主機排氣溫度從400℃降到280℃，因此從廢氣中能回收利用之熱能已不及以往來得多，根據統計在正常情況下，15,000匹馬力以下之機器，單靠排氣中廢熱回收所產蒸汽，其發電量已不夠供給航行中用電之需，在此情況下勢必起動柴油發電機並聯使用，這樣就降低了原有的絕對經濟效益。

同時隨著機器改進的還有機器燃油黏度的提高，使得加熱用蒸汽量增加，相對減少了發電用蒸汽，加重了渦輪發電機蒸汽不夠用的問題。

為因應上述情況的變遷，單一的排氣中廢熱回收利用的方法必須加以改善使之能與空氣冷卻器廢熱配合使用，以下即是將來可能採用的排氣中廢熱回收與空氣冷卻器廢熱配合使用的三種方法，圖12-7採二段式空氣冷卻器，圖12-8採三段式空氣冷卻器。

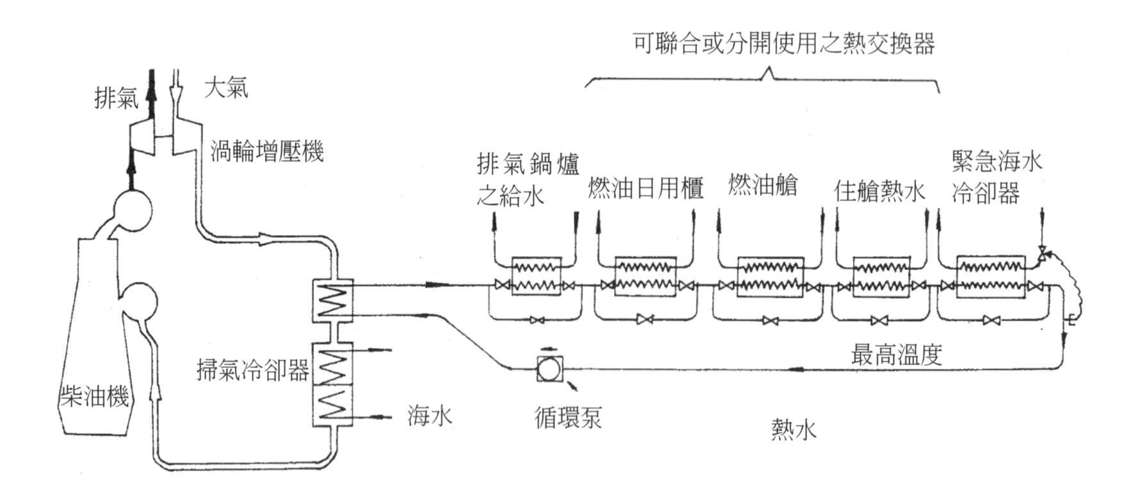

圖12-7　二段式空氣冷卻器：第一段為高溫段，第二段為低溫段

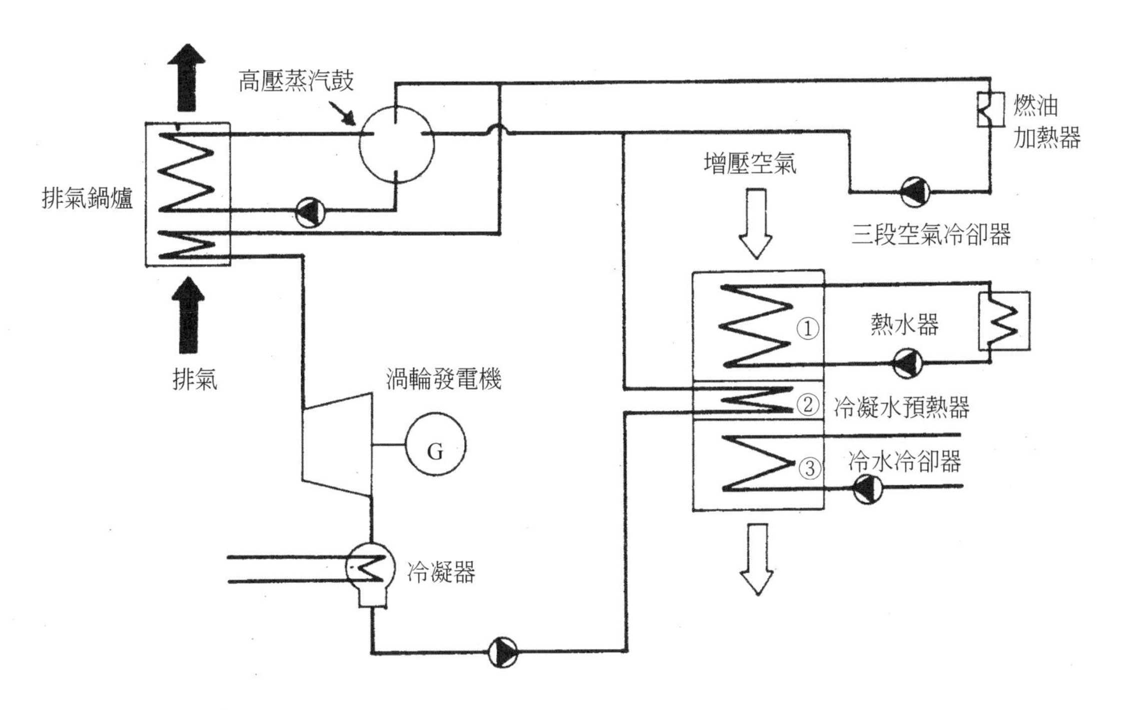

圖12-8　三段式空氣冷卻器

四、增加廢熱回收設備，適當的引出功率應用

如圖12-9所示一艘3萬6仟匹馬力柴油機船，計算分析所得的熱平衡。主機制動馬力輸出約佔42%，廢熱回收約4%，實際冷卻損失約17.7%，以及排氣損失約36.3%。從這些結果分析顯示，如能增加回收冷卻水和排氣中的熱能，必能充分改善總效率（Overall Efficiency），達到更大的省油效果。

一般的柴油機船舶，僅34～55%的燃料熱能用於馬力輸出，其他幾乎全部損失於排氣與冷卻水（如圖）其中以排氣的溫度和熱量，最易於回收；其次是掃氣和缸套冷卻水中的熱量，亦可回收部分的潛熱。

廢熱回收設備，一般是不同型式的熱交換器，欲使這些設備，充分發揮熱交換功能，應時時注意熱傳送表面的清潔，定期拆開檢查和保養清潔，特別應加強平時的爐水化驗和處理，以提高熱交換效率。同時，應盡可能延長使用這些廢熱回收設備，善用這些設備所產生的蒸汽或熱水，結果必能促使燃料的節省。

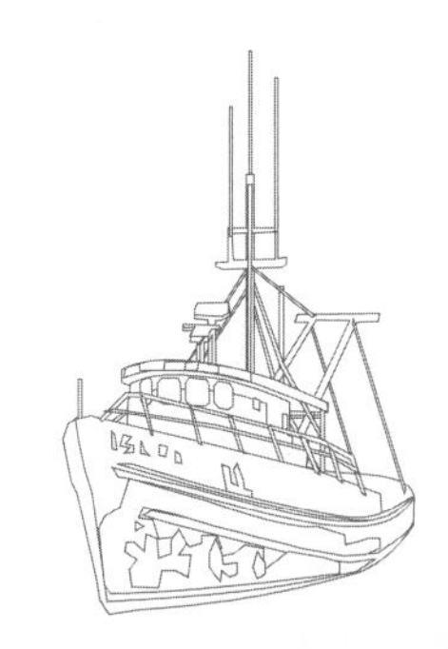

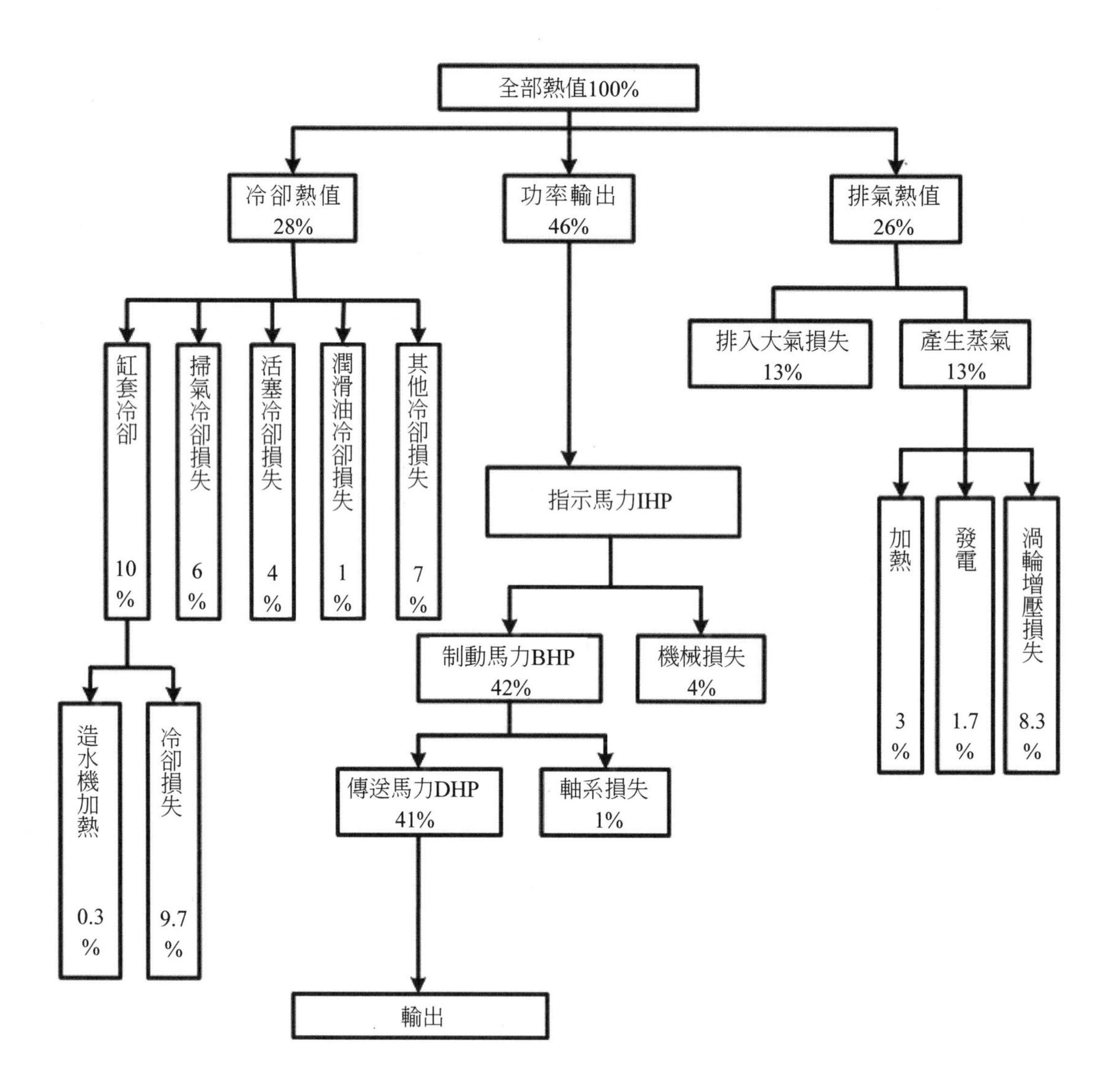

圖12-9　3萬6千匹馬力柴油機船的熱平衡

第七節　經濟航速與航路

一、最適宜的經濟航速（Optimum Economy Speed）

經濟航速的考慮因素很多，除了航運需求的航運市場及運費外，也受到航次費用、油價、成本和利潤計算的影響，更受到貨源裝卸日期、碼頭安排、天氣變化或機器性能的限制，使得最適宜的經濟航速的決定，更為錯綜複雜。所幸，船上工作同仁，只需以最少的耗油量，安全準時到達下一個目的港就可以了，其它的因素，留待公司考慮。

欲以最少的耗油量，準時到達目的港，不僅需要航海、輪機的合作，船長應了解本船的船舶性能，迴避不良海上氣象，適當的壓載和俯仰差，減少多餘的航行距離，注意船殼的污染情況、自動導航的設定等等，輪機長亦應了解機器性能和限制，以最適宜省油的系統配置和轉速，配合航行外，更應以現有船舶獲得最低的每海浬耗油量的方法，以最適宜的經濟航速航行。由於耗油量，在一定時間內，與航速之立方成正比（即所謂立方定律）：

$$\frac{\text{新的耗油量}}{\text{新的航速立方}} = \frac{\text{原來的耗油量}}{\text{原來的航速立方}}$$

粗略估計，減速10%，可以減少30%的燃料消耗，也會增加10%的航行時間，實際如圖12-10所示。譬如實際全速為15節的兩萬一千噸柴油機船，實際航速降為11.83節時燃料消耗約全速時的一半；航速減了21%，耗油量則減50%。每船耗油量受航速的影響可能不同，描繪本船的航速與耗油量關係圖，可增進本船性能的了解，易於決定適宜的經濟航速。

二、選取最適當的航路（Routing for the Optimum Track）

最適當的航路，並不一定是距離最短的航路，而且是航行時間最短、消耗油量最少，沿途海上環境最平靜的航路。所以最適當航路的選取，比較著重於海上氣象的研判和應用，結果則發展成最近代的所謂氣象航路，以別於大圈航路。在風平浪靜的季節，兩者十分接近，但是遠渡重洋及惡劣的氣象環境裡，兩者對航路的選取就有很大的差別；譬如冬季從巴拿馬運河至香港，大圈航法可能經過洛杉磯（Los Angels）北上，繞阿拉斯加、日本南部海域，再南迴至香港；氣象航路則沿赤道西向洋流，經夏威夷、台灣南部到達香港，全程較大圈航法多出約五百浬航程。但因利用洋流以及良好氣象，使船速較大圈航法每小時快兩節，結果氣象航路反而快約五百浬，節省時間和燃油外，也為船上人員提供一個比較舒適、安全的工作環境，可用以加強船舶的維護修理。

最適當的航路，亦即經濟、安全航路，是近代氣象學和海洋學資料的應用。以提供水面船隻，橫渡大洋時最有利的航路的預測，再在整個航程中，根據當時及未來預測的海上氣象，做最適當的航路修改，以避開不利於航行的風浪、逆

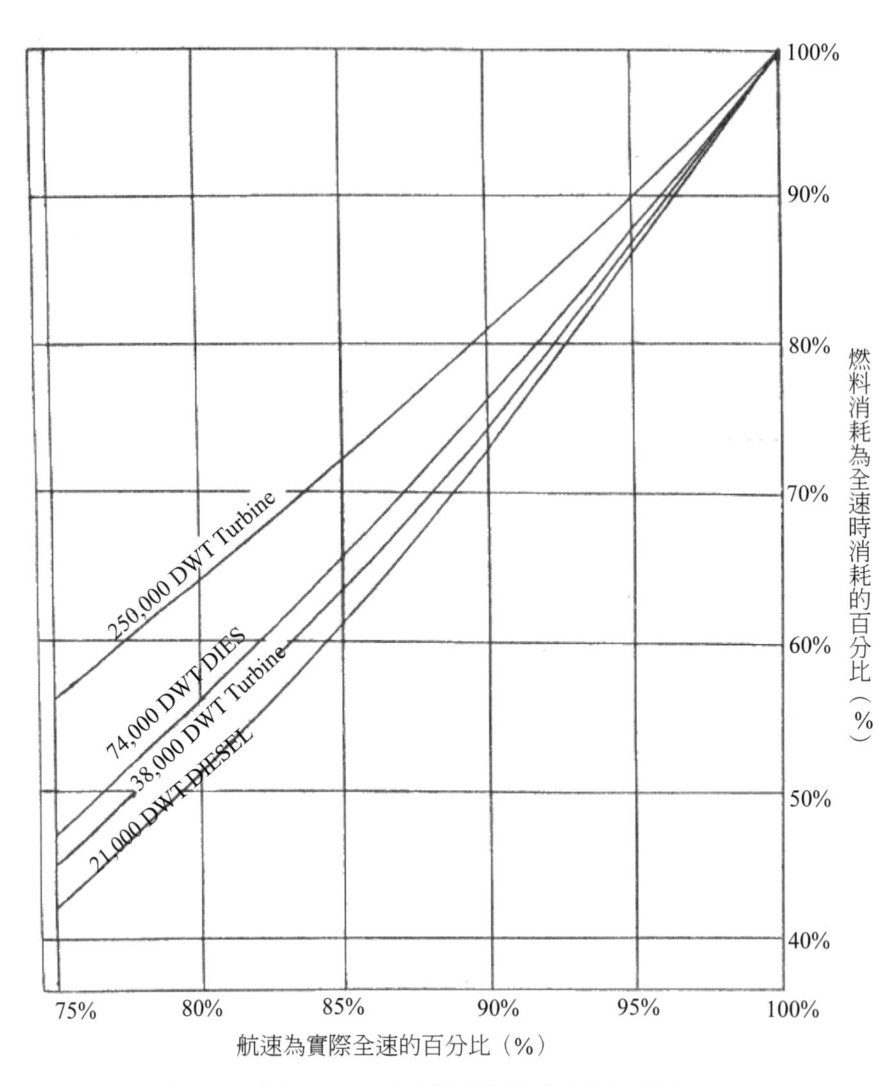

圖12-10　航速對燃料消耗的影響

流，藉用順流、順風，增加航速。欲獲取這種經濟、安全的適當航路之前，船上應先具備下述之先決條件：

（一）建立該船本身，在不同的海上情況下，各種排水量（Displacements）和艏艉俯仰差（Trims）對船速的反應，最好是在一已知固定的輸出馬力下試驗，將記錄分析所得資料，繪成圖解曲線，即可一目了然，以及本船性能受氣象之影響等。

（二）船上應裝有先進的氣象儀器，如氣象傳真接收機（Weather Facsimile Receiver）、氣象資料收受輔助器（Weather Information Receiver Aids）等。

（三）應蒐集足夠預定航線上海上氣象資料及有關海圖，如：天氣預測、每月或每季引航圖（Pilot Chart）、水面分析概略圖（Synoptic Surface Analysis Charts）、預測風浪或洋流圖（Prognosis Wave Wind, Current Charts）、暴風軌跡預測圖（Storm Track Estimate）、冰山圖（Ice Chart）、波浪預報圖（Prognosis Wave Chart）等。

（四）公司支持最適當的航路選擇政策，不僅為船舶安裝先進的氣象儀器，供應足夠的氣象書籍、資料、圖表，更應加強灌輸、善用海上氣象知識，鼓勵選取最經濟、安全的適當航路。

三、營運船舶有關航海方面之節能措施

表12-4　船舶航海方面節省能源措施之主要項目

	修改設計方面	操作使用方面
航海	1. 改進自動導航、衛星導航。 2. 改良航海儀器。	1. 規避大浪、對正船頭30度角之側風。 2. 氣象選擇航路。
航次規劃	1. 估計船速裝載／俯仰差改變，對船舶性能趨勢之電算機。 2. 精確的船舶設計性能計測。	1. 使用最適當的船速、最少的壓艙、最適宜的俯仰差。 2. 航海計畫、船速特性計測。
船殼阻力	1. 超強結構、輕的船殼。 2. 船殼處理、油漆。 3. 主要大小、艏艉形式。 4. 強力抗污油漆、自磨型油漆（Spcself-polishing Coating） 5. 超淺闊身、超瘦長身船型。	1. 推進器污髒、粗糙控制。 2. 船殼污染及阻力之計測。 3. 船殼抗污之處理／油漆。 4. 進塢週期中間，水下刮船底。 5. 估計適當進塢週期。 6. 檢查、估計船殼情況。
操縱	1. 經濟省油之全套自動操舵。 2. 複板舵之改良。 3. 經濟、安全之操舵設備。 4. 自動避碰操縱系統。	1. 經濟設定自動導航。 2. 適切安全因素考慮。 3. 減少蛇行前進。 4. 大舵角、大的推進阻力。
通訊、協調	1. 船內通訊。 2. 人造衛星通訊。 3. 甲板使用蒸汽、水、壓縮空氣的計畫與協調。	1. 節省能源、資源之計畫協調 2. 上下人員意見溝通。 3. 上下人員均能獲知公司信息。

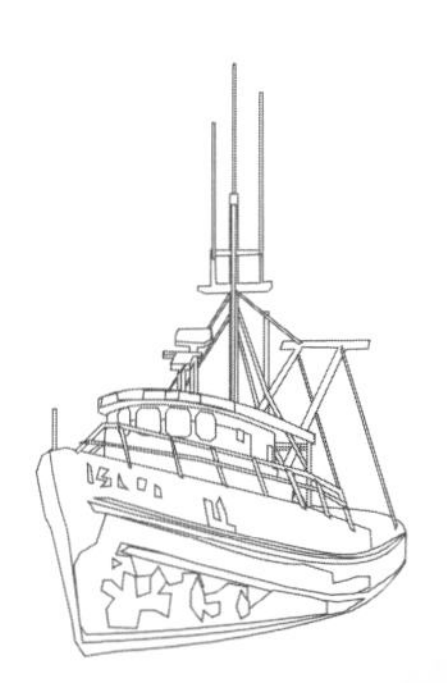

習　題

一、為達成船舶節能目的，於船舶設計時應如何考量船體之輕量化？

二、為提高船舶運轉效能，船舶於壓載航行狀況下應如何調整最適宜之船況？

三、如何利用柴油主機排氣之熱源運轉渦輪發電機以增進船舶之節能？試詳述之。

四、為增進船舶之節能，船舶柴油主機之動力系統採用燃油一元化（One Fuel on Board）時，燃油系統與渦輪增壓機應分別具備哪些配套措施？

五、當船舶屬蒸汽機推進系統時，如何應用氧氣監視功能，達成推進系統之節能目的？試述之。

六、如何使用燃油滲水器（Water Emulsifiers）增進輪機節能之目的？

七、導管式螺槳（Duct Propeller）對船舶節能有相當的幫助，但安裝導管時應注意哪些問題？試述之。

八、球型艏（Bulbous Bow）對船舶節能有何功能？

九、軸發電機可分為哪幾類？試比較其優缺點。

十、試述定距螺槳軸發電機與廢熱驅動渦輪發電機如何搭配運轉，以達成節能之最佳措施？

十一、何謂柴油主機之減額馬力輸出（Derating）？試詳述之。

十二、試述輪機廢熱回收可行性之相關因素？

十三、試詳述船舶最適宜的經濟航速？

第十三章 船舶營運管理

第一節 概說

為了因應船舶管理日益增加之複雜性，有不少船東將船舶委託專業顧問公司經營，藉以減輕經營成本之負擔。

此項航運管理之新趨勢，當然給予船舶管理專家更廣泛的機會以提供其專業服務，然而，同時亦需要這些船舶管理專家對一個具有效能之公司結構，及對一些影響海運之主要因素作一個全盤了解。

第二節 營運成本與技術管理

除不易量計之常見人為因素外，所有影響船運經營之壓力最後均落在成本之核計。此一成本壓力，按其重要性，可分為能源成本及其它成本二類。其它成本則又分為：1.人工成本包含海陸以及其他人力之僱用；2.船舶本身之成本，以及連帶之支援性融資成本；3.船舶維護修理及港口費用；4.保險費用。

就今日船舶營運全盤費用而言，燃料費用高於任何其它支出，因此能源成本應列為重大成本支出。以一標準巴拿馬極限型散裝輪而言，除去船價及折舊費用外，燃料成本占全部營運成本五成以上，假設訂為55%或約高於每年一百萬英鎊，當然此一數字應視其平均船速、航程天數、天候狀況以及實際船舶吃水等而有所差異。次高成本則為船員費用，約占燃料成本之40%。

其次按序為保養、修護、港口費用等，每項則又為船員費用之30~40%。綜上所述，其主要之管理要領應著眼於降低燃料成本及人工成本。此一方向，應可適用於大部分船舶，當然高速及高馬力船舶所占之燃料成本將更高。

整體言之，若一船之機械可靠，則其閒置之時日必少。一家美國擁有五十九艘船之公司，其船隊包含貨櫃船、油輪、散裝船等各種船型，其統計為每船每年平均因故障而損失之時間為廿小時。此一統計數據之產生與其原始設計及保養措施等有直接關係。

在如何節省營運成本之運作上，值得研究考量之處甚多。惟經由精密之電腦程式，概可求出其分析資料，並可獲得進一步之確定。

船舶工程師不難找出在何種情況下，可以如何尋求節省成本之道。此外對新設備所具之價值，亦應予考量。例如如何回收廢氣熱量之設備，惟此項設置之省油效益，將因增加設備費用，載重噸之減少以及產生之維護費用等打平。雖然如此，對此一方面之計算，仍應就燃油及其他成本情況詳予檢討評估。

對於未來所將面臨之成本壓力，在技術上的解決之道，所涉既深且廣。就經濟有效的推進系統還未能達到確切成就之前，尚須作多種研究與發展。預測新一代之船舶，將與時下建造之船舶性能相似，並可能在推進系統上有所改良，但不可能有重大的突破，以消除或平衡日增之營運成本。

若船舶經理人認為對於船舶工程等系統之改進與發展，為唯一尋求節省成本之道，則對原有之基礎理論必須作重大之突破，即對貨運船舶求取經濟之道，作進一步之了解；如對某一種貨運，其合理經濟航速為何；如何減少船舶的泊港時間，此將包含如何將貨物之搬運容量加至最大，再深入研究貨物集散之道，以達成船舶節約能源。

第三節　增進維護保養提高船舶性能

一、船舶汰舊更新

為提高海運效率、節約能源，其船舶本身性能維護保養非常重要，凡逾齡不堪使用之船舶一律予以汰舊更新。船上機器裝備損壞老化、漏油漏汽、浪費油料者，應徹底檢修更換，或予以改裝並提升使用效能。

二、定期進塢大修

（一）清潔船底，將海蠣等附著物及生鏽部分清除。

（二）拆除並更換鏽蝕鉚釘，研磨海底閥。

（三）漏洩結縫及漏水鉚釘重新扣鑿修復，或焊接裂縫。

（四）更換艉軸迫緊、測量艉軸間隙、螺距校正與螺葉清潔。

（五）船底使用防鏽防污油漆，保持船底光滑，以利航速。

三、主輔機保養

主機方面因船舶採用之不同，可分為蒸汽往復機、蒸汽渦輪機、柴油機等，有關輔機，其名稱與功用甚為繁多：計有泵、錨機、操舵機、熱交換器、淡水機、起貨機、冰機、通風機等。這些機器必須靠船上人員隨時注意檢查，遇有損壞、腐蝕、洩漏或各種性能減低時，設法予以修復，確保最佳效用，藉以節約能源。

四、船上管路系統之維護

管路系統發生毛病，應及早偵查修復。船舶航行能力，要靠所有的管路系統的正常作用，而管路系統之損壞，可能遭遇意外之災難或日久缺保養所致。船上輸送高溫氣體及液體等管路，都包蓋有保溫材料，這些保溫管路，往往由於管架、接頭、彎曲或閥部損壞而致洩漏，有時因施工困難，不易徹底修護，而引起大量熱能之損耗。船舶在航運中如能對管路系統作適當維護，時時提高警覺，一有疏漏，馬上加強改善，則可即收節能之效。

五、船用電器裝備之管制

船上有關電器裝備：航海儀器、錨機、起重吊車、電動馬達、帶纜繩之絞機、救生艇之起放機、舵機、厨房電板、冷暖器、照明設備、電扇、通風、電梯、電視機及自動輸送帶等。其節電原則如下：

（一）注意使用

所有電器設備，均應使其發揮最大功能，機械操作不讓電動空轉，凡電動機械設備，最好均裝有自動調整器，提高其負載功率。如船用起重機，當起重吊貨，盡量利用適量滿載，縮短作業時效，則不但能提高工作效能，亦能節省能源。又如冷氣機最為耗電，應注重效率高且能省電者，容量大小需配合房間容積，四周務必有隔熱設施，不宜靠近電熱器及通風欠佳地方。

（二）在管理維護方面

1. 船上電器裝備凡已損壞或效率太差而耗電者，應設法更新，或採用省電設備，提高用電效能，減少電力消耗，自是根本之道。事實上，節約用電，不論任何情形，只要大家通力合作，共同努力推行，其效果必可立竿見影。
2. 所有電器裝備均應有專人管理，採分層負責，經常檢查，發現損壞或漏電等情形，馬上予以修復，保持良好功能。凡電器用畢應隨時關掉。有許多設備，不用時仍有電流流動，如變壓器就是其中一種，防止這種無負荷損耗的方法，即在夜間或停止操作時，應把電源開關切掉，當能節省寶貴的電壓能源。

3. 船上人員，須養成節約能源習慣，除對船上所有裝備予以珍惜愛護外。在個人房間內，應隨手關燈，不使用私人電爐、電視、音響、烤箱等設備，以免浪費電力，樽節能源。

第四節　正確航海術之要領

一、事先訂定航行計畫

凡船舶航行運送貨物，必先擬妥航行計畫；將航運目的地距離、載運物品、裝載過程所需時間、船舶性能、航前檢查、氣象與可能之變化均應深入推估計算，訂定計畫，據以遂行。以便達成航行任務，樽節人力物力。

二、探究航海術

航海是一種藝術，現代航海人員在決定距離和方向時，通常均直接在海圖上計量之，因此方能得一實際精確而又迅速之解答。用多種方法來求方向與距離，在航海學上謂之航法。船舶航行海上，最主要宜盡量縮短航線，配合經濟航速，以節省油料。為此極宜採用大圈航法，簡言之，便是採取直線航法，兩點間以直線為最短。

當船舶按航行計畫所需到達時間，採用直線正確方向航行，以最經濟航速邁進，盡量以等速航行，在航行中，除有特殊情況，不作加速或減速外，應注意因航向偏差及航線錯誤，所肇致迂迴航行，浪費油料。船舶航行亦應採順風順流而行，避免頂風頂浪。如中途遇有颱風可能來襲時，為裕留足夠時間，可加速趕達目的港，否則設法到近港避風，以免在颱風中發生無謂消耗與危險。船舶進出港口，應事先妥切安排，操作人員常以熟練技術，在最短時間，以最安全方法，來完成靠碼頭或繫泊水鼓，以減少不必要之進倒俥、調頭及移位。

三、運用雷達及衛星導航系統

該系統可導正人為誤失，益彰效果。利用雷達導航，就航海目的言之，雷達優於其他航海設備者：

（一）在黑夜裏及視界不良，其他方法均不克利用時，雷達可加以利用。
（二）雷達能同時測出方位與距離，因之可用以探測一個單獨目標，及測定船位。
（三）雷達引航較其他方法，更為精確。
（四）雷達定位迅速，若用平面顯示器，則可顯示船舶航行軌跡。
（五）引航諸法中，雷達導航的離岸有效距離，比其它方法為大。
（六）雷達為一種最可靠避碰設備，在視線較低期間，可使用於高航速。
（七）雷達又用以追踪熱帶風暴，並測定其位置。

最好利用衛星導航系統—自動操舵系統及自動航線裝置，使船舶在最適情況下航行，節省燃油。

第五節　經濟船速之釐算

船舶最經濟之大小尺寸及其速度，應該決定於其營運之距離和載貨之全部容量兩者間的平衡。

運輸成本（Transportation Cost）（C_n − \$/ton/mile）

$$C_n=\frac{f+B}{24\times V\times DW}$$

f：每日固定成本

B：每日航行耗油成本

V：平均航行速度

DW：載重量、噸

假設 $B\alpha V^3 \rightarrow B=KV^3$

$$C_n=\frac{\frac{F}{v}+kV^2}{24DW}$$ 微分之，

∴經濟船速　$V_e=\sqrt[3]{\frac{f}{2k}}$

此時，燃油消耗　$B_e=kV_e^3=f/2$

∴每噸／浬的最小費用

$$C_{n\,min}=\frac{1}{16DW}\times\sqrt[3]{2kf^2}$$

第六節　海上風險管理與承擔

由於時代的演進，關於造船理論及技術上，都不斷在求進步，因此船舶構造也隨著時代在演變。例如，船舶由小型逐漸演變成大型化，材料由木材進而改良為金屬材料，船殼外板由軟鋼材質改進為高張力鋼。在結構方法上，由鉚釘改為電銲。推進系統由風力進步為機器動力。機器動力由往復蒸汽機演進為蒸汽渦輪機、內燃機，甚至為核子動力推進等。科學愈進步，就愈需要專門人才，同時也更需要各技術團體組織的合作，以達成保障船舶航行安全的目的。

海上意外事件的發生範圍至為廣泛，無論是由於天然之不可抗力因素如暴風雨或人為因素如碰撞、擱淺、及公意之行為如逮捕、扣留等，往往不易為船舶營運管理者所能預先掌握與控制。船舶在海上可能發生意外事故，因此風險必然存在。

船舶價值少則數百萬美元，高者為數仟或上億美元，一旦發生海難事故，則除了船舶受損停航而造成營運損失外，船舶損壞之修繕費用以及可能發生的海水污染、人命喪失、貨物的賠償責任等，此種無法預知的龐大費用，一瞬間將造成船東營運上嚴重之困境 。為了預防此種不確定災難之來臨，必須有一合理的制度確保公司營運的安定，而最有效可靠的就是船舶保險制度來承擔船舶營運之風險。保險人為降低其保險的風險，對於加入保險的船舶，均要求需具備船舶管理品質之標準，茲列舉說明如下：

一、船級與船況之維持

海運事業，在本質上就是一冒險事業，所謂海上保險，正是分散危險、消化損失之制度。亦即保險公司對於承保船舶因海上一切事變及災害所發生之毀損、滅失或費用，負責賠償。故站在船東之立場而言，必須維持有效之船級，保險才具備效力。為達此目的，船舶必須依照驗船協會規範之規定，按時施行檢驗，維持有效之船級。

船舶加入保險之要件，必須維持並具有船級及保持良好的船況。由於船級的認可，需由專業之驗船機構施行各項檢驗，證明船舶符合法規及相關條件之要求，始予簽發船級證書。因此船舶必須經常保持良好的適航狀態。保險公司通常在接受航運公司投保或入會前，會主動安排做船況檢驗（Condition Survey），以確定船舶狀況之良否。

船舶之安全航行能力，船體結構固為主要條件，惟貨物裝載不良亦將影響船舶之安全，法律所要求的，除船舶堅固緊密足以抗拒惡劣海象之危險外，船舶所有人並應配置相當的海員，以及足夠之物料備件，以確保航海之安全，使船舶具有適載能力，並達成運輸之目的。

因此維持船舶適航能力實為保險的主要條件。所謂適航能力之基本要件，依我國海商法第六十二條之規定：「運送人或船舶所有人於發航前及發航時，對於下列事項，應為必要之注意及措置：一、使船舶有安全航行之能力。二、配置船相當海員、設備及供應。三、使貨艙、冷藏室及其他供載運貨物部分適合於受載、運送與保存。…」

茲列舉分述如下：

（一）**船舶安全航行之能力**

船體之設計、結構及設備，應具有安全航行於特定區域或範圍之能力，亦即船舶在構造上須堅固、水密、具有浮揚能力，在預定航程中，使船舶保有足夠的穩度，能抗拒通常可能遭遇之惡劣海象。

（二）**配置相當海員、設備及船舶之供應**

1. 足額之合格船員。
2. 相當之裝備及充足之備件與物料。
3. 熟練之操船能力，包括航程規劃，各項裝備及儀器的操作運轉。

（三）**安全適載能力**

海牙規則第三條第一項中規定，「…使貨艙、冷藏室及其他供載運貨物部分適合並能安全受載、運送及保存受載之貨物」。安全適載能力應包括對於特定貨物之適載能力。

二、公司管理制度

船公司與保險公司一般均透過保險經紀人的居中協調，訂立保險契約。其保險費率的高低，除參考前述之各項因素外，保險經紀人通常會經由多方面的調查與訪談，對於船公司的營運政策及船舶管理制度，適切地予以反應。雖然保費費率直接反應於失事記錄，但近年來，保險公司對於海上事故的頻繁發生，經分析調查，悉認百分之八十屬人為過失所造成。因此對於經理人、船舶及船員之標準，提出多項的討論。最近更將重心置於品質保證與稽核的管理制度。要求公司必須要建立一套良好的管理制度，將安全管理的觀念落實於公司組織及船舶管理中。

企業經營之良否在於經營者理念、公司組織、管理目標與效率、以及員工之共識。海運公司亦然，經營管理者之理念倘若只在乎盈利，無長遠目標規劃，存著做一天算一天之心態，公司組織鬆散，不在乎員工素質、工作環境及提升管道，甚且不在意客戶及外界之風評，則在整體效能及風險管理上自然無法有效掌握。

三、人員素質之提升與降低失事率

前已述及，海上事故之原因人為因素約佔百分之八十。人為因素包括了船上人員作業上的疏忽及岸上管理作業未盡到適當注意之職責。因此在探討人員因素時，應同時注意到船上人員及岸上人員之素質。

（一）船上人員疏忽之檢討

對於船上人員的疏忽方面，以保險立場的觀點，經分析認為其重點如下：

1. 過於自信、粗心大意或對事物的漫不經心。
2. 在性情方面，由於疲乏、感覺不舒適、厭煩、易怒及存在著壓力。
3. 自尊心及榮譽（面子問題）的作崇。當需要他人協助時，礙於情面，勉強單獨而為。
4. 語言溝通上的障礙。船長與領港之間、船長與船員之間，甚而船員與船員之間，不能充分的領會彼此間表達的意思。
5. 過度的疲勞，尤其在緊湊的進出港作業。此種疲憊可能影響到各種計算的錯誤如貨載、安全穩度及專業測計等。

（二）岸上人員疏忽之分析

岸上人員係指與船舶運作有關的人員，包括船隊（舶）管理人員、引水人員及港口作業人員等。

1. 遴派上船服務之人員，未詳加考慮是否適職適格。
2. 未提供良好的船上工作環境，及各項標準作業程序。
3. 船上人員交接的時間過於倉促，接任者在不能充分了解狀況下，執行工作。
4. 未能及時提供關於各類航行安全資訊。
5. 欠缺安排船上訓練及岸上在職訓練。
6. 引水人員專業服務精神與技藝，尚待加強。

四、加強教育訓練，提升人員素質

在船舶運航仍需人員來操控的情況下，減少人為疏忽因素，即可減少海上之船舶海難事故。因此人員素質的加強，應是解決問題的首要考量。欲提高與加強人員素質，則必須從教育訓練著手。人員的教育訓練非單指船上工作人員，尚應包括岸上管理人員，及接受海事教育的學生。其方式為：

（一）岸上管理人員，應有品質管理及安全管理的觀念。隨時充實管理技術上的新知，能與船上人員充分溝通，更應培養解決問題的服務熱忱。

（二）船上人員，除了在船上做實務性的演練，一般操作程序及緊急情況之模擬處置外，並應加強海上安全之共識。

（三）船上人員，應定期安排休假，在岸接受新知及技術訓練。對於船長及甲級船員，更應加強其安全管理的觀念。

（四）加強職業道德及海上情操教育。

（五）在校的海事航輪科系學生，應注重船舶安全管理的講授。

第七節　適任船舶經理人扮演之角色

由於船舶運送人經年累月所累積之經驗及知識，使船舶經理人得以提供其諮詢（Consultancy）及相關之服務工作。船舶經理人了解如何有效地經營船隊並可為以下之實務工作提供最佳之意見：

一、船舶設計及配置：船舶經理人經營船隊之經驗將可與造船技師之專業知識相輔相成。由於船舶經理人整日與船舶為伍，故能將船舶營運之資料提供給船舶設計工程師，作為造船之參考。

二、船舶之預防保養計畫（Preventive Maintenance Plans簡稱PMP）：船舶經理人之實際經驗對於船舶執行預防保養計畫將有相當助益。

三、解決船舶機械之故障：由於船舶經理人親自營運許多不同型之船舶，並擁有各種不同運務之廣泛經驗，故當船舶發生重大事故時，通常也是由船舶經理人協助找出船舶營運及技術上的問題。

四、船舶之船旗、國籍或船級之改變：由於船舶經理人慣於經營不同船旗，不同國籍之船舶，故對船旗、國籍及船級之改變，船舶經理人當能作最佳處理。

五、新船之監造需要相關之經驗與知識，船舶經理人可以提供此項服務。

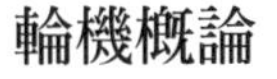

六、為可能的買主及金融機構提供調查服務：由於船舶經理人整日與船舶經營為伍，可以獲得最新船舶狀況之資料，因而，可以隨時修正他們對船舶之評價及判斷。

七、針對船舶不同之國籍及運務，配置適當之船員。

八、船舶經理人通常也代表他的顧客從事市場研究，再由顧客在投資該計畫之前，評估計畫之可行性。例如，該市場研究經常在顧客預定開闢新的定期航線或固定來回川航之運務前實施，船舶經理人將對於取得船舶之方法作一評估。復如，由論時租船、論程租船、空船租傭、購買新船或二手船舶之各種方式中作一比較選擇。

第八節　估算設備投資之償還法（Payback Method）

償還法決定於投資資金由其所獲利益補償所需之年限，這個所需年數稱為償還、回收或損益平衡期（Payback , Recovery or Break-even Period）。

這種計量一般是計算於稅前基礎（Before-tax Basis）上並且不包括貼現（Discounting），亦即忽略該資金的機會成本（Opportunity Cost）；投資成本通常被定義為初期成本，經常忽略其廢物回收價值（Salvage Value），利益通常被定義為所造成之現金流入量的淨改變（Net Change），或者，在一個如同廢熱回收的成本降低投資（Cost-Reducing Investment）之情況時，則為淨現金流出量（Net Outgoing Cash Flow）的減少。

償還法通常之計算如次：

$$\text{償還期（PP）} = \frac{\text{初期成本}}{\text{年利益} - \text{年成本}}$$

例如，新購一具燃油熱處理器，其價錢及安裝費用計$10,000，每年平均需$300操作及維護的費用，而預期因預熱燃燒空氣每年平均節省燃氣約為$1,400，則其償還期之計算如次：

$$PP = \frac{\$10,000}{\$1,400 - \$300} = 9.1 \text{ 年}$$

使用償還法作為投資決策之判斷標準的缺點如下：

這個方法不考慮在償還期以後的現金流量，因此並未評估該項投資之使用壽期之價值。

忽略了資金的機會成本，亦即，不能將發生於不同時間的成本支出建置在一個共同的基準來作比較，造成使用不準確的利益及成本來計算償還期，因此測定出一個不正確的償還期。

總而言之，償還法只注重一項投資的某項特質，亦即，回收成本的年數，並且經常無法計算出準確的金額；這是一種許多公司過於強調的評估標準，公司喜歡較短期的償還以便再執行其它投資機會，但可能會引致一系列低功效且壽命短的計畫。

如不顧其限制，則償還期有其可提供評估投資所需有用資料的優點，有幾種情況時可能特別地適用償還法：

當投資者的財源只可用於一個短時期時，則迅速的償還可能是判斷一項投資的一個主要的依據。只在很有限時間之投資者，希望將初期投資迅速回收。

當資產的預期壽命是很不確定時，決定損益平衡年限，亦即償還期，對評估達成一項成功投資的期望是有幫助的。

習　題

一、為提升船舶性能，如何增進維護保養？試列舉說明之。

二、使用船用電器裝備時，就其節電原則，應如何控管之？

三、如何事先訂定航行計畫？試簡述之。

四、依據我國海商法之規定，船舶適航能力之基本要件為何？試詳述之。

五、為提升人員素質並降低失事率，如何檢討船上人員之疏忽事項？

六、為提升人員素質並降低失事率，如何檢討岸上人員之疏忽事項？

七、為提升人員素質，如何加強教育訓練？試列述之。

八、一位適任船舶經理人如何提供相關諮詢與工作經驗？試列舉詳述之。

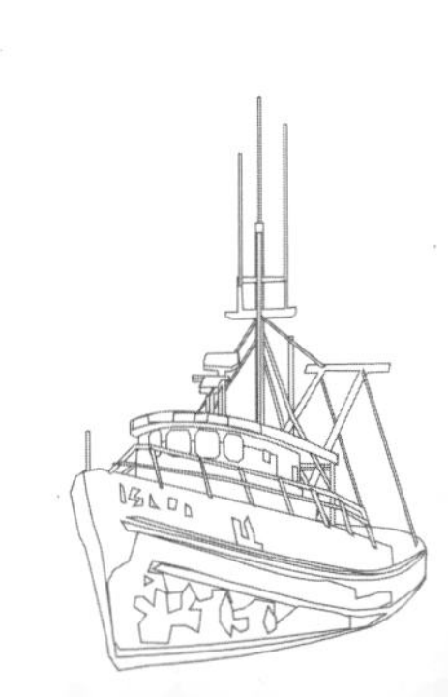

第十四章 工程名詞釋義

一、輪機部分

1. **渦輪機**（Turbine）

   渦輪機應用蒸汽之動能，推動葉輪，轉速甚高，其機重／馬力比遠比往復蒸汽機為小，且主機馬力可任意設計，以適合快速船舶所需要之大馬力。又該機振動輕微更適用於客船，惟渦輪機不能倒俥，故須另裝一倒俥渦輪機，渦輪機船所用主機通常稱為齒輪減速渦輪機，利用減速齒輪將主機之高轉數降低，以配合低轉速之螺槳，提高推進效率。

2. **渦輪電力驅動**（Turbo-Electric Drive）

   以高速渦輪機與發電機結合為一，並以輸電系統與推進馬達及螺槳相接，如是利用電力以驅動螺槳者，謂之渦輪電力驅動。此項推進裝置尚可利用電力倒俥，不必另裝倒俥渦輪機，常見用於大客輪、輪渡及破冰船等。

3. **出力**（Power Output）

   動力機器在規定情況下，產生之最大有效馬力即為出力。

4. **制動出力**（Brake Output〔B.H.P.〕）

   制動出力為機器後端傳遞出來之出力，可使用水力馬力測量器（Hydraulic Dynamometer）或其他方法在該機器輸出端測出者。若機器包含有內部推力軸承（Internal Thrust Bearing）時，測量點可在推力軸承之後端。制動出力主要為內燃機（Internal Combustion Engine）所使用。

5. **指示出力**（Indicated Output〔I.H.P.〕）

   指示出力為內燃機汽缸內所產生之出力，此出力係由指示平均有效壓力（Indicated Mean Effective Pressure）、活塞直徑及活塞平均速率計算而得。

6. **軸出力**（Shaft Output〔S.H.P.〕）

   軸出力為傳遞俥軸之出力，可使用扭矩測計（Torsion Meter）或其他方法測出者。標準之測量處所，一般應為最後一段之中間軸。軸出力主要為蒸汽輪主機（Main Steam Turbine）所使用。

7. **鍋爐能量**（Boiler Capacity）

   鍋爐能量，係鍋爐在規定給水、燃油、空氣及蒸汽情況所能達到之蒸汽蒸發量，通常以每小時蒸發之水重（公斤或磅）表示之。

8. **鍋爐效率**（Boiler Efficiency）

   鍋爐內給水由熱傳導吸收之熱量與燃料在燃燒時發生之熱量相比，謂之鍋爐效率。

9. **噴射推進**（Jet Propulsion）

   噴射推進，係船舶推進設備之一種，利用向後噴射水流，產生反作用力，使船向前移動。

10. **電力推進**（Electric Drive或稱Electric Propulsion）

    電力推進為船舶推進系統之一種，係將發電機組之電能輸送至安裝於艉部之電動機，然後驅動螺槳使船前進。

11. **動力機效率**（Engine Efficiency）

    動力機效率，為傳達於螺槳之動力與由柴油機曲軸或蒸汽渦輪機轉子所輸出之實際動力之比。

12. **營運馬力**（Service Horsepower）

    凡裝有推進設備之船舶，當航行時，經常使用之馬力，稱為營運馬力，營運馬力約為試航時最大馬力百分之八十。

13. **營運速率**（Service Speed）

    船舶在營運時所達到之平均航行速率，比試航速率為低。因船舶在海上常受風浪、船底積垢等因素所影響，使船體阻力增加，此平均航行速率稱為營運速率。

14. **應急操舵裝置試驗**（Emergency Steering Gear Test）

    應急操舵裝置試驗，係試航項目之一。於船舶以全速之50%航速狀況下實施，以測定從左滿舵至右滿舵所需之時間。

15. **應急倒俥試驗**（Emergency Astern Test）

    應急倒俥試驗，係試航項目之一，船舶在全速向前航進中，主機突然全速倒俥，以測定由駕駛臺下達倒俥信號起至船舶停止前進止所需之時間。至於由倒俥開始至船身達到靜止狀態所測定之前進距離，稱為最短停止距離。

16. **軸系**（Shafting）

    將主機之轉矩由聯結器傳至螺槳，使轉變為有用之功，用以推動船身，此項裝置，稱為軸系。在一般商船，該項軸系乃由數段實心軸聯結而成，最前一段為推力軸，裝配於接近主機之推力軸承上；最後一段為艉軸，用以套上螺槳，其中間各段稱為中間軸。

17. **軸套**（Shaft Liner）

軸套為保護艉軸之銅套，用以防止海水之侵蝕。該銅套可於常溫時以液壓強力套於艉軸上，或用收縮配合法。

18. **艉軸管填料函**（Sterm Tube Stuffing Box）

艉軸管填料函位於艉軸套之前端，圍繞於艉軸之外周，中裝填料，以防海水由艉軸套滲入船內。

19. **推力軸承**（Thrust Bearing或稱Thrust Block）

推力軸承用於承受螺槳推力經軸系傳遞至船身，通常裝置於軸系最前端，在蒸汽往復機或內燃機，推力軸承通常裝置於主機後獨立承座上，渦輪機船則裝置於減速齒輪箱內。

20. **鐵梨木**（Lignum Vitae）

鐵梨木，為一種油性而堅硬之木材，主要作為艙軸軸承之用。其木紋作輻射狀，故能經久耐磨。鐵梨木之抗碎強度，約為每平方吋七千磅，其每立方呎之重量在65磅至75磅之間。

21. **波振**（Surging）

由於排氣進出口，或清淨空氣進出口之氣流受阻或漏洩達到不平衡而發生共振，影響增壓機發生不正常聲音，此謂波振。

22. **重油**（Heavy Oil）

一般鍋爐所用油料，其質劣、價廉。柴油機如增加或改善一部分設備，則亦可使用電油以減輕航運成本。其燃油黏度Redwood No.1約在400秒以上，並含多量硫磺，殘留炭質、瀝青，及其他雜質，發熱量亦較低，此種燃油，即為重油。

23. **蒸發器**（Evaporator）

蒸發器，為一種裝於淡水機中之加熱裝置，通常利用主輔機廢熱將海水加熱。使其蒸發之蒸汽於冷凝器中凝結成淡水，以供鍋爐及船上淡水之用。

24. **水井**（Bilge Well）

機艙或貨艙之最低處，用以積集水，並與水管系相通者。

25. **止浪閥**（Storm Valve）

止浪閥又稱舌閥（Flap Valve）或翼門閥（Clack Valve），為一種簡單之止回閥（Check Valve），裝於船舷污水管之末端近水線處。該閥係向外開，只許污水排出船外，而阻止海水倒灌入管內。

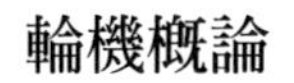

26. **伸縮接頭**（Expansion Joint）

伸縮接頭為蒸汽管系之一種接頭，因蒸汽管受蒸汽溫度影響而致金屬伸縮，該接頭具有承受伸縮性能。

27. **複式濾器**（Duplex Strainer）

複式濾器為一種過濾器，通常用於燃油或潤滑油系統上，其構造係使流體自一室（Chamber）流至另一室。若取出一室之過濾網清潔時，仍不致中斷該系統之供應。

28. **試驗水頭**（Test Head）

用於試驗流體靜壓力對某艙區或櫃之緊密度，間亦用於測驗上述結構之強度，其方法以一圓柱形管內水柱高度顯示加於艙壁或水櫃之壓力，此項水柱高度，稱為試驗水頭。

29. **排氣通風**（Exhaust Ventilation）

排氣通風，係一種機械通風方法，通常利用蕈形通風器或風扇等排氣裝置將污濁空氣由艙內排出。

30. **溫度自記圖**（Thermogram）

附有自動記錄裝置之寒暑表或溫度計，能在不同時間內自動繪製連續溫度曲線，此項曲線圖，謂之溫度自記圖。

31. **腐蝕**（Corrosion）

腐蝕，係由於金屬表面之氧化（Oxidation），俗稱生鏽，在船殼結構上因潮濕空氣（Humid Air）中所含之碳酸，加以海水中之鹽分，因此腐蝕更為加重。

32. **浸蝕**（Erosion）

由於氣體或液體之衝擊壓力不斷集中某一點，而使金屬表面產生麻點，此種現象稱為浸蝕。

33. **電蝕**（Electrolytic Action）

當兩種不同之金屬浸於同一電解液中（如海水），則在該兩金屬接合處發生侵蝕，此項作用，稱為電蝕。

二、船電部分

1. **電功率**（Electric Power）

電作功之速率，或消耗能量之速率，其單位為瓦特，實用單位為仟瓦或瓩。

2. **功率因素**（Power Factor）

在交流電中，電流與電壓間有一相角差，此相角差的餘弦值即為功率因素，亦即實有功率與視在功率之比。

3. **頻率**（Frequency）

交流電每單位時間之週數，單位為週／秒。

4. **安培小時**（Ampere-Hour）

表示蓄電池容量的單位，即依規定放電電流的安培數與所可放電小時的乘積。

5. **惠斯登電橋**（Wheatstone Bridge）

利用已知電阻之相平衡而測未知電阻的裝置。

6. **同相**（In Phase）

兩頻率相同之電流或電壓，或電流與電壓，其正弦波形均於同瞬間經過相對應之零值，稱兩者為同相，

7. **相位差**（Phase Difference）

兩電流或電壓，或電流與電壓，在差相時，兩者間在同一瞬間所相差之電的時間度數。

8. **電感**（Inductance）

有反對經過電流變化之趨勢性質的裝置。

9. **繼電器**（Relay）

作用於所接各種不同電路中，而影響其他多種設備運用之一種裝置。

10. **電阻器**（Resistor）

在電路中用以增加電阻之設備。

11. **可變電阻器**（Variable Resistor）

為一可調節電阻之裝置，在其所連接之電路中，可以不打開而能變化其電阻。

12. **起動電阻**（Start Resistance）

防止電動機起動時有過大之樞電流，避免電樞燒毀之一種裝置，電動機起動後，再減至最少電阻值處，當斷電時能自動放回至最大值處。

13. **傳輸效率**（Transfer Efficiency）

輸入饋電線路之電功率與由饋電線路輸出之電功率之比，即如下式：

傳輸效率＝輸出／輸入。

14. **電動勢**（Electromotive Force-EMF）

由發電機或電池組所發出之總電力，即是一種壓力推動電力以抵抗導體內之阻力，單位為伏特。

15. 電位差（Voltage）

移動單位電量（一庫侖）自一點移至另一點所需之功之焦耳，亦即兩點間電位之伏特數差，單位為伏特。

16. **電能**（Electric Energy）

電力本身具有之能量或電作功而消耗之能量，即電功率與時間之乘積，其實用單位為瓦特一秒即焦耳。

17. **電量**（Electric Quantity）

為一安培電流通過導體時一秒鐘運輸之電量，猶如水力學中所謂之水量，其實用單位為庫倫（Coulomb）。

18. **流量開關**（Flow Switch）

當氣體或液體的流量到達設定值時，動作的檢出開關。

19. **壓力開關**（Pressure Switch）

當氣體或液體的壓力到達設定值時，動作的檢出開關。

20. **液位開關**（Level Switch）

就是檢出液體的設定位置，即用來檢出液體的位面者。

21. **浮球開關**（Float Switch）

係設置在液體的表面，利用浮球，使在所定的液位位置動作之檢出開關。

22. **速度開關**（Speed Switch）

當機器的速度達到設定值時動作的檢出開關。

23. **絕緣試驗**（Insulation Testing）。

絕緣試驗是利用高阻計（Megger）測定電機及電路之絕緣情況，以預作處理，蓋電機及電路之故障多由於絕緣情況之不良。測試方法為將高阻計之負線接地，另一測試引線夾在所欲測之點，然後搖動發電機之搖柄，當電表指針停住時，其所指之兆歐值即為所測得之絕緣值。

24. **引擎偵視器**（Engine Monitor）

該偵視器係將機艙之主機、發電機、鍋爐等之溫度、壓力及信號連續測定後，再作運轉狀態之自動監視，並作計測記錄之一種儀器。

三、空調部分

1. **露點溫度**（Dew Point）

空氣中的水蒸汽含量超過飽和點後，即凝結成水，亦即空氣被冷卻後開始凝結水分之溫度稱為露點溫度。

2. **乾球溫度**（Dry-Bulb Temp）

用乾燥溫度計所測得的空氣溫度，即一般溫度計所記錄的空氣溫度。

3. **濕球溫度**（Wet-Bulb Temp）

溫度計水銀球上包有濕棉蕊，並以急速流動空氣為測試條件所測得之空氣溫度。

4. **絕對濕度**（Absolute Humidity）

每立方呎容積之混合空氣（乾燥空氣與水蒸汽）中實際水蒸汽之含量，單位為喱或磅每立方呎（按1磅等於7,000喱）。

5. **濕度比**（Humidity Ratio）

每立方呎乾燥空氣中所擴散的水蒸汽含量，單位為喱或磅每立方呎。

6. **相對濕度**（Relative Humidity）

空氣中水蒸汽所達到的飽和程度，一般以%為單位。亦即混合空氣中水蒸汽之實際分壓力，和在乾球溫度下，水蒸汽飽和分壓力之百分比。

7. **空氣增濕**（Air Humidification）

冬天空氣過於乾燥或相對濕度太低時，皮膚易於破裂或有乾燥感，空氣增濕的多寡與所需水及其蒸發熱成正比。

8. **空氣降濕**（Air Dehumidification）

使空氣中多餘水分析出，以降低其濕度

9. **飽和溫度**（Saturation Temperature）

液態及氣態能保持平衡且同時存在時之溫度，飽和溫度隨壓力之升高而升高。

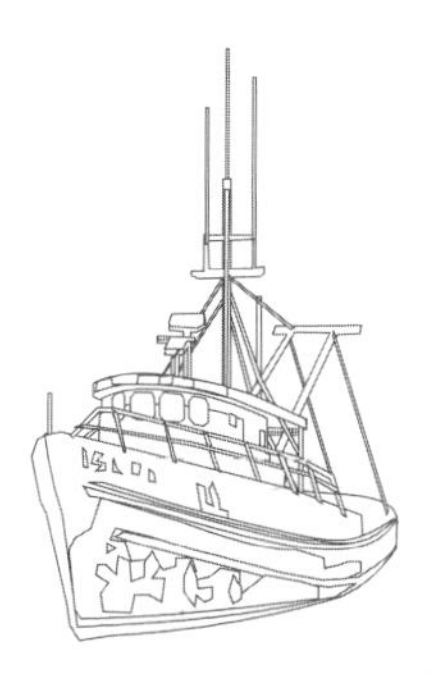

參考文獻

1. 船舶管理及安全　陳恩奕等編著　幼獅文化事業公司印行（1986）
2. 船舶技術管理　楊仲笵編著　交通部交通研究所編印（1984）
3. 輪機實務與安全　楊仲笵編著　幼獅文化事業公司印行（1986）
4. 輪機實務與安全（上、下冊）楊仲笵編著　國立編譯館審查出版（1996）
5. 船舶管理（上、下冊）徐國裕、郭炳秀編著　國立台灣海洋大學海運研究中心出版（2004）
6. 一、二等輪機長岸上晉升訓練教材　國立高雄海洋科技大學船員訓練中心編撰（2006）
7. 鋼船構造　李金聲、李常聲編著　國立台灣大學造船工程學研究所（1977）
8. 造船原理　戴堯天等編著　國立台灣大學造船工程學研究所（1975）
9. 商船設計之基礎　李雅榮等合譯　國立編譯館出版（1984）
10. 船用機關概論　川瀨好郎著　海文堂出版會社（1985）
11. 善用船舶能源導引　金山船務有限公司（1981）
12. 潤滑油及潤滑　賴耿陽譯著　復漢出版社印行（1985）
13. 柴油機船舶燃料油管理之研究　李鑫泉編撰碩士論文（1985）
14. 船舶檢驗及發證管制之研究　鄧運連編撰碩士論文（1987）
15. 船員安全手冊　中華民國船長公會編印（1984）
16. Reed's General Engineering Knowledge for Engineers by Leslie Jackson and Thomas D. Moton (1977)
17. Modern Marine Engineer's Manual Volume 1, Alan Osbourne, Editor-in-Chief Sr. Engineer, U.S. Maritime Commission (1977)
18. Marine Engineering Practice Volume 2, by J.C. Rowlands, F.I. Corr. T. and B. Angell (1976)
19. 船用機關データ・ブック　日本成山堂書店（1973）
20. International Convention for the Prevention of Pollution from Ship (1973)
21. Protocal of 1978 Relating to the International Convention for the Prevention of Pollution from Ship (1973)
22. Amendments to the International Convention for the Safety of Life at Sea (1974, 1981 and 1983)

國家圖書館出版品預行編目資料

輪機概論／楊仲筂著. ——二版. ——臺北市：五南圖書出版股份有限公司，2015.09
面； 公分
ISBN 978-957-11-8293-3（平裝）

1.輪機工程

444 104016917

5I19

輪機概論
Marine Engineering

作　　者 — 楊仲筂(316.6)
企劃主編 — 王正華
責任編輯 — 石曉蓉
封面設計 — 小小設計有限公司
出 版 者 — 五南圖書出版股份有限公司
發 行 人 — 楊榮川
總 經 理 — 楊士清
總 編 輯 — 楊秀麗
地　　址：106臺北市大安區和平東路二段339號4樓
電　　話：(02)2705-5066　　傳　　真：(02)2706-6100
網　　址：https://www.wunan.com.tw
電子郵件：wunan@wunan.com.tw
劃撥帳號：01068953
戶　　名：五南圖書出版股份有限公司
法律顧問　林勝安律師
出版日期　2009年10月初版一刷（共三刷）
　　　　　2015年 9 月二版一刷
　　　　　2024年10月二版七刷
定　　價　新臺幣420元